机电一体化系统
（第2版）

何振俊　主　编

国家开放大学出版社·北京

图书在版编目（CIP）数据

机电一体化系统 / 何振俊主编． --2 版． --北京：
国家开放大学出版社，2021.7 (2025.5重印)
ISBN 978－7－304－10895－3

Ⅰ．①机… Ⅱ．①何… Ⅲ．①机电一体化－开放教育
－教材 Ⅳ．①TH－39

中国版本图书馆 CIP 数据核字（2021）第 135580 号

版权所有，翻印必究。

机电一体化系统（第 2 版）
JIDIAN YITIHUA XITONG
何振俊　主编

出版·发行：	国家开放大学出版社
电话：	营销中心 010－68180820　　总编室 010－68182524
网址：	http://www.crtvup.com.cn
地址：	北京市海淀区西四环中路 45 号　　邮编：100039
经销：	新华书店北京发行所

策划编辑：邹伯夏　　　　　　**版式设计**：何智杰
责任编辑：王东红　　　　　　**责任校对**：吕昀谿
责任印制：陈　晨　马　严

印刷：三河市华骏印务包装有限公司
版本：2021 年 7 月第 2 版　　2025 年 5 月第 12 次印刷
开本：787mm×1092mm　1/16　　印张：19.25　　字数：424 千字
书号：ISBN 978－7－304－10895－3
定价：38.00 元

（如有缺页或倒装，本社负责退换）
意见及建议：OUCP_KFJY@ouchn.edu.cn

本教材是基于当前我国经济转型的形势要求，力求培养实用型、应用型、创新型人才，并根据工科课程的特点，结合"三导——导思、导学、导做"教学法而编写的一本创新型教材。本教材以"思"为主线贯穿整个编写过程，以章节形式来讲授知识；针对教学大纲中的章节要求，融合了一些实验知识和实践经验，使理论知识与工程实践的结合更加紧密。全书共分9章，第1章为绪论，介绍了机电一体化系统概述、相关技术、要素、功能和接口、分类及设计方法，第2章介绍了机械传动与支承技术，第3章介绍了传感检测与转换技术，第4章介绍了伺服驱动技术，第5章介绍了系统控制技术，第6章介绍了典型机电一体化产品——工业机器人，第7章介绍了典型机电一体化系统——FMS（柔性制造系统），第8章介绍了新型机电一体化产品，第9章介绍了机电一体化创新设计项目案例。

本教材可作为开放大学、成人高校、高职院校专科机电类、机械类、电子类、控制类等专业的"机电一体化系统"课程教材，也可作为自考教材或相关行业工程技术人员的参考书。

学习目的

通过学习，学生能够达到以下要求。

（1）了解机电一体化的概念和相关技术、机电一体化系统的分类和设计方法；了解机电一体化系统的机械结构、检测环节、控制系统与常用的控制方式、典型执行装置的基本原理和组成。

（2）熟练掌握机电一体化系统的常见机械结构、检测环节、控制系统与常用的控制方式、典型执行装置的主要零部件和元器件的选型应用；掌握主要控制元件与控制电路的作用。

（3）掌握典型机电一体化产品的分析方法；通过分析典型机电一体化系统实例，了解机电一体化各项技术之间的接口原理，学习机电一体化技术的综合运用。

学习内容

本教材包括以下内容。

（1）绪论。

本部分介绍和总结机电一体化系统的相关概念，机电一体化系统的相关技术，机电一体化系统的要素、功能和接口，机电一体化系统的分类及设计方法。本部分内容可以为学生继续学习相关章节奠定坚实的知识基础。

（2）机械传动与支承技术。

本部分介绍和总结机电一体化系统中常见的齿轮传动、同步带传动、滚珠丝杠传动等机械传动机构和机械支承机构等内容。本部分内容可以为学生继续学习相关章节奠定坚实的知识基础。

（3）传感检测与转换技术。

本部分介绍和总结传感检测技术概述、机电一体化系统中常用的传感器、传感器的选用原则及使用方法、信号变换电路、传感器测量电路与计算机接口等内容。通过对本部分内容的学习，学生能学会选用和使用传感器。

（4）伺服驱动技术。

本部分主要介绍了伺服系统与脉宽调制技术、步进电动机及其驱动控制方式、直流伺服电动机及其驱动控制、交流伺服电动机及其驱动控制等内容。通过对本部分内容的学习，学生应力求掌握各类伺服电动机的特点及驱动技术。

（5）系统控制技术。

本部分主要介绍了机电一体化自动控制技术概述、计算机控制技术、可编程逻辑控制器技术、嵌入式技术等内容。通过对本部分内容的学习，学生应力求全面掌握机电一体化系统的控制方式及其理论基础，熟悉机电一体化自动控制系统的设计方法。

（6）典型机电一体化产品——工业机器人。

本部分主要介绍了当前工业领域中常用的机电一体化产品——工业机器人，包括工业机器人概述、串联机器人概述、并联机器人概述、工业搬运机器人概述。通过对本部分内容的学习，学生应力求掌握工业机器人的组成、分类及特点。

（7）典型机电一体化系统——FMS。

本部分主要介绍了柔性制造系统（FMS）概述、柔性制造系统中的加工工作站控制技术等内容。通过对本部分内容的学习，学生应力求掌握柔性制造系统的组成及功能，为以后参加工作打好基础。

（8）新型机电一体化产品。

本部分主要介绍了新型机电一体化产品——3D打印机和三维扫描仪，侧重于对产品的技术应用的介绍。通过对本部分内容的学习，学生应力求掌握新型机电一体化产品的原理、工作过程及应用领域。

（9）机电一体化创新设计项目案例。

本部分主要以"智能型垂直轴风力发电机装置设计项目"等三个项目为例，介绍侧重于机电一体化项目创新设计的方法及实际技术应用。通过项目设计，学生应力求了解机电一体化系统的创新设计过程，掌握如何从机电结合方面来分析机电一体化系统，从而找出机电结合的方法途径。

学习准备

在学习本课程之前，学生应具有机械设计、电子技术、单片机技术、液压气动技术、传感器、机电控制与控制工程基础等方面的知识。

学习资源

为了帮助学生更好地掌握本教材的内容，顺利地完成学习任务，本课程在文字教材的基础上设计开发了录像教材、网络课程和微课。

学习评价

（1）评价方式。

本课程的学习评价采用形成性考核的方式，重点考核学生在学习过程中的参与程度和理解程度。

（2）评价要求。

本课程的评价重点为文字教材的基本知识、基本分析方法及操作技能，各章节后均配有一定量的自测题，可作为形考册的辅助作业使用。课程的考核要求详见考核大纲的具体要求。

第 2 版前言

编写目的

机电一体化是工程领域不同种类技术的综合及集合，它是建立在机械技术、微电子技术、计算机和信息处理技术、自动控制技术、电力电子技术、伺服驱动技术及系统总体技术基础上的一种高新技术。本教材在基础理论与工程应用并重的基础上，增加了近年来机电一体化技术的新发展、新应用，如 3D 打印机、三维扫描仪等。其目的是突出教材的新颖性、针对性与实用性，力求体现机电一体化技术的最新进展与工程应用。

本教材在编写过程中，遵循开放大学的远程学习规律，以远程教学设计理论为依据，将文字主教材与实验教材及多种媒体教学资源融为一体，使学生能在远程教育环境的自主化学习平台上将多种资源有机地结合起来进行学习。

教材特点

1. 本教材结合机电类行业岗位技能要求，根据开放大学成人教育的特点，融合了"导思、导学、导做"创新教学法，以"三导"为主线组织教学，按"三导"教学法来编写全书。各章中有导言、学习目标及包含导思、导学和导做（第 1 章和第 7 章无"导做"）三方面的学习建议，全书共精心设计了章前导思及思考题 36 个。

2. 本教材根据当前我国经济转型的形势要求，力求培养实用型、应用型、创新型人才，并根据工科课程的特点，按章节特点要求，融合了一些实验，将理论知识与工程实践相结合，以激发学生的学习兴趣，并提高其解决实际问题的能力。

3. 本教材本着"以学生为本"的教学理念，结合章节内容与学习进程设计了"主题讨论"和实践"学习活动"。全书共设计了 61 个主题讨论及 4 个学习活动，通过开展小组讨论或组织辩论赛、学习活动实践等自主学习形式，提高学生的积极性和主动性。每个章节末尾都配有本章小结和本章习题，对本章内容进行总体概括，并给学生提供练习的机会。

4. 本教材结合制造类转型升级及机电创新型人才培养需求，新增了第 9 章机电一体化创新设计项目案例内容。此章是以编写组教师平时指导学生创新实践为蓝本改编的项目案例，结合"导思、导学、导做"，展现一种新的实践教学场景和教学理念。三个项目都已经过实物验证，在平时的教学中受到了学生的欢迎，取得了良好的效果。有条件的任课教师可以另外增设自己的项目设计案例。

参编作者

本教材由南通开放大学何振俊教授主编，具体编写分工如下：何振俊编写第1章、第8章、第9章，南通开放大学蔡军讲师编写第2章，南通开放大学张建讲师编写第3章、第5章、第7章，南通开放大学覃嘉恒讲师编写第4章，南通开放大学朱云开副教授编写第6章。全书由何振俊教授统稿，北京理工大学张春林教授主审。南通开放大学陆建荣副教授对书稿进行了校对，南通中远船务工程有限公司廖江潇助理工程师绘制了本教材中的插图，南通开放大学刘宪鹏讲师对部分章节进行了校对，江苏开放大学张莉副教授和林小宁副教授也提供了帮助，国家开放大学机械工程与自动化学院李志香院长对本教材进行了编写指导与策划，在此一并表示感谢！

2015年8月本教材出版了第1版，2021年3月编者对初版内容进行了修订，并增加了第9章内容。由于编者水平有限，时间仓促，内容较多，书中难免存在不妥之处，恳请广大读者提出宝贵意见。

编　者

2021年3月27日

第 1 版前言

编写目的

机电一体化是工程领域不同种类技术的综合及集合，它是建立在机械技术、微电子技术、计算机和信息处理技术、自动控制技术、电力电子技术、伺服驱动技术及系统总体技术基础上的一种高新技术。本教材在基础理论与工程应用并重的基础上，增加了近年来机电一体化技术的新发展，如3D打印技术、三维扫描技术等。其目的是突出教材的新颖性、针对性与实用性，力求体现机电一体化技术的最新进展与工程应用。

本教材在编写过程中，遵循开放大学的远程学习规律，以远程教学设计理论为依据，将文字主教材与实验教材及多种媒体教学资源融为一体，使学生能在远程教育环境的自主化学习平台上将多种资源有机地结合起来进行学习。

教材特点

1. 本教材结合机电类行业岗位技能要求，根据开放大学成人教育的特点，融合了"导思、导学、导做"创新教学法，以"三导"为主线组织教学，按"三导"教学法来编写全书。各章中有导言、学习目标及包含导思、导学和导做三方面的学习建议，全书共精心设计了章前"导思"题及思考题 30 个。

2. 本教材根据当前我国经济转型的形势要求，力求培养实用型、应用型、创新型人才，并根据工科课程的特点，按章节特点要求，融合了一些实验，将理论与实践相结合，以激发学生的学习兴趣，并提高其解决实际问题的能力。

3. 本教材本着"以学生为本"的教学理念，结合章节内容与学习进程设计了"讨论"。全书共设计了 60 个讨论题，个别章节还设计了"学习活动"，使学生可以开展小组讨论或组织辩论赛等教学活动，以提高学生的积极性和主动性。每个章节的末尾都配有"本章小结"及"本章习题"，以对本章内容进行总体概括，并给学生提供练习的机会。

编作者

本教材由江苏开放大学南通学院何振俊教授主编，编写分工如下：何振俊编写第1章、第8章，南通开放大学蔡军讲师编写第2章，南通开放大学张建讲师编写第3章、第5章、第7章，南通开放大学覃嘉恒讲师编写第4章，南通开放大学朱云开讲师编写第6章。全书由何振俊统稿，北京理工大学张春林教授主审。南通开放大学陆建荣讲师对书稿进行了校对，南通中远船务工程有限公司廖江潇助理工程师绘制了书中插图，南通开放大学刘宪鹏讲师对部分章节进行了校对，江苏开放大学张莉副教授和林小宁副教授也提供了有益的帮助。在此一并表示感谢！

  由于时间仓促，内容较多，书中难免存在不妥之处，且参考文献众多，难免挂一漏万，恳请读者提出宝贵意见。

编 者

2015 年 2 月 28 日

目录

第1章 绪论 … 1
- 1.1 机电一体化系统概述 … 2
- 1.2 机电一体化系统的相关技术 … 7
- 1.3 机电一体化系统的要素、功能和接口 … 9
- 1.4 机电一体化系统的分类及设计方法 … 12
- 本章小结 … 16
- 本章习题 … 16

第2章 机械传动与支承技术 … 18
- 2.1 机械传动机构 … 19
- 2.2 机械支承机构 … 38
- 2.3 实践应用：滚珠丝杠的设计与选型 … 45
- 本章小结 … 52
- 本章习题 … 52

第3章 传感检测与转换技术 … 53
- 3.1 传感检测技术概述 … 54
- 3.2 机电一体化系统中常用的传感器 … 61
- 3.3 传感器的选用原则及使用方法 … 66
- 3.4 信号变换电路 … 70
- 3.5 传感器测量电路与计算机接口 … 82
- 3.6 实践应用：汽车防撞系统设计 … 87
- 本章小结 … 91
- 本章习题 … 92

第4章 伺服驱动技术 … 93
- 4.1 伺服系统与脉宽调制技术 … 94
- 4.2 步进电动机及其驱动控制方式 … 98
- 4.3 直流伺服电动机及其驱动控制 … 104
- 4.4 交流伺服电动机及其驱动控制 … 112
- 4.5 实践应用：自动送粉器的交流伺服传动控制设计 … 121
- 本章小结 … 128
- 本章习题 … 129

第 5 章 系统控制技术 ... 130

5.1 机电一体化自动控制技术概述 ... 131
5.2 计算机控制技术 ... 134
5.3 PLC 技术 ... 150
5.4 实践应用：基于 PLC 的控制系统设计 ... 161
5.5 嵌入式技术 ... 166
5.6 实践应用：嵌入式系统应用开发 ... 175
本章小结 ... 182
本章习题 ... 182

第 6 章 典型机电一体化产品——工业机器人 ... 183

6.1 工业机器人概述 ... 184
6.2 串联机器人概述 ... 192
6.3 并联机器人概述 ... 201
6.4 工业搬运机器人概述 ... 205
本章小结 ... 215
本章习题 ... 215

第 7 章 典型机电一体化系统——FMS ... 216

7.1 FMS 概述 ... 217
7.2 FMS 中的加工工作站控制技术 ... 223
7.3 实践应用：FMS 中加工工作站的装配 ... 227
本章小结 ... 234
本章习题 ... 234

第 8 章 新型机电一体化产品 ... 235

8.1 3D 打印机 ... 236
8.2 三维扫描仪 ... 244
本章小结 ... 257
本章习题 ... 258

第 9 章 机电一体化创新设计项目案例 ... 259

9.1 智能型垂直轴风力发电机装置设计项目 ... 260
9.2 遥控式自动升降阻拦装置设计项目 ... 273

9.3 矿井安全探测机器人设计项目 …………………………………………… 279
本章小结 ……………………………………………………………………… 288
本章习题 ……………………………………………………………………… 289

参考文献 ……………………………………………………………………… 290

第 1 章 绪 论

导 言

随着科学技术日益走向整体化、交叉化和数字化以及微电子技术、信息技术的迅速发展，机电一体化技术的应用也越来越广泛。本章主要介绍了机电一体化系统的相关概念，机电一体化技术的产生和发展，还介绍了机电一体化系统的相关技术，机电一体化系统的要素、功能、分类及设计方法等内容，并设有"机电一体化技术的未来发展"主题讨论。

学习目标

1. 了解机电一体化系统的相关概念。
2. 了解机电一体化产品的未来发展方向。
3. 了解机电一体化系统的相关技术。
4. 理解机电一体化系统的要素、功能。
5. 理解机电一体化系统的分类及设计方法。

学习建议

1. 导思

在学习本章节时，学生应以机电一体化技术的发展为主线，对以下几个问题进行思考：
（1）机电一体化技术与传统机械技术的异同点有哪些？
（2）机电一体化技术未来的发展方向是什么？

2. 导学

（1）1.1 节主要讲述机电一体化系统的概念、机电一体化技术的产生和发展等内容。
（2）1.2 节主要讲述机电一体化系统的相关技术，此节是本章的重点。
（3）1.3 节主要讲述机电一体化系统的要素、功能和接口，此节也是本章的重点。
（4）1.4 节主要讲述机电一体化系统的分类及设计方法。

本章最后设有"机电一体化技术的未来发展"主题讨论，教师可以引导学生大胆想象，各抒己见，阐述机电一体化技术未来可能的发展趋势。

1.1 机电一体化系统概述

1.1.1 机电一体化概念及产品

> ☞ 提示：
> 　　学习本小节内容时可借助多媒体等资源，了解机电一体化系统的相关概念，并从机电一体化产品与传统机电产品对比的角度来学习与分析。
> ☞ 要点：
> 　　机电一体化系统的相关概念及机电一体化产品的优越性。

"机电一体化"一词的英文是 Mechatronics，它由 Mechanics（机械学）的前半部分和 Electronics（电子学）的后半部分拼合而成。机电一体化学科是在以机械、电子技术与计算机科学为主的多门学科相互渗透、相互结合的过程中逐渐形成和发展起来的。机电一体化技术是工程领域不同种类技术的综合及集合，它是建立在机械技术、微电子技术、计算机和信息处理技术、自动控制技术、电力电子技术、伺服驱动技术及系统总体技术基础上的一种高新技术。机电一体化技术在国内外均处于发展阶段，它代表着机械工业技术革命的前沿方向。它的发展使冷冰冰的机器更加人性化和智能化。所以说，"机电一体化"是机械技术、微电子技术相互交叉、融合的产物。而机电一体化产品是在机械产品的基础上，采用微电子技术和计算机技术生产出来的新一代产品。

与传统的机电产品相比，机电一体化产品具有下述优越性。

1. 安全性和可靠性高

机电一体化产品一般都具有自动监视、报警、自动诊断、自动保护等功能。在工作过程中，遇到过载、过压、过流、短路等电力故障时，机电一体化产品能自动采取保护措施，避免和减少人身和设备事故，可显著提高设备使用的安全性。机电一体化产品的自动化检验和自动监视功能可对工作过程中出现的故障自动采取措施，使工作恢复正常。

2. 工作质量和生产能力高

机电一体化产品大都具有信息自动处理和自动控制功能，其控制和检测的灵敏度、精度及范围与传统机电产品相比都有很大程度的提高，通过自动控制系统，可精确地保证机械的执行机构按照设计的要求完成预定的动作，使之不受机械操作者主观因素的影响，从而实现最佳操作，保证最佳的工作质量和产品的合格率。同时，机电一体化产品实现了工作的自动化，使得生产能力大大提高。例如，数控机床大大提高了工件的加工稳定性，生产效率比普通机床提高 5~6 倍。

3. 可改善使用性能

机电一体化产品普遍采用程序控制和数字显示，操作按钮和手柄数量显著减少，使得操作大大简化，并且方便、简单。机电一体化产品的工作过程根据预设的程序逐步由电子控制系统指挥实现，系统可重复实现全部动作。高级的机电一体化产品可通过被控对象的数学模型及外界参数的变化随机自寻最佳工作程序，实现自动最优化操作。

4. 具有复合功能，适用面广

机电一体化产品跳出了机电产品的单一技术和单一功能限制，具有复合技术和复合功能，产品的功能水平和自动化程度大大提高。机电一体化产品一般具有自动控制、自动补偿、自动校验、自动调节、自动保护和智能控制等多种功能，能应用于不同的场合和不同的领域，满足用户需求的应变能力较强。例如，电子式空气断路器具有保护特性可调、选择性脱扣、正常通过电流与脱扣时电流的测量、显示和故障自动诊断等功能，其应用范围逐步扩大。

5. 可实现工作方式的转变

机电一体化产品在安装调试时，可通过改变控制程序来实现工作方式的改变，以适应不同用户对象的需要及现场参数变化的需要。这些控制程序可通过多种手段输入机电一体化产品的控制系统中，而不需要改变产品中的任何部件或零件。对于具有存储功能的机电一体化产品，其可以事先存入若干套不同的执行程序，然后根据不同的工作对象，只需要给定一个代码信号输入，即可按指定的预定程序进行自动工作。

现代高新技术（如微电子技术、生物技术、新材料技术、新能源技术、空间技术、海洋开发技术、光纤通信技术及现代医学技术等）的发展需要智能化、自动化和柔性化的机械设备，机电一体化正是在这种巨大的需求推动下产生的新的应用领域。微电子技术、微型计算机技术使信息与智能和机械装置与动力设备有机结合，使得产品结构和生产系统发生了质的飞跃。机电一体化产品，除了具有高精度、高可靠性、快速响应的特点外，还将逐步实现自适应、自控制、自组织、自管理等功能。

1.1.2 机电一体化技术的产生和发展

> ☞ 提示：
> 　　学习本小节内容时可借助多媒体等资源，了解机电一体化技术的产生和发展。
> ☞ 要点：
> 　　机电一体化技术的发展方向。

从古代木制机械设备（如图1-1所示），经铁制机械设备（如图1-2所示）、机械电气化设备（如图1-3所示），发展成机电一体化设备（如图1-4所示），历经了数千年。尤其是在近数十年，机电一体化技术得到了飞速发展。

现代科学技术的发展极大地推动了不同学科的交叉与渗透，引起了工程领域的技术改造与革命。在机械工程领域，微电子技术和计算机技术迅速发展，并向机械工业领域渗透，形成机电一体化，使得机械工业领域的技术结构、产品机构、功能与构成、生产方式及管理体

图 1-1　古代木制机械设备——织布机

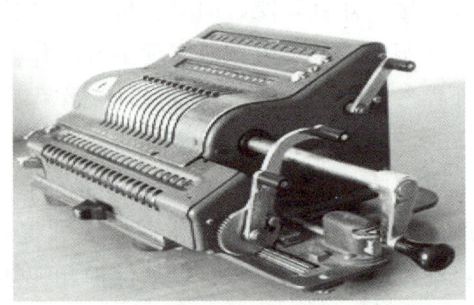

图 1-2　铁制机械设备——机械打字机

图 1-3　机械电气化设备——车床

图 1-4　机电一体化设备——数控机床

系发生了巨大变化，也使得工业生产由以"机械电气化"为特征的发展阶段迈入了以"机电一体化"为特征的发展阶段。由于机电一体化技术对现代工业和技术发展具有巨大的推动力，因此，世界各国均将其作为工业技术发展的重点方向之一。20 世纪 70 年代起，在发达国家兴起了机电一体化技术热。20 世纪 90 年代，中国把机电一体化技术列为重点发展的十大高新技术之一。

机电一体化技术在制造业的应用从一般的数控机床、加工中心和机械手发展到智能机器人、柔性制造系统（Flexible Manufacturing System，FMS）、无人生产车间和将设计、制造、销售、管理集成一体的计算机集成制造系统（Computer Integrated Manufacturing System，CIMS）。机电一体化产品涉及工业生产、科学研究、人民生活、医疗卫生等各个领域，如集成电路自动生产线、激光切割设备、印刷设备、家用电器、微型机械、飞机、雷达、医学仪器等。

机电一体化技术是其他高新技术发展的基础，它的发展依赖于其他相关技术的发展。可以预料，随着信息技术、材料技术、生物技术等新兴学科技术的高速发展，在数控机床、机器人、微型机械、家用智能设备、医疗设备、现代制造系统等产品及领域中，机电一体化技术将得到更加蓬勃的发展。

以微电子技术、软件技术、计算机技术及通信技术为核心而引发的数字化、网络化、综合化、个性化信息技术革命，不仅深刻地影响着全球的科技、经济、社会和军事的发展，而且深刻地影响着机电一体化技术的发展趋势。机电一体化技术是跨学科技术，其发展趋势是光机电一体化、柔性化、智能化、仿生物系统化、微型化。

1. 光机电一体化

一般机电一体化系统是由传感系统、能源（动力）系统、信息处理系统、机械结构等部件组成的。引入光学技术，利用光学技术的先天特点，能有效地改进机电一体化系统中的传感系统、能源系统和信息处理系统。

2. 柔性化

未来机电一体化产品的控制和执行系统有足够的"冗余度"，有较强的"柔性"，能较好地应付突发事件，被设计成"自律分配系统"。在这种系统中，各子系统是相互独立工作的，子系统为总系统服务，同时具有本身的"自律性"，可根据不同环境条件做出不同反应。其特点是子系统可产生本身的信息并附加所给信息，在总的前提下，具体"行动（计划）"功能是可以改变的。这样，既明显地增加了系统的能力（柔性），又不会因某一子系统的故障而影响整个系统。

3. 智能化

机电一体化产品的"全息"特征将越来越明显，智能化水平越来越高。这主要得益于模糊技术与信息技术（尤其是软件及芯片技术）的发展。

4. 仿生物系统化

今后的机电一体化装置对信息的依赖性很大，仿生物系统的机械装置往往在结构上处于"静态"时不稳定，但在动态（工作）时是稳定的。这类似于生物：当控制系统（大脑）停止工作时，生物便"死亡"；而当控制系统（大脑）工作时，生物就很有活力。就目前情况看，机电一体化技术朝着仿生物系统化方向发展还有一段很漫长的道路要走。

5. 微型化

目前，利用半导体器件制造过程中的蚀刻技术已制造出亚微米级的机械元件，甚至有更小的纳米机电系统出现。微电子技术与机械工程技术融合的紧密程度越来越高，所以，没有必要再区分机械部分和控制部分了。这时，机械和电子完全可以"融合"机体，执行结构、传感器、中央处理器（Central Processing Unit，CPU）等可集成在一起，体积很小，并组成一种自律元件。这种微型化是机电一体化技术的重要发展方向。

1.1.3 机电一体化产品的未来发展方向

> 👉 提示：
> 　　学习本小节内容时可借助多媒体等资源，了解机电一体化产品的未来发展方向。
> 👉 要点：
> 　　机电一体化产品的未来发展方向。

随着科学技术日益走向整体化、交叉化和数字化以及微电子技术、信息技术的迅速发展，机电一体化技术的应用也越来越广泛。其产品功能是通过其内部各组成部分功能的协调和综合来共同实现的。有专家预测，机电一体化产品的未来将向以下几个方向发展。

1. 智能化

智能化即要求机电一体化产品有一定的智能，使它具有类似人的逻辑思考、判断推理、自主决策等能力。例如，在数控机床上增加人机对话功能，设置智能 I/O（Input/Output，输入/输出）接口和智能工艺数据库，会给使用、操作和维护的工作人员带来极大的方便。模糊数学、神经网络、灰色理论、AI（Artificial Intelligence，人工智能）心理、AI 生理和混沌动力学等人工智能技术的进步与发展，为机电一体化产品的发展开辟了广阔天地。

2. 数字化

微控制器和接口技术的发展奠定了机电一体化产品数字化的基础，如不断发展的数控机床和机器人，而计算机网络的迅速崛起，为数字化设计与制造铺平了道路，如虚拟设计、计算机集成制造等。数字化要求机电一体化产品的软件具有高可靠性、通用性、易操作性、可维护性、自诊断能力及友好的人机界面。数字化的机电一体化产品更易于实现远程控制操作、诊断和修复等功能。

3. 模块化

模块化是一项重要而艰巨的工程。由于机电一体化产品的种类和生产厂家繁多，研制和开发具有标准机械接口、动力接口、环境接口的机电一体化产品单元模块是一项复杂而有意义的工作。例如，研制集减速、变频调速功能于一体的电动机动力驱动单元，具有视觉、图像处理、识别和测距等功能的电动机一体控制单元等。在产品开发设计时，使用机电一体化产品单元模块可缩短产品研发周期，提高企业竞争力，降低研发成本，并能使产品标准化、系列化。

4. 网络化

网络技术的兴起和飞速发展给社会各个领域带来了巨大变革。由于网络的普及，基于网络的各种远程控制和监视技术方兴未艾。而远程控制的终端设备本身就是机电一体化产品，现场总线和局域网技术使家用电器网络化成为可能，利用家庭网络把各种家用电器连接成以计算机为中心的计算机集成家用电器系统，使人们在家里可充分享受各种高新技术带来的好处，因此，机电一体化产品无疑将朝着网络化方向发展。

5. 自源化

自源化是指机电一体化产品自身带有能源，如太阳能电池、燃料电池和大容量电池。由于在许多场合无法使用电能，因而对于运动的机电一体化产品，自带能源具有独特的优势。

6. 人性化

人性化是各类产品的必然发展方向。除完善的性能外，人们还要求机电一体化产品在色彩、造型等方面与环境相协调，使得人们在使用这些产品时感觉更自然、更接近生活习惯。

7. 微型化

微型化是指机电一体化产品将向微型机器和微观领域发展。微机电系统是指可批量制作的，集微型机构、微型传感器、微型执行器及信号处理和控制电路，直至接口、通信和电源等于一体的微型器件和系统。微机电系统产品体积小、耗能少、运动灵活，在生物医疗、信息等方面具有不可比拟的优势。

8. 绿色化

工业的发展给人们的生活带来了巨大变化，在物质丰富的同时，也带来了资源减少、生态环境恶化等问题，所以绿色产品概念在这种呼声中应运而生。绿色产品是指低能耗、低材耗、低污染、舒适、协调且可再生利用的产品。在设计、制造、使用和销毁时，其应符合环保和人类健康的要求。机电一体化产品的绿色化主要是指在使用时其不污染生态环境；产品寿命结束时，产品可分解和再生利用。

1.2 机电一体化系统的相关技术

> ☞ 提示：
> 学习本节内容时可借助多媒体等资源，了解机电一体化系统的相关技术。
>
> ☞ 要点：
> 机电一体化系统的相关技术。

机电一体化系统是应用多学科技术的综合系统，是技术密集型的系统工程。其技术组成包括精密机械技术、检测传感技术、信息处理技术、自动控制技术、伺服传动技术及系统总体技术等，如图1-5所示。现代的机电一体化系统甚至还运用了光、声、化学、生物等技术。

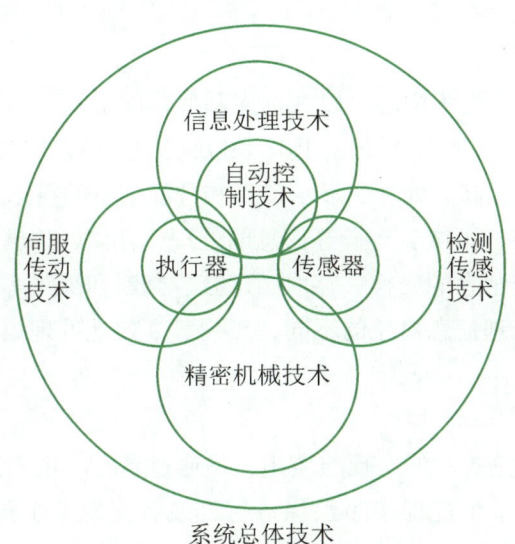

图1-5 机电一体化系统的相关技术

1.2.1 精密机械技术

传统机械技术包括机械设计技术及机械制造技术，而精密机械技术是在传统机械技术上细分、发展起来的一门技术。随着机电一体化技术的发展，人们对传统机械技术提出了更高的要求，通过改造传统机械技术，使其适应飞速发展的机电一体化技术的要求，逐渐形成了一门新的技术——精密机械技术。精密机械技术作为机电一体化技术的基础，为机电一体化系统提供了优质、精密的机械本体，并为机电一体化系统提供了可靠、灵敏的执行机构。

（1）研究对象：机械本体结构。

（2）作用：实现机电一体化产品的主功能和构造功能，影响机电一体化系统的结构、质量、体积、刚性、可靠性等。

（3）要求：可靠、灵敏、间隙小、重复定位精度高。

1.2.2 检测传感技术

检测传感技术是利用物理、化学等效应，选择合适的方法和传感装置，将有关信息通过检查和测量的方法赋予定性或定量结果的技术。检测传感技术是机电一体化系统的关键技术。它被广泛应用于交通、电力、冶金、化工、建材等各领域的自动化装备及生产自动化过程。

（1）研究对象：传感器及其信号检测装置（变送器）。

（2）作用：作为感受器官能感受到被测量的信息，并能将感受到的信息，按一定规律变换成为电信号或其他所需形式的信息输出。

（3）要求：能快速、精确地获得信息并在相应的应用环境中具有高可靠性。

1.2.3 信息处理技术

信息处理技术是以计算机为中心，以数据库和通信网络技术为依托实现对信息处理的技术，是指处理信息的方式、方法和手段。具体来说，信息处理技术是指利用电子计算机和现代通信手段获取、传输、存储、处理、显示信息和分配信息的技术。

（1）研究对象：文字、图像、声音等信息的处理、存储、传输方法。

（2）作用：主要完成信息的交换、存取、运算、判断和决策等，其主要工具是计算机。

（3）要求：可按所处理信息对象的不同，正确、高效地处理数字信息、图像和声音等。

1.2.4 自动控制技术

自动控制技术是控制论技术的实现与应用，是通过具有一定控制功能的自动控制系统来完成某种控制任务，保证某个过程按照预想进行，或者实现某个预设的目标。随着电子计算机技术和其他新兴技术的发展，自动控制技术的水平越来越高，应用越来越广泛，作用越来越大。尤其是在生产过程的自动化、工厂自动化、机器人、综合管理工程、航天工程、军事等领域，自动控制技术发挥了关键作用。自动控制技术的自动控制方式有闭环和开环两种。

（1）研究对象：控制方法。

(2) 作用：主要完成执行部件等装置的控制功能。
(3) 要求：自动控制精度高，具有高可靠性。

1.2.5 伺服传动技术

伺服传动技术是研究实现电信号到机械动作转换的一门技术。它以机械的位置、速度和加速度为控制对象，在控制命令的指挥下，控制执行元件工作，使机械运动部件按照控制命令的要求进行运动，并具有良好的动态性能。伺服传动技术对系统的动态性能、控制质量和功能有决定性的影响，可随时跟踪指定目标的控制系统。其控制方式有速度控制方式、转矩控制方式和位置控制方式。

(1) 研究对象：电动、液动、气动驱动装置。
(2) 作用：主要完成机械动作执行功能。
(3) 要求：高精度定位、快速响应。

1.2.6 系统总体技术

系统总体技术是一种从整体目标出发，用系统工程的观点和方法，将系统各个功能模块有机地结合起来，以实现整体最优的技术。其重要内容为接口技术，接口包括电气接口、机械接口、人机接口。

(1) 研究对象：系统整体。
(2) 作用：整合成机电一体化系统。
(3) 要求：整体最优、功能协调、无干涉、可靠性高。

1.3 机电一体化系统的要素、功能和接口

1.3.1 机电一体化系统的要素

> ☞ 提示：
> 学习本小节内容时可借助多媒体等资源，理解机电一体化系统的要素。
>
> ☞ 要点：
> 机电一体化系统的要素。

一般来说，机电一体化系统由机械本体（机构）、信息处理、控制部分（控制器）、能源部分（动力源）、驱动部分、检测部分（传感器）、执行元件、操作对象等若干个子系统组成，如图1-6所示。

机电一体化系统是由若干个具有特定功能的机械与微电子要素组成的有机整体，具有满足人们使用要求的功能（目的功能）。根据不同的使用目的，人们要求系统能对输入的

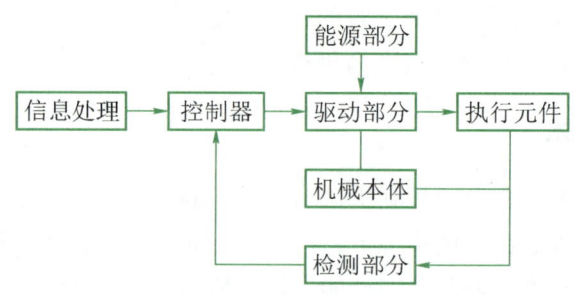

图 1-6 机电一体化系统的组成

物质、能量和信息（工业三大要素）进行某种处理，输出具有所需特性的物质、能量和信息。因此，机电一体化系统必须具有三大"目的功能"，即变换（加工、处理）功能、传递（移动、输送）功能和存储（保持、积累、记录）功能。物质、能量和信息的流动图如图 1-7 所示。

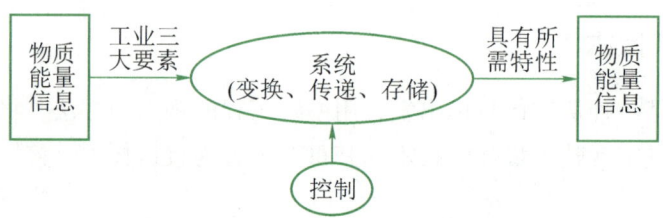

图 1-7 物质、能量和信息的流动图

机电一体化系统的五大要素为动力源、传感器、计算机（控制器）、执行元件、机构，如图 1-8 所示。

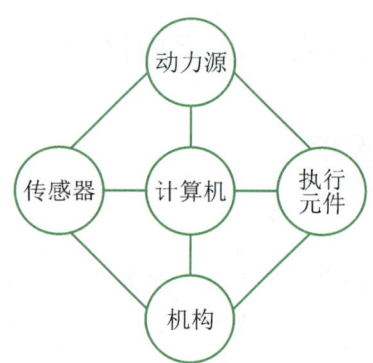

图 1-8 机电一体化系统的五大要素

1.3.2 机电一体化系统的功能与组成部分

不管哪类系统（或产品），其系统内部必须具备五种内部功能，即操作功能（主功能）、动力功能、检测功能、控制功能和构造功能，如图 1-9 所示。

机电一体化系统的功能是通过其内部各组成部分功能的协调和综合来共同实现的。从其

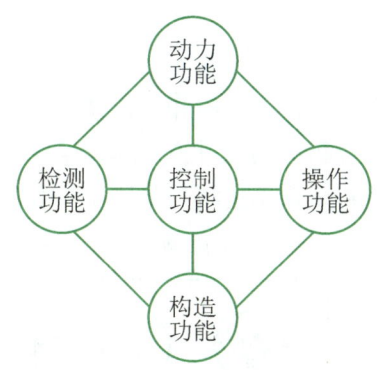

图 1-9 机电一体化系统的功能

结构来看,机电一体化系统具有自动化、智能化和多功能的特性,而实现这种多功能,一般需要机电一体化系统具备五种内部功能,而实现这些功能的各个组成部分及其技术就构成了机电一体化系统的总体。

1. 机械系统

机械系统包括机身、框架、机械传动和连接等机械部分。这部分是实现产品功能的基础,因此,人们对机械结构提出了更高的要求,即提高其在结构、材料、工艺加工等方面的要求。

2. 动力系统

动力系统为机电一体化产品提供能量,驱动执行机构工作,以完成预定的主功能。动力系统包括电、液、气等动力源。机电一体化产品以电能利用为主,包括电源、电动机及驱动电路等。

3. 传感与检测系统

传感器的作用是将机电一体化产品在运行过程中所需要的自身和外界环境的各种参数转换成可以测定的物理量,同时利用检测系统的功能对这些物理量进行测定,为机电一体化产品提供运行控制所需的各种信息。传感与检测系统的功能一般由测量仪器或仪表来实现,测量仪表应具有体积小、便于安装与连接、检测精度高、抗干扰等特点。

4. 信息处理及控制系统

信息处理及控制系统接收传感与检测系统反馈的信息,并对其进行相应的处理、运算和决策,以对产品的运行施以符合要求的控制,实现控制功能。信息处理及控制系统主要由计算机软件和硬件及相应的接口组成。

5. 执行机构

执行机构在控制信息的作用下完成要求的动作,实现产品的主功能。机电一体化产品的执行机构一般是运动部件,常采用机械、电液、气动等机构。执行机构因机电一体化产品的种类和作业对象不同而有较大的差异。执行机构是实现产品目的功能的直接执行者,其性能好坏决定着整个产品的性能,因而是机电一体化系统中最重要的组成部分。

1.3.3　机电一体化系统的接口

机电一体化系统的五个组成部分在工作时相互协调，共同完成所规定的目的功能。在结构上，各组成部分通过各种接口及相应的软件有机地结合在一起，构成一个内部匹配合理、外部效能最佳的完整产品。机电一体化系统接口如图1-10所示。

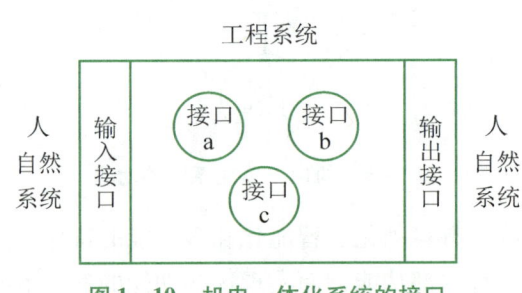

图1-10　机电一体化系统的接口

1.4　机电一体化系统的分类及设计方法

> ☞ 提示：
> 　　学习本节内容时可借助多媒体等资源，理解机电一体化系统的分类及设计方法。
> ☞ 要点：
> 　　1. 机电一体化系统的分类。
> 　　2. 机电一体化系统的设计方法。

1.4.1　机电一体化系统的分类

1. 从控制的角度分类

从控制的角度分类，机电一体化系统可分为开环控制系统和闭环控制系统。

（1）开环控制系统。开环控制的机电一体化系统是没有反馈的控制系统，这种系统的输入信号直接送给控制器，并通过控制器对受控对象产生控制作用。一些家用电器、简易数控机床和精度要求不高的机电一体化产品都采用开环控制方式。开环控制的机电一体化系统的优点是结构简单、成本低、维修方便，缺点是精度较低，对输出和干扰没有诊断能力。

（2）闭环控制系统。闭环控制的机电一体化系统的输出结果经传感器和反馈环节与系统的输入信号比较产生输出偏差，输出偏差经控制器处理再作用到受控对象，对输出结果进行补偿，从而实现更高精度的系统输出。现在的许多制造设备和智能化的机电一体化产品都选择闭环控制方式，如数控机床、加工中心、机器人、雷达、汽车等。闭环控制的机电一体化系统具有精度高、动态性能好、抗干扰能力强等优点，缺点是结构复杂、成本高、维修难度较大。

2. 从用途的角度分类

从用途的角度分类，机电一体化系统种类繁多，如机械制造业机电一体化设备、电子器件及产品生产用自动化设备、军事武器及航空航天设备、家庭智能机电一体化产品、医学诊断及治疗机电一体化产品，以及环境、考古、探险、玩具等领域的机电一体化产品等。

3. 从产品的功能分类

从产品的功能分类，机电一体化系统可以分成下述几类。

（1）数控机械类。其主要产品包括数控机床、机器人、发动机控制系统及全自动洗衣机等。这类产品的特点是执行机构为机械装置。

（2）电子设备类。其主要产品包括电火花加工机床、线切割机、超声波加工机及激光测量仪等。这类产品的特点是执行机构为电子装置。

（3）机电结合类。其主要产品包括自动探伤机、形状自动识别装置、计算机断层扫描（Computed Tomography，CT）诊断机及自动售货机等。这类产品的特点是执行机构为电子装置和机械装置的有机结合。

（4）电液伺服类。其主要产品为机电液一体化的伺服装置，如电子伺服万能材料试验机。这类产品的特点是执行机构为液压驱动的机械装置，控制机构是接收电信号的液压伺服阀。

（5）信息控制类。其主要产品包括传真机、磁盘存储器、磁带录像机、录音机、复印机等。这类产品的主要特点是执行机构的动作由所接收的信息类信号来控制。

除此之外，机电一体化系统还可根据机电技术的结合程度分为功能附加型、功能替代型和机电融合型。

1.4.2 机电一体化系统常用的设计方法

在机电一体化系统（或产品）的设计过程中，一定要坚持贯彻机电一体化技术的系统思维方法，要从系统整体的角度出发去分析研究各个组成要素间的有机联系，从而确定系统各环节的设计方法，并用自动控制理论的相关手段，进行系统的静态特性和动态特性分析，实现机电一体化系统的优化设计。机电一体化系统常用的设计方法有取代法、整体设计法和组合法。

1. 取代法

取代法就是用电气控制取代原系统中的机械控制。该方法是改造旧产品、开发新产品或对原系统进行技术改造的常用方法，也是改造传统机械产品的常用方法。

2. 整体设计法

整体设计法主要用于新产品的开发设计。在设计时完全从系统的整体目标出发，并考虑各子系统的设计。

3. 组合法

组合法就是选用各种标准功能模块并将其组合设计成一个机电一体化系统的方法。

1.4.3 机电一体化系统的现代设计方法

随着社会的发展和科学技术的进步，机电一体化领域出现了一些新的情况，具体表现如下：设计对象由单机走向系统，设计要求由单目标走向多目标，设计所涉及的领域由单一领域走向多个领域，承担设计的工作人员从单人走向小组甚至更大的群体，产品设计由自由发展走向有计划地开展。这使人们对设计的要求发展到一个新的阶段。这种形势要求设计必须科学化。这就意味着要科学地阐述客观设计过程及本质，分析设计有关的领域及其重要程度，在此基础上科学地安排设计进程，使用科学的方法和手段进行设计工作。同时，也要求设计人员不仅要有丰富的专业知识，而且要掌握先进的设计理论、设计方法及设计手段，科学地进行设计工作，这样才能及时得到符合要求的产品。

机电一体化系统的现代设计方法是以设计产品为目标，以计算机为辅助手段对机电一体化系统（产品）进行设计的方法的总称。它运用了系统工程，实行人、机、环境系统一体化设计，使设计思想、设计进程、设计组织更加合理化、现代化，大力采用许多动态分析方法，使问题分析动态化，实际进程、设计方案和数据的选择更为优化，计算、绘图等计算机化。因此，人们常用动态化、优化、计算机化概括其核心内容。机电一体化系统的现代设计方法包括可靠性设计、优化设计、反求工程设计、绿色设计、计算机辅助设计与制造、虚拟设计等。这里仅简单介绍以上几种现代设计方法。

1. 可靠性设计

可靠性设计包括的内容很广，可以说，在满足产品功能、成本等要求的前提下一切使产品可靠运行的设计都称为可靠性设计。可靠性作为产品质量的主要指标之一，随着产品使用时间的延续在不断变化。可靠性设计的任务就是确定产品质量指标的变化规律，并在其基础上确定如何以最少的费用来保证应有的工作寿命和可靠度，建立最优的设计方案，实现产品的设计要求。因此，可靠性设计的内容主要包括故障机理和故障模型研究、可靠性实验技术研究、可靠性水平的确定等。

2. 优化设计

优化设计是将优化技术应用于机电一体化系统的设计过程，最终获得比较合理的设计参数。优化设计的方法目前已比较成熟，各种计算机程序能解决不同特点的工程问题。机电一体化系统优化设计就是要把优化设计应用到机电一体化系统的设计中，通过对零件、机构、元器件和电路、部件、子系统乃至机电一体化系统进行优化设计，确定最佳设计参数和系统结构，提高机电一体化产品及技术装备的设计水平，从而增强其市场竞争力和生命力。

3. 反求工程设计

反求工程设计又称逆向工程设计，它是一种以先进产品设备的实物、样件、软件或影像作为研究对象，应用产品设计方法学、系统工程学、计算机辅助设计的理论和方法进行系统分析与研究，探索、掌握其关键技术，进而开发出同类的或更先进的技术。其首先是对产品样品的检测，然后进行设计。模具行业中反求工程设计一般可分为四步。第一步：零件原型的数字化。第二步：从测量数据中提取零件原型的几何特征。第三步：零件原形计算机辅助设计（Computer Aided Design，CAD）模型的重建。第四步：重建 CAD 模型的检验与修正。

4. 绿色设计

绿色设计是指在产品及其寿命周期全过程的设计中，要充分考虑对资源和环境的影响，在充分考虑产品的功能、质量、开发周期和成本的同时，更要优化各种相关因素，使产品的各项指标均符合绿色环保的要求，使产品及其制造过程对环境的总体负影响减到最小。

5. 计算机辅助设计与制造

计算机辅助设计，一般指利用计算机中进行设计的应用软件和方法，来设计楼房、汽车等实体的设计方法。其中比较常用的一个计算机辅助设计软件就是 AutoCAD（Autodesk Computer Aided Design，自动计算机辅助设计）。计算机辅助制造（Computer Aided Manufacturing，CAM）的核心是计算机数值控制（简称数控），它将计算机应用于制造生产的过程或系统。CAM 软件是具有 CAM 功能的软件的统称，常见的有 CAXA、UG 等。

6. 虚拟设计

虚拟设计是在计算机虚拟环境下做物理场景的现代机械设计，如在虚拟环境下设计汽车、飞机等。它的仿真度很高，要求设计完全遵循物理规律，成果可以直接转化为图样，在实际制造试验之后，可以直接生产使用。目前，有很多软件可以解决这个问题，首先最常用、最简单的方法就是用 SolidWorks 仿真出来，然后将所画的零件装配成整体，导入 ADMAS（Automatic Dynamic Analysis of Mechanical Systems，机械系统动力学自动分析）软件中，在 ADMAS 中修改参数，重新定义，这样就几乎完成了虚拟设计，如图 1-11 所示。

图 1-11 虚拟设计飞机发动机

机电一体化设计比单一门类的设计有更多的可选择性和设计灵活性，因为某些功能既可以采用机械方案来实现,也可以采用电子硬件或软件方案来实现。例如,机械计时器可由电子计时器代替,汽车上的机械式点火机构可由微机控制的电子点火系统代替,步进电动机的硬件环形分配器可由软件环形分配器代替等。实际上,这些可以互相替代的机械、电子硬件或软件方案必然在某个层次上可实现相同的功能,因而称这些方案在实现某种功能上具有等效性,这种等效性是可以进行机电一体化设计的充分条件之一。

另外,从一般的控制系统方框图中可以看出,各个组成环节的特性是相互关联的,而且共同影响系统的性能。控制系统的机电一体化设计不是只改变控制装置的性能,而是把包括控制对象在内的大部分组成环节都作为可改变的设计内容,使设计工作比只改变控制装置有更大的灵活性,可以优化出更合理的结构组织形式,获得更理想的产品性能。这种机电组成环节互相关联、相辅相成的互补特性,是机电一体化设计的另一个充分条件。

如果在所设计的产品中具备等效性环节或互补性环节,那么该产品的设计就应该采用机电一体化设计方法,否则只需采用常规设计方法。机电一体化的设计方法要遵循产品的一般性设计原则,即在保证产品目的、功能、性能和使用寿命的前提下尽量降低成本。机电一体化的现代设计方法并不是盲目追求"高、精、尖",而是在充分满足用户要求的基础上,努力以最新的技术手段、最廉价的材料或元器件、最简单的结构、最低的消耗向用户提供最满意的产品。机电一体化的常用设计方法与现代设计方法的融合是优质、高效、快速实现机电一体化系统(产品)设计的有效方法和基本条件。

> ☞ 主题讨论:
> 　　机电一体化技术的未来发展。

本章小结

机电一体化是机械、电子、光学、控制、计算机、信息等多学科的交叉综合,它的发展和进步依赖并能够促进相关技术的发展和进步。机电一体化通过综合利用现代高新技术的优势,在提高精度、增强功能、改善操作性和使用性、提高生产率和降低成本、节约能源和降低消耗、减轻劳动强度和改善劳动条件、提高安全性和可靠性、简化结构和减轻质量、增强柔性和智能化程度、降低价格等诸多方面都取得了显著的技术经济效益与社会效益,促使社会发展和科学技术创新又向前迈进了一大步。

本章习题

1-1　什么是机电一体化?
1-2　试分析机电一体化系统技术的组成及相互关系。

1-3 试简述机电一体化系统的现代设计方法。

1-4 机电一体化系统中接口的作用是什么？

1-5 试分析机电一体化技术在打印机中的应用。

1-6 试通过分析家用洗衣机脱水系统的工作原理，说明如何体现机电一体化技术。

1-7 列举你熟悉或所从事行业中机电一体化产品的应用实例，并分析各产品中相关技术的应用情况。

第 2 章

机械传动与支承技术

导 言

本章内容主要包括机电一体化系统中常见的齿轮传动、滚珠丝杠传动、谐波齿轮减速器、滚动导轨支承机构等机械传动机构和机械支承机构。学生主要从机电一体化系统的机械传动及支承零部件和传统机械传动及支承零部件方面的异同点来分析典型机构，从而找出"机电一体化系统"课程的学习方法，并探究如何提高机电一体化系统中的机械传动机构与机械支承机构的相应精度、快速响应能力及良好的稳定性。

学习目标

1. 了解机电一体化系统对机械传动机构和机械支承机构的基本要求。
2. 掌握齿轮传动、滚珠丝杠传动等机构的正确选型。
3. 了解谐波齿轮减速器的工作原理、特点。
4. 了解滚动导轨支承机构等常用支承机构的种类和选型。

学习建议

1. 导思

在学习本章节时，学生应以机电一体化系统中机械系统的特殊要求为主线，对以下几个问题进行思考。

（1）机电一体化系统的机械传动机构及机械支承部件与传统机械传动机构与支承部件方面的异同点有哪些？

（2）机电一体化系统中机械传动机构应满足哪些要求？常见的机械传动机构有哪些？

（3）机电一体化系统中支承部件的设计应满足哪些基本要求？常见的支承部件有哪些？

2. 导学

（1）2.1 节主要讲述机电一体化系统对机械传动的基本要求，同时还讲述了典型的机械传动机构，其中齿轮传动和滚珠丝杠传动是本章的重点和难点。

（2）2.2节主要讲述机电一体化对支承部件的基本要求及支承部件的类型，重点介绍了滚动导轨支承机构。

（3）2.3节主要是将理论与实践相结合，着重讲解滚珠丝杠的设计与选型。

3. 导做

（1）本章设有一个实践应用案例：滚珠丝杠的设计与选型。通过案例应用，学生可进一步理解机电一体化系统的机械传动机构要求，并正确选型。学生在学习此案例时，需要有一定的计算能力，同时要学会查询机械设计手册。

（2）本章设有机电信息一体化机械机构组合实验，借助仿真实验，学生须完成机电一体化机械机构——滑块传动机构的装配。

2.1 机械传动机构

2.1.1 机电一体化机械系统的基本要求

> ☞ 提示：
> 学习本小节内容时可借助多媒体等资源，注意常见机械传动机构具有的功能和设计的基本要求。
>
> ☞ 要点：
> 1. 机电一体化机械系统中机械传动机构的功能。
> 2. 机电一体化机械系统对机械传动的基本要求。

传统的机械传动只是把动力部分产生的运动和动力传递给执行部分的中间装置，是一种扭矩和转速的变换器。机电一体化机械系统的功能是由计算机信息网络协调与控制的，用于完成包括机械力、运动和能量流等在内的传递及分配，并实现规定作业任务的机械及机电部件相互联系的系统。机电一体化机械系统的核心是由计算机控制的，包括机械、电力、电子、液压、光学等技术的伺服系统。机电一体化机械系统的主要功能是完成一系列规定的运动，而每一个规定的动作都可由控制电动机、传动机构和执行机构等组成的子系统来完成，各个子系统则由计算机来控制。机电一体化机械系统与传统的机械系统相比，它对机械传动的基本要求除较高的制造精度外，还要求其具有良好的动态响应特性，即快速响应特性及良好的稳定性等。

1. 高精度

高精度的机电一体化机械系统是机电一体化系统完成精确机械操作的基础。如果机电一体化机械系统本身的精度都不能满足使用要求，那么无论其他子系统的控制工作如何精确，也无法完成机电一体化系统规定的机械动作。

2. 快速响应

机电一体化机械系统的快速响应就是要求机电一体化机械系统从接到指令到开始执行之间的时间间隔短，这样控制系统才能根据机电一体化机械系统的运行情况及时获取信息，从而进行决策，下达指令，使其得以精确地完成任务。

3. 良好的稳定性

机电一体化机械系统要求其机械传动装置在温度、震动等外界干扰的作用下依然能够正常、稳定地工作，即系统抵御外界环境的影响和抗干扰能力强。

此外，机电一体化机械系统还要求具有体积小、质量轻、足够的强度和刚度、可靠性高和寿命长等特点。

在机电一体化机械系统中，常常采用伺服电动机，它的伺服变速功能在很大程度上代替了机械传动中的变速机构，从而大大减少了传动链。

总之，机电一体化设备的机械系统应具有良好的伺服性能，即精度高、快速响应、稳定性好。在不影响机电一体化机械系统刚度的前提下，应尽量减小传动机构的质量，以获得较小的转动惯量；尽量增大系统的刚度，这样既可以减少伺服系统的动力损失，又可以减小传动机构产生的共振，增加机电一体化系统的稳定性。

> ☞ 主题讨论：
> 机电一体化机械系统中机械传动在结构设计方面还有哪些要求？

2.1.2 典型的机械传动机构

> ☞ 提示：
> 学习本小节内容时，可运用多媒体资源和工程录像，注意常见的机械传动机构基础知识，学习典型机械传动机构的设计选型。
>
> ☞ 要点：
> 1. 齿轮传动的传动比。
> 2. 同步带传动的特点。
> 3. 滚珠丝杠传动设计原则。

机电一体化系统中机械传动机构的设计，要满足伺服系统精度、响应速度和稳定性的要求。为此，机械传动部件要有足够的制造精度，并满足转动惯量小、阻尼合理、刚度大、振动特性好、传动间隙小的要求。机电一体化系统中常用的机械传动机构有齿轮传动、链传动、同步带传动、螺旋传动、滚珠丝杠传动等。下面主要介绍齿轮传动、同步带传动、滚珠丝杠传动。

1. 齿轮传动

齿轮传动具有工作可靠、传动比恒定、结构紧凑、强度大、能承受重载、摩擦力小、效率高等优点，因此，齿轮传动是机电一体化系统中使用最多的一种传动方式，它主要用来传递转矩、转速和位移，从而匹配电动机和滚珠丝杠副及工作台。

在机电一体化机械系统中，传统机械传动中的变速机构大部分已经被伺服电动机取代，只有当伺服电动机的变速范围达不到工作要求时，才会通过传动机构来进行变速。由于机电一体化系统对快速响应的指标要求很高，因此，机械传动机构不仅用来解决伺服电动机与负载间的力矩匹配问题，还用来提高系统的伺服性能。为此，就要求机械传动机构具有刚度大、摩擦力小、转动惯量小、阻尼合理、抗振性好和可靠性高等特点，因此，在设计齿轮传动机构时，要注意以下三点：

（1）传动精度。机电一体化机械系统的传动精度差是由传动件的制造误差、装配误差、传动间隙和弹性变形等所引起的。对于开环控制系统来说，机械系统的传动精度直接影响整个系统的精度。

（2）响应速度。齿轮传动机构会影响整个系统的响应速度，其中齿轮传动机构的角加速度是关键因素，因此，可采取减少摩擦、减小转动惯量、提高传动效率等措施。

（3）稳定性。齿轮传动机构的性能参数会直接影响系统的稳定性，因此，可通过提高传动机构的固有频率和系统的阻尼力来提高传动系统的抗振性能，增强机电一体化机械系统的稳定性。

例如，在工业机器人中，齿轮传动常应用于其各个关节中，其使用情况如表 2-1 所示。

表 2-1　工业机器人中常用齿轮传动方式的比较与分析

传动方式	特　点	运动形式	传动距离	应用部位	实　例
圆柱齿轮传动	用于为手臂第一传动轴提供大扭矩	转动	近	臂部	Unimate PUMA560
锥齿轮传动	转动轴方向垂直相交	转动	近	臂部 腕部	Unimate
蜗轮蜗杆传动	单级传动比大、有发热问题	转动	近	臂部 腕部	FANUC M1
行星传动	传动比大、价格高	转动	近	臂部 腕部	Unimate PUMA560
谐波齿轮传动	传动比很大、质量轻、尺寸小	转动	近	臂部 腕部	KUKA

下面将介绍几种典型的齿轮传动机构。

（1）摆线针轮行星传动机构。摆线针轮行星传动机构与渐开线少齿差行星齿轮传动机构类似，但摆线针轮行星传动机构的行星齿轮的齿廓曲线不是渐开线，而是采用变幅外摆线的内侧等距曲线（其中使用短幅外摆线的等距曲线较为普遍）；太阳轮齿廓与上述曲线共轭的是圆。摆线针轮行星传动机构的结构如图 2–1 所示。

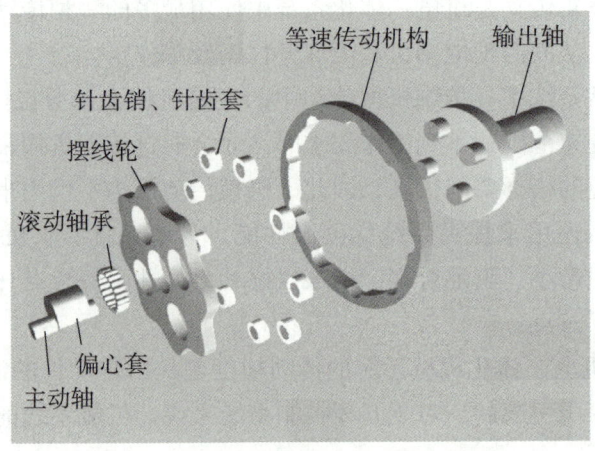

图 2–1　摆线针轮行星传动机构的结构

20 世纪 20 年代，德国人发明了摆线针轮行星传动机构，起初由于该机构的加工工艺复杂，所以发展得十分缓慢。随着生产的需要，渐开线内齿轮难以进行齿面硬化的精加工，阻碍了其承载能力和传动精度的提高。而摆线针轮行星传动机构啮合的内齿轮是由针齿销、针齿套组装而成的，比渐开线内齿轮的加工工艺简单，从而使这种传动有了发展机遇，并在中等功率的传动机构中获得了可靠的应用。摆线针轮行星传动机构的传动比范围大，单级传动为 6~119，两级传动为 121~7 569，三级传动比可达 658 503；体积小，质量轻，用摆线针轮行星传动机构代替传统两级普通圆柱齿轮机构，体积可减小 1/2~2/3，质量减轻 1/3~1/2；效率高，一般单级效率为 0.90~0.95。另外，其还具有运转平稳、噪声低、工作可靠、寿命长的优点。正是由于这些优点，摆线针轮行星传动机构已日益广泛地应用于军工、矿山、冶金、化工、纺织、船舶、石油等领域的很多机电一体化设备中，但是这种传动机构的制造精度要求高，需要专门的加工设备。

目前，摆线针轮行星传动机构多用于高速轴转速 n_H = 1 500~1 800 r/min、传动功率 $P ≤$ 132 kW 的场合。

常见的摆线针轮行星传动机构主要由以下四部分组成：

①行星轮。行星轮即摆线轮，其齿廓通常为短幅外摆线的内侧等距曲线。按照一般的运动要求，一个行星轮就可以完成传动要求。但为了使得输入轴达到静平衡并提高承载能力，通常采用两个相同的奇数齿摆线轮，装在双偏心套上，两个位置错开 180°，摆线轮和偏心套之间装有滚动轴承，称为转臂轴承。为了节约径向空间，滚动轴承通常采用无外座圈的滚子轴承，而以摆线轮的内表面直接作为滚道。摆线轮常用材料为高碳铬轴承钢 GCr15 或 GCr15SiMn，经热处理后，硬度可达到 58~62 HRC。

②输出机构。输出机构与渐开线少齿差行星齿轮传动一样，通常采用销轴式输出机构。

输出轴常采用45钢,经热处理后,硬度不小于170 HBW。

③行星架。行星架又称为转臂,由输入轴和偏心轮组成,偏心轮在两个偏心方向互成180°。

④中心轮。中心轮又称为针轮,主要由在针齿上沿针齿中心圆的圆周均布的一组针齿销组成。

(2) RV齿轮传动机构。RV齿轮传动(曲柄式封闭差动轮系)机构是在摆线针轮行星传动机构的基础上发展起来的一种新型传动机构,它具有体积小、质量轻、传动比范围大、传动效率高等优点,而且比单纯的摆线针轮行星传动机构具有更小的体积和更大的承载能力,其输出轴的刚度更大,因此,在现代的机器人传动机构中,它已经在很大程度上取代了单纯的摆线针轮行星传动机构和谐波齿轮传动机构。

RV齿轮传动简图如图2-2所示。RV齿轮传动机构是由渐开线圆柱齿轮行星传动机构和摆线针轮行星传动机构两部分组成的。渐开线行星轮2与曲柄轴3连成一体,作为摆线针轮行星传动机构的输入部分。如果渐开线中心轮1进行顺时针方向自转,那么渐开线行星轮在公转的同时,还附加逆时针方向自转,并通过曲柄轴3带动摆线轮4做偏心运动,此时摆线轮4沿其轴线公转,同时还将反向自转,并且通过曲柄轴3推动钢架结构的输出机构顺时针方向转动,其传动比计算公式为

$$i_{16} = 1 + \frac{Z_2}{Z_1}Z_5 \qquad (2-1)$$

式中:Z_1——渐开线中心轮的齿数;

Z_2——渐开线行星轮的齿数;

Z_5——针轮的齿数,$Z_5 = Z_4 + 1$,Z_4为摆线轮的齿数。

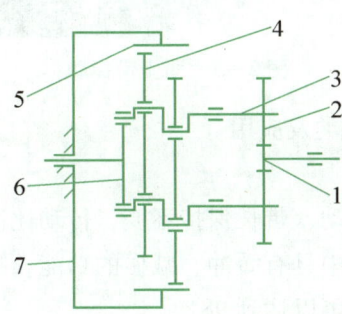

1—渐开线中心轮;2—渐开线行星轮;3—曲柄轴;4—摆线轮;5—针齿;6—输出轴;7—针齿壳。

图2-2 RV齿轮传动简图

RV齿轮传动机构作为一种新型的传动机构,从结构上来看,具有以下优点:

①RV齿轮传动机构可以安置在行星架的支承主轴承内,因此大大缩小了这种传动机构的轴向尺寸。

②该机构同时采用了渐开线圆柱齿轮行星传动机构和摆线针轮行星传动机构,处于低速级的摆线针轮行星传动机构更加平稳。同时,转臂轴承的个数增加和内外环的相对转速降

低,也大大提高了摆线针轮行星传动机构的寿命。

③通过合理的结构设计,RV 齿轮传动机构可以获得很高的运动精度和很小的回差。

④RV 齿轮传动机构的输出机构采用两端支承的刚性圆盘输出机构。该机构要比一般的摆线针轮行星传动机构的输出机构(悬臂梁结构)具有更大的刚度,而且大大提高了抗冲击性能。

⑤传动比范围大。即使保持摆线轮齿数不变,只要改变渐开线圆柱齿轮的齿数 Z_1 和 Z_2,就可以获得多种传动比,其传动比为 57~192。

⑥传动效率高,其传动效率 $\eta = 0.85 \sim 0.92$。

2. 同步带传动

啮合型带传动一般也称为同步带传动,如图 2-3 所示。它在工作时主要是利用带内环表面上的凸齿和带轮外缘上的齿槽相啮合来进行传动的。同步带传动具有带传动和链传动的优点,带和带轮之间没有相对滑动,因此可以保证准确的传动比。同步带一般都是以钢丝绳或者玻璃纤维绳作为抗拉体,以氯丁橡胶或聚氨酯作为基体,所以这种带比较薄而且轻,可以用于高速场合。

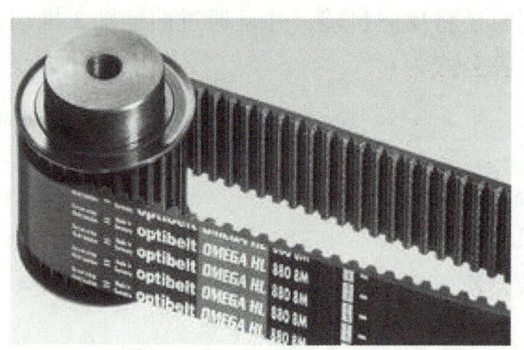

图 2-3 同步带传动

(1) 同步带传动的特点、分类及应用。

同步带传动的特点如下:

①带和带轮之间没有相对滑动,带长保持不变,传动比准确,传动平稳。

②同步带传动在传动的过程中具有缓冲、减振的功能,噪声也很低。

③同步带传动的效率较高,可以达到 98%。

④日常维护与保养很方便,不需要润滑,维修费用较低。

⑤速比范围很大,一般可以达到 10,线速度可达到 50 m/s,具有较大的功率传递范围,可从几瓦到几百千瓦。

⑥可用于长距离传动,中心距可达 10 m,在恶劣环境下也能正常工作。但同步带传动对于安装时的中心距等方面要求极其严格,同时制造工艺也很复杂,制造成本很高。

同步带的分类及应用如表 2-2 所示。

表 2-2 同步带的分类及应用

分类方法	种　类	应　用	标　准
按用途分	一般工业用同步带（梯形齿同步带）	主要用于中、小功率的同步带传动，如各种仪器、计算机、轻工机械等	国际标准化组织（ISO）标准、各国国家标准、中华人民共和国国家标准（GB）
	大转矩同步带（圆弧齿同步带）	主要用于重型机械的传动，如运输机械、发动机等	各国企业标准
	特种规格的同步带	根据某种机器的特殊需求而采用的特殊规格同步带传动	汽车同步带有 ISO 标准和各国标准。日本有缝纫机同步带标准
	特殊用途的同步带 （1）耐油性同步带	用作经常沾油或浸在油中传动的同步带	尚无标准
	（2）耐热性同步带	在 90 ℃ ~ 120 ℃ 高温环境下使用	
	（3）高电阻同步带	用于要求胶带电阻大于 6 MΩ 的场合	
	（4）低噪声同步带	用于大功率、高速、低噪声的场合	
按规格分	模数制：同步带的主要参数是模数 m，根据模数 m 来确定同步带的型号及结构参数	逐渐被节距制同步带取代，目前仅东欧各国使用	各国国家标准
	节距制：同步带的主要参数是带齿节距 P_b，按带齿节距大小，相应带、轮有不同尺寸	世界各国广泛采用的一种规格制度的同步带	ISO 标准、各国国家标准、中华人民共和国国家标准（GB）

（2）同步带传动的主要参数及规格。同步带是一种纵向截面具有等距横向齿的环形传动带，其结构示意图如图 2-4 所示。当带垂直且其底边弯曲时，在带中保持原长度不变的任意一条周线称为节线，其长度称为节线长 L_p，并以其作为公称长度。在规定的张紧力下，带的纵截面上相邻两齿对称中心线的直线距离称为带节距 P_b。与带轮同轴的假想圆柱面称为基准节圆柱面，在这个圆柱面上，带轮的节距等于带节距。基准节圆柱面和与带轮轴线垂直的平面的交线对应的圆称为带轮节圆。

同步带传动的齿形主要有圆弧齿和梯形齿两种形式，圆弧齿同步带的结构如图 2-5 所示，一般由带背、包布、带齿和芯绳四部分组成。

梯形齿同步带分为单面有齿和双面有齿两种，简称单面齿和双面齿。双面齿按齿的排列方式不同，又可分为对称齿型（DA 型）和交错齿型（DB 型），如图 2-6 所示。梯形齿同步带有两种尺寸制，即节距制和模数制，我国一般采用节距制。

根据国标《同步带传动 节距型号 MXL、XXL、L、H、XH 和 XXH 梯形齿带轮》（GB/T 11361—2018）的规定，梯形齿同步带按节距的不同，可分为七种规格，其主要尺寸如表 2-3 所示。

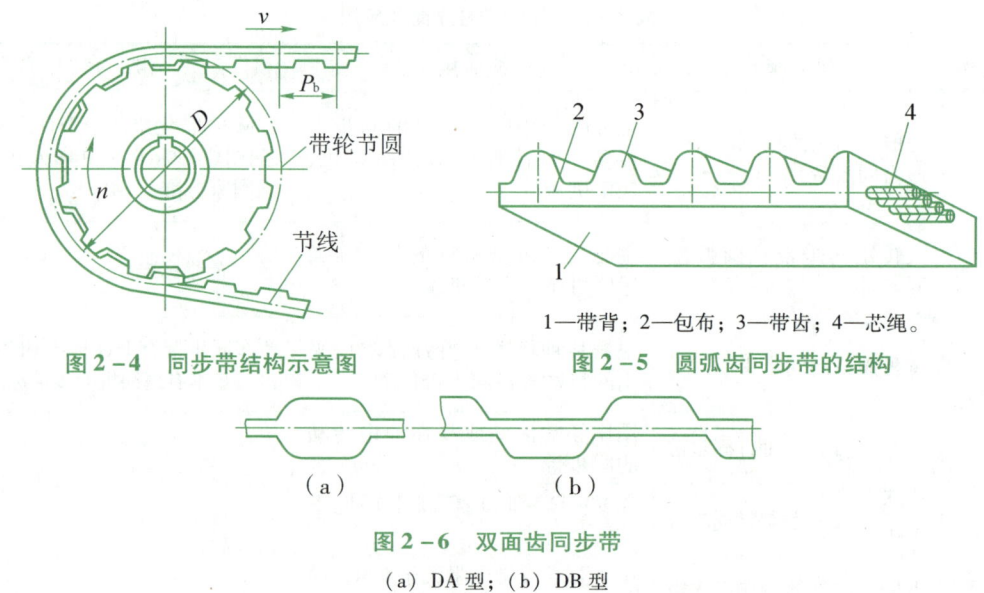

图 2-4 同步带结构示意图　　图 2-5 圆弧齿同步带的结构

1—带背；2—包布；3—带齿；4—芯绳。

图 2-6 双面齿同步带

(a) DA 型；(b) DB 型

表 2-3 梯形齿同步带的型号和节距

型号	MXL	XXL	XL	L	H	XH	XXH
节距 P_b/mm	2.032 ± 0.008	3.175 ± 0.011	5.080 ± 0.011	9.525 ± 0.012	12.700 ± 0.015	22.225 ± 0.019	31.750 ± 0.025

圆弧齿同步带除齿形为曲线形状外，其结构与梯形齿同步带基本相同，带的节距相当，其齿高、齿根厚和齿根圆角半径等都要比梯形齿同步带大。带齿受载之后，应力分布状态良好，均匀了齿根部分的应力，有效地防止了应力集中，提高了轮齿的承载能力。因此，圆弧齿同步带比梯形齿同步带传递功率大，而且能防止啮合过程中齿的干涉。圆弧齿同步带的耐磨性能好，工作时噪声小，无须润滑，可用于有粉尘的恶劣环境中，在食品、汽车、纺织、制药、印刷和造纸等行业都得到了广泛的应用。

梯形齿同步带及圆弧齿同步带的标记如图 2-7 所示，其标记一般包含长度代号、型号、宽度代号和标准号等。以梯形齿同步带的标记为例，420 为长度代号，节线长度为 42×25.4 = 1 066.80 mm，050 为宽度代号，宽度为 0.5×25.4 = 12.7 mm。

（3）同步带轮。同步带轮一般由轮缘、轮辐和轮毂三部分组成，其常用的材料主要有灰铸铁、钢、铝合金、铜或工程塑料等，其中以灰铸铁的应用最广，当 $v \leqslant 30$ m/s 时用 HT200，小功率传动可以用铸铝或者塑料。在设计带轮时，应使其结构便于制造，质量小且分布均匀，并避免由于铸造产生过大的内应力。当 $v > 5$ m/s 时，要进行静平衡；当 $v > 25$ m/s 时，则要进行动平衡。

3. 滚珠丝杠传动

在机电一体化机械系统中，滚珠丝杠副是最常用的回转运动与直线运动的转换机构，它

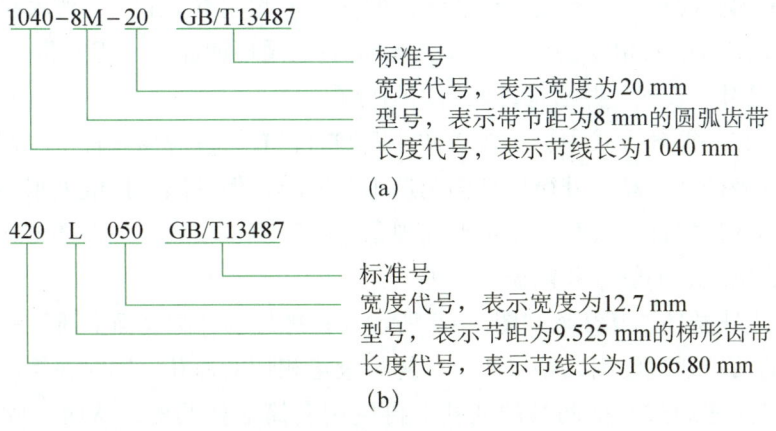

图 2-7 带的标记

(a) 圆弧齿同步带的标记；(b) 梯形齿同步带的标记

传动精度高，刚度好，传动效率高，且其运动具有可逆性，但制造工艺较复杂。使用滚珠丝杠副时应注意以下事项：按工作条件确定滚珠丝杠的尺寸、精度及安装方式；用预紧的方法消除轴向间隙，提高刚度。滚珠丝杠应满足刚度、稳定性、传动效率的要求。

(1) 滚珠丝杠副的工作原理及轴向间隙调整。滚珠丝杠传动机构的工作原理如图 2-8 所示，丝杠 4 和螺母 1 的螺纹滚道内置有滚珠 2，当丝杠 4 转动时，带动滚珠 2 沿螺纹滚道滚动，从而产生滚动摩擦。为了防止滚珠 2 从螺纹滚道端面掉出，在螺母 1 的螺旋槽两端设有滚珠回程引导装置 3，构成滚珠 2 的循环返回通道，从而形成滚珠流动的闭合通路。

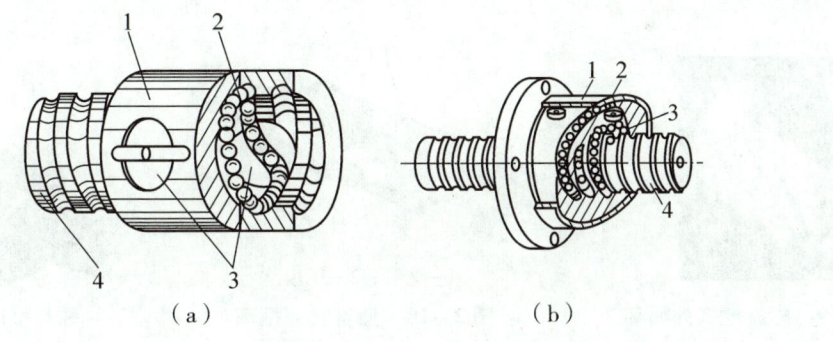

1—螺母；2—滚珠；3—滚珠回程引导装置；4—丝杠。

图 2-8 滚珠丝杠传动机构的工作原理

(a) 内循环；(b) 外循环

在滚珠丝杠副中，滚道内的滚珠将丝杠与螺母之间的滑动摩擦转变成滚动摩擦，同时滚珠在滚道内反复循环。滚珠循环的方式主要有内循环和外循环两种。

① 内循环。当滚珠丝杠副采用内循环方式时，其滚珠在整个循环过程中始终与丝杠表面保持接触。内循环方式的特点主要是滚珠循环的路程短、循环顺利、效率高，结构尺寸也较小，但滚珠回程引导装置加工困难，装配调整也不方便。最常用的内循环结构如图 2-8 (a)

所示，在螺母1的侧面孔内装有接通相邻滚道的滚珠回程引导装置3，利用它引导滚珠2越过丝杠4的螺纹顶部进入相邻的滚道，从而形成一个循环回路。一般在同一个螺母上装有2~4个滚珠回程引导装置，并沿螺母四周均匀分布。

②外循环。在外循环方式中，滚珠2循环返回时，有一段脱离丝杠4的螺旋滚道，在螺母1体内或体外做循环运动。外循环结构制造工艺简单，但其滚道接缝处很难做到平滑，从而影响滚珠滚动的稳定性，甚至会发生卡珠现象，且噪声也较大。外循环方式按结构形式不同，可分为螺旋槽式、插管式和端盖式3种。

A. 螺旋槽式外循环。其结构如图2-9所示，在螺母的外圆表面上通过铣削，加工出螺纹凹槽。凹槽的两端通过钻削，钻出两个与螺旋滚道相切的通孔，同时在螺纹滚道内装有两个挡珠器来引导滚珠通过凹槽两端的通孔，再应用套筒盖住凹槽，从而形成滚珠的循环回路。该结构的特点是工艺简单，径向尺寸小，容易制造，但是挡珠器的刚性差，容易磨损。

B. 插管式外循环。其结构如图2-10所示，在插管式外循环结构中，利用弯管1来代替螺旋凹槽，将其两端分别插入与螺旋滚道相切的两个内孔，以其端部来引导滚珠进入弯管，从而构成滚珠的循环回路，再用压板2和螺钉将弯管固定。该结构简单，容易制造，但是它的径向尺寸较大，弯管端部用作挡珠器比较容易磨损。

C. 端盖式外循环。其结构如图2-11所示，该结构的滚珠回程滚道主要是在螺母上钻出纵向孔，同时在螺母两端装有两块扇形盖板或套筒，这样就在盖板上形成了滚珠的回程道口。滚道半径为滚珠直径的1.4~1.6倍。这种方式结构简单，工艺性好，但滚道连接和弯曲处圆角不易加工准确而使其性能受到影响，故应用很少，常以单螺母形式用作升降传动机构。

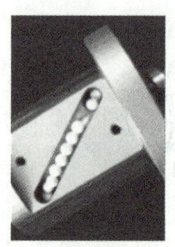
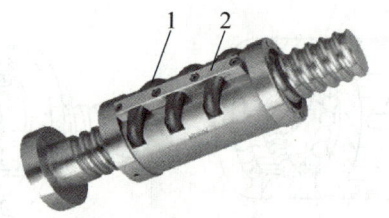

1—弯管；2—压板。

图2-9　螺旋槽式外循环　　　图2-10　插管式外循环　　　图2-11　端盖式外循环

滚珠丝杠副在使用过程中，除了对其本身单一方向的传动精度要求较高以外，还对其轴向间隙有严格的要求，从而保证其反向传动精度。滚珠丝杠副的轴向间隙是承载时在滚珠与滚道型面接触点的弹性变形所引起的螺母位移量和螺母原有间隙的总和。在滚珠丝杠机构中，一般采取双螺母预紧的方法，将弹性变形控制在最小限度内，从而减小或部分消除轴向间隙，并提高滚珠丝杠副的刚度。

目前制造的单螺母式滚珠丝杠副的轴向间隙达0.05 mm，而采用双螺母的结构方式后，通过施加预紧力进行调整，基本上可以消除轴向间隙。但采用双螺母的结构方式时应注意两点：

①在施加预紧力时，要严格控制预紧力的大小，切忌过小或过大。若预紧力过小，则不

能保证无隙传动；若预紧力过大，则会使空载力矩增加，从而降低传动效率，缩短使用寿命。因此，一般需要经过多次调整，以保证既能消除间隙，又能灵活运转。施加的预紧力不能超过最大轴向负载的 1/3。

②要特别注意减小丝杠安装部分和驱动部分的间隙，这些间隙仅仅依靠预紧的方法是无法消除的，而其对传动精度有直接的影响。

常用的双螺母消除轴向间隙的结构形式有以下 3 种：

①垫片调隙式。如图 2-12 所示，该结构通常用螺钉来连接滚珠丝杠两个螺母的凸缘，同时在凸缘间加垫片。通过调整添加垫片的厚度，螺母产生轴向位移，从而达到消除间隙和产生预紧力的目的。双螺母垫片预紧调隙式结构的特点是结构简单、可靠性好、刚度高、装卸方便，因而应用广泛，但调整过于费时，并且在工作中不能随意调整。

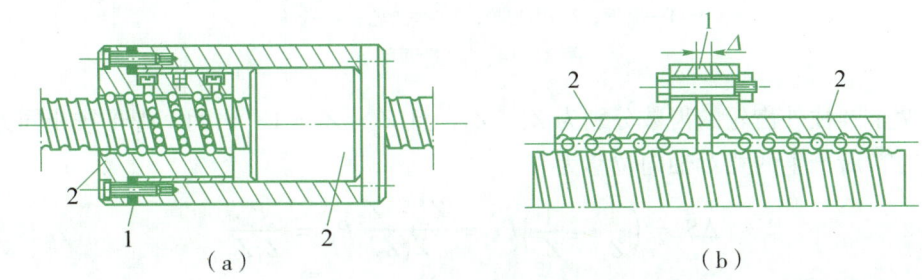

1—垫片；2—螺母。

图 2-12 垫片调隙式

(a) 双螺母垫片调整法（端部加垫片）；(b) 双螺母垫片调整法（中间加垫片）

②螺纹调隙式。如图 2-13 所示，该结构的两个螺母中，一个螺母的外端有凸缘，而另一个螺母的外端没有凸缘，但制有螺纹，伸出套筒外。该结构采用双圆螺母调整锁紧方式，旋转圆螺母，即可消除间隙并产生预紧力，调整之后再利用另一个圆螺母将它锁紧。双螺母螺纹调隙式结构的特点是结构简单、刚性好、预紧可靠，在使用过程中调整起来比较方便，但不够精确。

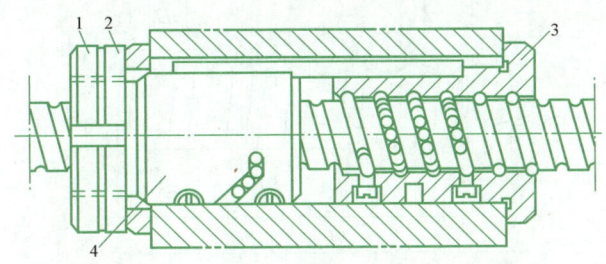

1—锁紧圆螺母；2—调整圆螺母；3—右螺母；4—左螺母。

图 2-13 螺纹调隙式

③齿差调隙式。如图 2-14 所示，该结构在两个螺母的凸缘上都制有圆柱齿轮，两者相差一个齿，并装入内齿圈内，再利用螺钉或定位销将内齿圈固定在套筒上。在调整的过程

中，先取下两端的内齿圈,当两个滚珠螺母相对于套筒同方向转动相同齿数时,一个滚珠螺母对另外一个滚珠螺母产生相对角位移,从而使滚珠螺母对于滚珠丝杠的螺母滚道相对移动,达到消除间隙并施加预紧力的目的。

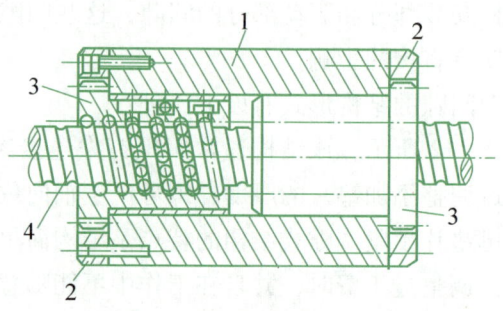

1—套筒；2—内齿轮；3—外齿轮；4—丝杠。
图 2-14 齿差调隙式

假设两个圆柱外齿轮的齿数分别为 Z_1, Z_2,且 $Z_2 - Z_1 = 1$,当两个螺母按相同方向转过一个轮齿时,所产生的相对轴向位移为

$$\Delta S = \left(\frac{1}{Z_1} - \frac{1}{Z_2}\right)P_h = \frac{Z_2 - Z_1}{Z_1 Z_2}P_h = \frac{P_h}{Z_1 Z_2} \tag{2-2}$$

式中：P_h——导程。

若 $Z_1 = 99$, $Z_2 = 100$, $P_h = 6$ mm,则 $\Delta S = 0.6$ μm,由此可以看出双螺母齿差调隙式结构的特点是可实现定量调整,而且调整精度很高,工作可靠,使用中调整较方便,但其结构较为复杂,加工和装配的工艺性能较差。

（2）滚珠丝杠副的主要尺寸及型号标注。滚珠丝杠副的主要尺寸如图 2-15 所示,它的主要尺寸有如下几个：

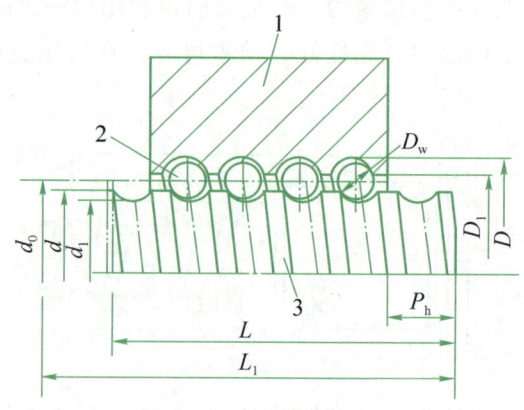

1—滚珠螺母；2—滚珠；3—滚珠丝杠。
图 2-15 滚珠丝杠副的主要尺寸

① 公称直径 d_0。它是指滚珠与螺纹滚道在理论接触角状态时包络滚珠珠心的圆柱直径。

它是滚珠丝杠副的特征尺寸，与承载能力直接相关，常用范围为 30~80 mm，一般大于丝杠长度的 1/35。

②导程 P_h。它是指丝杠相对于螺母旋转 2π 弧度时螺母上基准点的轴向位移。导程大小主要根据机床加工精度的要求确定。当加工精度较高时，导程应选小些；当加工精度较低时，导程应选大些。导程取小之后，不改变滚珠的直径，但会减小螺纹升角，从而降低传动效率。因此，一般选用导程时应遵循的原则是，在满足机床加工精度的条件下尽可能取大一些。

③行程 L。它是丝杠相对于螺母旋转任意弧度时螺母上基准点的轴向位移。

除此之外，还有丝杠螺纹大径 d、丝杠螺纹小径 d_1、滚珠直径 D_w、螺母螺纹大径 D、螺母螺纹小径 D_1、丝杠螺纹全长 L_1 等。

根据国家标准《滚珠丝杠副 第 5 部分：轴向额定静载荷和动载荷及使用寿命》（GB/T 17587.5—2008）的规定，滚珠丝杠副的型号根据其循环方式、预紧方式、结构特征、精度等级和螺纹旋向等，按如图 2-16 所示的格式进行标注。

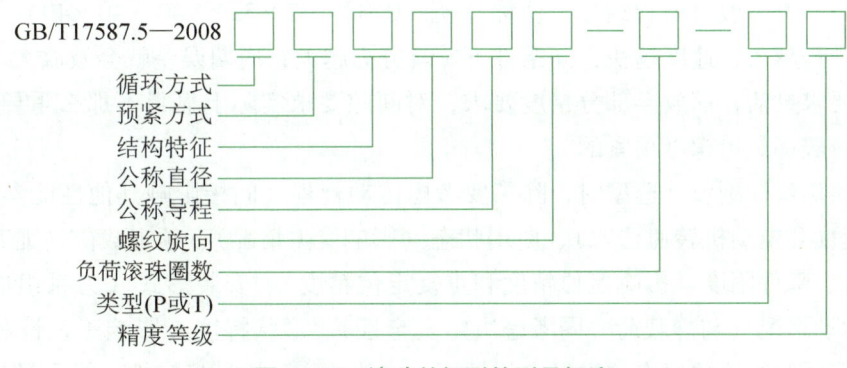

图 2-16 滚珠丝杠副的型号标注

（3）滚珠丝杠副选择设计的原则及注意事项。滚珠丝杠副具有价格相对便宜、效率高、精度可选范围广、尺寸标准化、安装方便等优点。当精度要求不太高时，通常选用冷轧滚珠丝杠副，以便降低成本；当精度要求高或载荷超过冷轧丝杠额定载荷时，需选择磨制或旋铣滚珠丝杠副。不管何类滚珠丝杠副，螺母的尺寸都尽量在系列规格中选择，以降低成本、缩短供货期。

①精度级别的选择。滚珠丝杠副在用于纯传动时，通常选用 T 类（机械设计手册中提到的传动类），其精度级别一般可选 T5 级（周期偏差在 0.01 mm 以下）、T7 级或 T10 级，其总长范围内偏差一般无要求；在用于精密定位传动（有行程上的定位要求）时，要选择 P 类（机械设计手册中提到的定位类），精度级别为 P1、P2、P3、P4、P5 级，其中 P1、P2 级价格很高，一般用于非常精密的工作机械或要求很高的场合，在多数情况下开环使用；而 P3、P4 级在高精度机床中应用得最多、最广，需要很高精度时一般加装光栅，需要较高精度时也可开环使用；P5 级则用于大多数数控机床及其改造，如数控车，数控铣、镗、磨以

及各种配合数控装置的传动机构。

②规格的选择。首先，要选能承受足够载荷（动载荷和静载荷）的规格，根据使用状态，选择符合条件的规格。其次，如果选用的是磨制或旋铣滚珠丝杠副，则要估算其长径比（丝杠总长与螺纹公称直径的比值），但因其长度在设计时已确定，所以在规格的确定上需要调整，原则上使其长径比小于50。

③预紧方式的选择。对于纯传动的情况，一般要求传动灵活，允许有一定的反向间隙，故多选用单螺母，它的价格相对较低，传动灵活；对于不允许有反向间隙的精密传动的情况，则需选用双螺母预紧，它能调整预紧力的大小，保持性好，并能够重复调整。另外，在行程空间受限制的情况下，也可选用变位导程预紧（俗称错距预紧），该方式预紧力较小，且难以重复调整，一般不选用。

④导程的选择。导程的选择与所需要的运动速度、系统等有关，通常在4，5，6，8，10，12，20中选择，规格较大时，一般也可选择较大导程。在速度满足要求的情况下，一般选择较小导程（利于提高控制精度）；对于要求高速度的场合，导程可以超过20；对于磨制丝杠来说，导程一般可做到约等于公称直径，如32（32×32）、40（40×40）等，当然也可以更大。导程越大，速度越快，同条件下旋转分力越大，周期误差就会被放大。一般速度很高的场合要求灵活，而放弃部分精度要求，对间隙要求实际上显得不那么重要了，因此，大导程丝杠一般都是单螺母预紧的。

完整的滚珠丝杠副设计选型时，除了要考虑传动行程（间接影响其他性能参数）、导程（结合设计速度和电动机转速选取）、使用状态（影响受力情况）、额定载荷（尤其是动载荷将影响寿命）、部件刚度（影响定位精度和重复定位精度）、安装形式（力系组成和力学模型）、载荷脉动情况（与静载荷一同考虑决定安全性）、形状特性（影响工艺性和安装）等因素外，还需要对所选的规格的重复定位精度、定位精度、压杆稳定性、极限转速、峰值静载荷及循环系统极限速率等进行校核，修正选后才能得到完全适用的规格，进而确定电动机、轴承等关联件的特征参数。

滚珠丝杠副在选择设计过程中还要注意以下几个事项：

①防逆转。滚珠丝杠副逆传动的效率很高，但其不能自锁（驱动力无论多大，都无法使机械机构运动的现象称为自锁），所以当其用于垂直运动或其他需要防止逆转的场合时，就需要设置防逆转装置，以防止滚珠丝杠副的零部件因自身的重力而产生逆转。防止逆转的常用装置主要有电液脉冲电动机或步进电动机，也可采用单向超越离合器、防逆转电器及液压机械的防逆转制动器，还可采用具有自锁能力的蜗杆传动来作为中间传动机构，但这样会大大降低其传动效率。

②防护、密封与润滑。为防止意外的机械磨损，避免灰尘、铁屑等污染物进入丝杠螺母内造成磨粒磨损，应在丝杠轴上安装防护装置，如螺旋弹簧保护套、折叠式防护套等，同时在螺母的两端安装密封圈。

在使用过程中，滚珠丝杠副还应根据不同的载荷和转速采用相应的润滑方式，从而提高传动效率以及延长滚珠丝杠副的使用寿命。对于中等载荷、一般转速的滚珠丝杠副，可采用锂基脂或 20 号、30 号机械油润滑；对于重载、高速传动的滚珠丝杠副，可采用 NBU15 高速润滑油润滑或 90 号、180 号透平油润滑。

③其他注意事项。在重载荷情况下，应尽可能使丝杠受拉，避免受压产生横向位移；在安排螺母承载凸缘位置时，应尽量使螺母、螺杆同时受拉或受压，使两者的变形方向一致，滚动体和滚道受载均匀，以利于长期保持精度，其布置如图 2 – 17 所示。

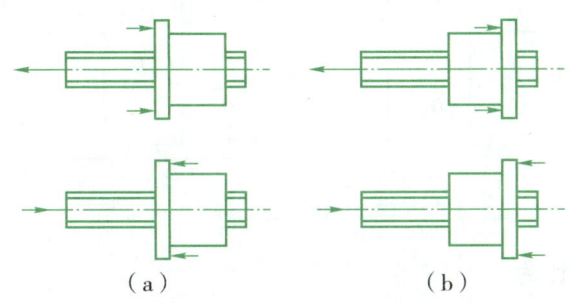

图 2 – 17　螺母凸缘的布置
（a）错误；（b）正确

滚珠丝杠副的传动质量可通过增加滚珠丝杠副的负载滚珠有效圈数来提高。例如，负载滚珠的有效圈数由 3 圈变为 5 圈，滚珠丝杠副的刚度和承受动载荷的能力就提高了 1.4 ~ 1.6 倍。此时，如果工作载荷不变，那么滚珠丝杠副的寿命就提高了。如果保持寿命不变，则可减小滚珠丝杠的直径，从而提高进给运动速度和减少原料的损耗。

> 👉 主题讨论：
> 1. 常见的齿轮机构在实际应用中应如何来选用？
> 2. 常见的机电一体化机械传动机构还有哪些？选用时应注意哪些方面？

2.1.3　传动比的确定和分配原则

> 👉 提示：
> 　　机械传动有无级变速和有级变速两种，本小节主要介绍有级变速。学习本小节内容时，可以运用多媒体资源，重点掌握传动比的分配原则。
> 👉 要点：
> 　　1. 传动比的确定。
> 　　2. 传动比的分配原则。

1. 传动比的确定

根据负载特性和工作条件的不同，总传动比的确定有多种方法。机电一体化系统的传动装置在满足伺服电动机与负载的力矩匹配的同时,应具有较高的响应速度,即启动和制动速度。因此,在伺服系统中,通常按照负载角加速度最大原则选择总传动比,以提高伺服系统的响应速度。

传动模型如图 2-18 所示,其中,J_m 为电动机 M 转子的转动惯量,θ_m 为电动机 M 的角位移,J_L 为负载 L 的转动惯量,T_{LF} 为摩擦阻抗转矩。

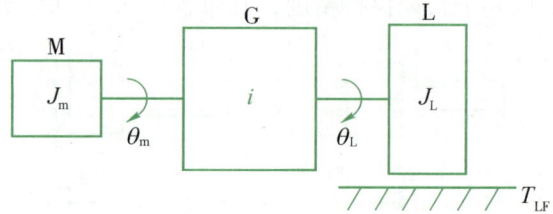

图 2-18 传动模型

齿轮系 G 的总传动比为

$$i = \frac{\theta_m}{\theta_L} = \frac{\dot{\theta}_m}{\dot{\theta}_L} = \frac{\ddot{\theta}_m}{\ddot{\theta}_L} \tag{2-3}$$

式中:θ_m、$\dot{\theta}_m$、$\ddot{\theta}_m$ ——电动机的角位移、角速度、角加速度;

θ_L、$\dot{\theta}_L$、$\ddot{\theta}_L$ ——负载的角位移、角速度、角加速度。

T_{LF} 换算到电动机轴上的阻抗转矩为 $\frac{T_{LF}}{i}$,J_L 换算到电动机轴上的转动惯量为 $\frac{J_L}{i^2}$。设 T_m 为电动机的驱动转矩,在忽略传动装置惯量的前提下,根据旋转运动方程,电动机轴上的合转矩 T_a 为

$$T_a = T_m - \frac{T_{LF}}{i} = \left(J_m + \frac{J_L}{i^2}\right) \times \ddot{\theta}_m = \left(J_m + \frac{J_L}{i^2}\right) \times i \times \ddot{\theta}_L$$

故

$$\ddot{\theta}_L = (T_m i - T_{LF})/(J_m i^2 + J_L) \tag{2-4}$$

改变式(2-4)中的总传动比 i,则 $\ddot{\theta}_L$ 也随之改变。根据负载角加速度最大的原则,令 $\frac{d\ddot{\theta}_L}{di} = 0$,则

$$i = \frac{T_{LF}}{T_m} + \sqrt{\left(\frac{T_{LF}}{T_m}\right)^2 + \frac{J_L}{J_m}} \tag{2-5}$$

若 $T_{LF} = 0$,则

$$i = \sqrt{J_L/J_m}$$

或

$$J_L/J_m = i^2$$

当然，上述分析是忽略了传动装置的转动惯量影响而得到的结论，实际总传动比要依据传动装置的惯量估算适当选择大一点。在传动装置设计完以后进行动态设计时，通常将传动装置的转动惯量归算为负载，折算到电动机轴上，并与实际负载一同考虑进行电动机响应速度验算。

2. 传动比的分配原则

在机电一体化传动系统中，为了既满足总传动比要求，又使结构紧凑，常采用多级齿轮副或蜗轮蜗杆等其他传动机构组成传动链。下面以齿轮为例来简单介绍级数和各级传动比的分配原则。

若齿轮传动链总传动比比较大，又不准备采用谐波齿轮传动而采用多级齿轮传动，则需要确定传动级数，并在各级之间分配传动比。单级传动比增大使传动系统简化，但大齿轮的尺寸增大会使整个传动系统的轮廓尺寸变大。常用的分配原则有等效转动惯量最小原则、质量最轻原则和输出轴转角误差最小原则。在设计齿轮传动装置时，按照什么原则，应根据具体工作条件综合考虑。

（1）对于传动精度要求高的降速齿轮传动链，可按输出轴转角误差最小原则设计。若为增速传动，则应在开始几级就增速。

（2）对于要求运转平稳、启停频繁和动态性能好的降速齿轮传动链，可按等效转动惯量最小原则和输出轴转角误差最小原则设计。

（3）对于要求质量尽可能小的降速齿轮传动链，可按质量最轻原则设计。

> ☞ 主题讨论：
> 典型机械传动机构的传动比在分配时应注意哪些问题？

2.1.4　谐波齿轮减速器

> ☞ 提示：
> 在机电一体化系统中，谐波齿轮减速器的运用越来越多。学习本小节内容时，可借助多媒体资源和工程录像及实物，以便获得对谐波齿轮减速器的感性认识。
> ☞ 要点：
> 1. 谐波齿轮减速器的工作原理。
> 2. 谐波齿轮减速器的型号及与其他减速器的性能比较。

1. 谐波齿轮减速器的基本结构及特点

（1）谐波齿轮减速器的基本结构。谐波齿轮减速器主要是利用齿轮机构和柔轮的弹性变形进行变换，将电动机的回转速度减为工作所需的速度，同时得到较大的转矩。这类减速器一般用于低转速大扭矩的传动设备中。谐波齿轮减速器的基本结构如图 2-19 所示，它主要由刚轮（Circular Spline）、柔轮（Flexspline）和波发生器（Wave Generator）三部分组成，工作时固定其中一个构件，另外两个构件则一个作为主动件，另一个作为从动件，其相互关系可以根据需要相互交换，一般都将波发生器作为主动件。

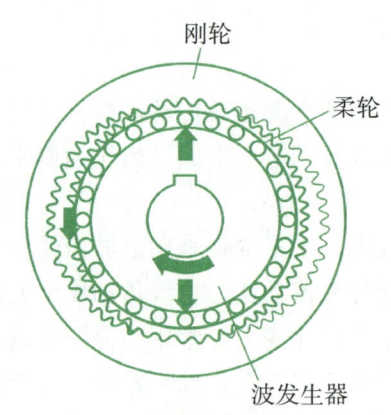

图 2-19 谐波齿轮减速器的基本结构

①刚轮。刚轮为带有内齿圈的刚性齿轮，它相当于行星轮系的中心轮。刚轮是一个有内齿的刚性环，内齿在波发生器的长轴方向与柔轮的外齿啮合，而且齿数比柔轮多 2 个。刚轮一般安装在壳体上，作为谐波齿轮减速器的固定元件。刚轮常见的结构形式主要有环形内齿刚轮和带凸缘内齿刚轮两种。

②柔轮。柔轮为带有外齿圈的柔性齿轮，它相当于行星齿轮。柔轮在自然状态下是一个柔性的薄壁杯形圆柱筒，筒的外壁上制有轮齿，节圆的直径略小于刚轮齿节圆直径。柔轮贴装于波发生器上并发生变形，变形后的形状由波发生器的外轮廓来决定，一般波发生器的外轮廓为椭圆形。柔轮和输出轴的连接方式直接影响谐波齿轮传动的稳定性和工作性能。柔轮常见的结构形式主要有杯形、环形和特殊形式三种类型。

③波发生器。波发生器相当于行星架。它是一个薄壁球轴承，安装于椭圆形轮毂上，而椭圆形轮毂一般安装在谐波齿轮减速器的输入轴上，以此作为减速器的扭矩发生器。常见机械式波发生器的结构形式有滚轮式波发生器、圆盘式波发生器和凸轮波发生器三种类型。

（2）谐波齿轮减速器的特点。与传统的齿轮减速器相比，谐波齿轮减速器具有如下优点：

①结构简单，体积小，质量小。谐波齿轮减速器与一般传统的减速器相比，它的零件个数要减少 50%，体积及质量均要少 1/3 左右。

②传动比大，传动范围广。单级谐波齿轮减速器的传动比为 50~300，优先选用 75~250；双级谐波齿轮减速器的传动比为 3 000~60 000。

③承载能力大。在普通齿轮传动过程中，同时啮合的齿数一般只有 2%~7%，直齿圆柱齿轮传动更少，一般同时啮合的齿数只有 1~2 对，而双波谐波齿轮减速器同时啮合的齿数可达 30%，所以谐波齿轮减速器传动的精度高，承载能力要大大超过其他传动方式，其传

递的功率可达到几千瓦,甚至几十千瓦,进而实现大速比、小体积。

④传动精度高。由于谐波齿轮传动时啮合齿数较多,因而误差得到均化。在一般情况下,谐波齿轮减速器与相同制造精度的普通齿轮减速器相比,其运动精度能提高 4 倍左右。

⑤运动平稳,基本上无冲击、振动,噪声小。谐波齿轮减速器在工作过程中,齿的啮入与啮出是按正弦规律变化的,理论上不存在突变载荷和冲击,故磨损小,几乎无噪声。

⑥可以向密封空间传递运动或动力。若采用柔轮固定的方式,则柔轮既可以作为密封传动装置的壳体,又可以产生弹性变形。因此,采用密封柔轮谐波齿轮减速器,可以驱动在高真空、有原子辐射或其他有害介质的空间工作的传动机构。

⑦传动效率较高。谐波齿轮单级传动的效率一般为 69%~96%,即使在传动比很大的情况下,传动效率也仍然很高。

⑧齿侧间隙可以调整。在谐波齿轮传动过程中,柔轮齿与刚轮齿之间的相对位置主要取决于波发生器外形的最大尺寸及两个轮齿的齿形尺寸,所以传动的回差较小,齿侧间隙可以调整,甚至可以实现零侧隙传动。

⑨同轴性好。谐波齿轮减速器的高速轴、低速轴位于同一轴线上。

谐波齿轮减速器的缺点如下:

①柔轮在工作过程中主要承受交变应力的作用,所以柔轮材料应有良好的疲劳强度,同时要进行相应的热处理。

②传动比的下限值高,齿数不能太少,当波发生器为主动件时,传动比不小于 35。

③启动力矩大。

④不能做成交叉轴和交错轴的结构形式。

谐波齿轮减速器传动的种类越来越多,并已形成"三化"(标准化、通用化、系列化)系列。例如,机器人、无线电天线伸缩器、手摇式谐波传动增速发电机、电子仪表精密分度机构、小侧隙和零侧隙传动机构等。

各种规格谐波齿轮减速器的有关参数和技术指标可参见标准《机器人用谐波齿轮减速器》(GB/T 30819—2014)。

2. 谐波传动与其他传动性能的具体比较

在输入转速为 1 500 r/min、传动比和输出力矩相同的情况下,四种普通减速器与谐波齿轮减速器的性能比较如表 2 - 4 所示。

表 2 - 4 四种普通减速器与谐波齿轮减速器的性能比较

序号	参数	单位	行星齿轮减速器	人字齿轮减速器	蜗杆齿轮减速器	圆柱齿轮减速器	谐波齿轮减速器
1	传动级数	—	3	2	2	3	1
2	输出力矩	N·m	390	390	390	390	390
3	传动比	—	97.4	96.0	100.0	98.3	100.0
4	效率	—	85%	85%	78%	93%	85%

续表

序号	参 数	单 位	行星齿轮减速器	人字齿轮减速器	蜗杆齿轮减速器	圆柱齿轮减速器	谐波齿轮减速器
5	齿轮数量	个	13	4	4	6	2
6	体积	1 000 cm³	40.0	146.0	44.0	185.0	5.5
7	质量	kg	111.0	127.0	92.5	325.0	25.0

☞ 主题讨论：

谐波齿轮减速器在安装时应注意哪些问题？

2.2 机械支承机构

2.2.1 支承部件的基本要求

☞ 提示：

学习本小节内容时可借助多媒体等资源，注意常见机电一体化系统对支承部件的基本要求。

☞ 要点：

1. 机电一体化机械系统中支承部件的作用。
2. 机电一体化机械系统对支承部件的基本要求。

机电一体化机械系统的支承部件主要保证各运动机构能得到可靠的支撑，同时使得各运动部件能按照指定的运动要求完成准确的动作。所以，机电一体化机械系统对支承部件的基本要求如下：

①应有足够的刚度及较高的质量比。

②应有足够的抗振性，即使阻止受迫振动，也不能超过允许值。

③热变形小。设备正常工作时，零部件之间会产生大量的摩擦，从而产生热量，并会传递到支承部件上。如果热量分布不均匀，散热性能不同，就会导致支承部件各处的温度不同，从而产生热变形，进而影响系统的精度。对于精密机床来说，热变形对机床的加工精度会有极大的影响。

④良好的稳定性。支承部件应长时间保持其几何尺寸和主要表面的相对位置精度，以防止产品原有精度的丧失。因此，应及时采用热处理来消除支承部件的内应力。

⑤良好的结构工艺性。在设计支承部件时，应充分考虑毛坯制造、机械加工和装配的工艺性，正确地进行结构设计，节省材料，降低成本，缩短生产周期。

> 主题讨论：
> 机械支承部件主要有哪些作用？

2.2.2 支承部件的类型

> 提示：
> 学习本小节内容时可借助多媒体等资源，知道常见的支承部件以及如何选用。
>
> 要点：
> 1. 旋转支承部件轴承的类型。
> 2. 移动支承部件导轨材料的类型。

在现代机电一体化产品中，部分机械结构已经被电子部件所代替，大大简化了机电一体化系统的机械结构，但是支承部分和运动部分仍然需要机械结构。机电一体化系统的支承部件主要有旋转支承部件和移动支承部件。

1. 旋转支承部件

旋转支承部件主要由旋转轴（如主轴、丝杠等）、支承件（各种轴承、轴承座）和安装在旋转轴上的传动件、密封件等组成，其中轴承的类型、配置、精度、安装、调整和润滑等都会直接影响整个旋转支承部件的工作性能。轴承的精度在很大程度上决定了旋转轴的旋转精度，它的变形量占旋转支承部件总变形量的30%~50%。因此，为了提高整个旋转支承部件的精度，就要使轴承具有旋转精度高、刚度大、承载能力强、抗振性好等特点。

轴承按照所受摩擦性质的不同，可以分为滚动轴承、滑动轴承和磁力轴承。在使用时，首先要考虑旋转支承部件的工作性能要求，其次要考虑轴承的加工工艺性，最后考虑经济效果，之后再进行合理选用。

（1）滚动轴承。滚动轴承目前都已经标准化、系列化，在使用时，主要根据其所承受载荷的类型及转速等要求来进行选用，除此之外，还要考虑刚度、抗振性和噪声等要求。

① 空心圆锥滚子轴承。空心圆锥滚子轴承是在双列圆锥滚子轴承的基础上发展起来的，它主要有两个系列：图2-20（a）所示为双列空心圆锥滚子轴承，主要用于旋转轴的前支承；图2-20（b）所示为单列空心圆锥滚子轴承，主要用于旋转轴的后支承，两者配套使用。空心圆锥滚子轴承的滚子是空心的，保持架需要整体加工，它与滚子之间没有间隙，这样润滑油就可以从外圈中部的径向孔流入。此外，中空的滚子还具有一定的弹性变形能力，可以吸收一部分的振动。这两种轴承的外圈都比较宽，因此，在与箱体配合时可以松一些，同时箱体孔的圆度和圆柱度误差对外圈滚道的影响也比较小。这种轴承常采用油润滑，常用于卧式主轴中。

② 微型滚动轴承（如图2-21所示）。高精密微型滚动轴承不仅能大大提高仪器的效率，而且为超灵敏仪表的设计与制造提供了可能性。试验表明，用微型滚动轴承来代替宝石

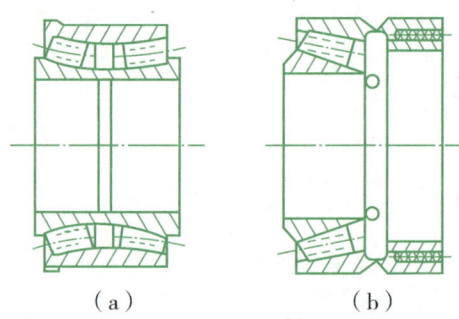

图 2-20 空心圆锥滚子轴承

(a) 双列空心圆锥滚子轴承；(b) 单列空心圆锥滚子轴承

轴承或锥形立式止推轴承，可以大大减少摩擦，在同等条件下做旋转试验，这种微型滚动轴承的平均衰减时间是普通轴承的 8 倍，是锥形立式止推轴承的 20 倍，同样在振荡试验中也获得了一样的结果。与普通轴承相比，微型滚动轴承具有特别小的摩擦系数，耗能少，轴向结构比较紧凑，使得它的轴向尺寸大大减小，精度高，工作效率高。具有自动调心特性的微型滚动轴承，质量稳定、可靠。同时微型滚动轴承即使长时间使用，其磨损也小到可以忽略不计。

图 2-21 微型滚动轴承

③ 密珠轴承（如图 2-22 和图 2-23 所示）。密珠轴承主要由内、外圈和密集的滚珠组成。滚珠在尼龙保持架的空隙中以近似于多头螺旋线的形式排列，滚珠的密集具有误差平均效应，有利于提高回转轴的精度。密珠轴承主要有两种形式，即径向轴承和推力轴承。密珠轴承的特点如下：

图 2-22 密珠轴承的外形图

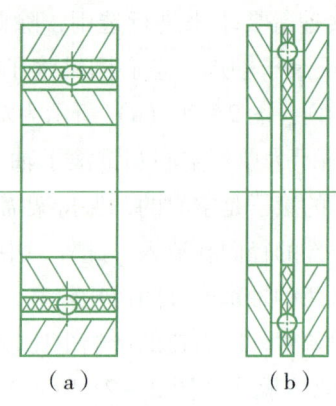

图 2-23 密珠轴承的两种形式

(a) 径向轴承；(b) 推力轴承

A. 接触面为简单型面，工艺性好，制造精度高，圆度或平面度容易保证在 0.5 μm 以下。

B. 利用配磨内圆滚道尺寸或配研钢球等办法，保证合理的配合过盈量。

C. 利用平均效应的原理，滚动体和滚道接触处的弹性均分作用使得它的综合精度为各钢球等元件精度的平均值，从而使精度提高 2～5 倍，回转精度最终可达到 0.1～0.5 μm 的高水平。但由于其滚珠较多，摩擦力矩较大，所以一般不适宜高速场合，常用于低速或手动回转的高精度机械和仪器。

（2）滑动轴承。滑动轴承在运转中的阻尼性能较好，因此具有良好的抗振性和运动平稳性。按照流体介质的不同，滑动轴承可分为液体滑动轴承和气体滑动轴承。液体滑动轴承根据油膜压力形成的方法不同，又可分为液体动压轴承和液体静压轴承。

① 液体动压轴承。液体动压轴承主要依靠轴在一定转速下旋转时，带着润滑油从间隙大的地方向小的地方流动，从而形成压力油楔，将轴浮起，然后产生压力油膜用来承受载荷。液体动压轴承中只产生一个压力油膜的叫作单油楔动压轴承，它在载荷、转速等工作条件变化时，油膜厚度和位置也随着变化，使轴心线浮动而降低旋转精度和运动平稳性。在旋转支承部件中常用的是多油楔动压轴承，即当轴以一定的转速旋转时，轴颈稍有偏心，承载的压力油膜变薄，从而使得压力升高，相对方向的压力油膜变薄使得压力降低，形成新的平衡，此时，承载方向的油膜压力比单油楔轴承的油膜压力高，油膜压力越高，油膜越薄，其刚度越大。

② 液体静压轴承。液体静压轴承一般由供油系统、节流器和轴承三部分组成。液体动压轴承在转速低于一定值时，不能形成压力油膜，如果旋转停止，压力油膜就会消失，从而产生干摩擦。而液体静压轴承由外界提供一定压力的润滑油，润滑油处于两个相对运动的表面之间，因此，液体静压轴承需要配备一套专用的供油系统，而且对供油系统有较高的要求，轴承的制造工艺也很复杂。

③ 气体滑动轴承。滑动轴承除用液体作为工作介质外，还可以用空气作为工作介质。由于空气的黏度比液体小得多，因此，它消耗的功率也就小得多，可以适应较高的温度和线速度，但它的承载能力较低，轴承的刚度也较差。

（3）磁力轴承。磁力轴承是将磁悬浮原理应用在机械工程领域中的一项新型的支承技术，其区别于传统的支承方式，该类轴承具有摩擦小，功耗低，可实现超高速运转；支承精度高，工作稳定、可靠；可在高温、深冷及真空环境下工作；结构复杂，要求条件苛刻，对环境有磁干扰，但无其他污染等特点。磁力轴承种类很多，按磁场类型不同，其可分为永久磁铁型磁力轴承、电磁铁型磁力轴承和永久磁铁-电磁铁混合型磁力轴承；按轴承悬浮力类型不同，磁力轴承分为吸力型磁力轴承和斥力型磁力轴承；按导体材料不同，磁力轴承分为普通导体磁力轴承和超导磁力轴承，而超导磁力轴承又分为低温超导磁力轴承和高温超导磁力轴承两种。磁力轴承常用于机器人、精密仪器、陀螺仪、火箭发动机中。

① 永久磁铁型磁力轴承。永久磁铁型磁力轴承简称为永磁型磁力轴承，是由永久磁铁制造而成，它可以被做成各种形状。该类轴承的承载能力和刚度取决于永久磁铁的材料，

以及该磁铁的形状、大小、配置方式和轴承的间隙等。在设计永磁型磁力轴承时，常采用"实验相似法"进行结构设计。

② 电磁铁型磁力轴承。电磁铁型磁力轴承的磁场是可控的，通过检测被悬浮转子的位置，由控制系统进行主动控制实现转子悬浮。电磁铁型的轴承不管是体积还是功耗都比较大。

2. 移动支承部件

移动支承部件主要是指做直线运动的导轨副，它的作用是保证所支承的各部件的相对位置精度和运动精度。因此，对于导轨副的基本要求是导向精度高、接触精度高、刚度大、耐磨和运动平稳等。

常见的导轨一般由两部分组成，在工作时一部分固定不动，称为支承导轨（或导轨）；另一部分相对支承导轨做直线或回转运动，称为动导轨（或滑座）。根据导轨之间摩擦性质的不同，导轨主要分为两类，即滑动导轨和滚动导轨。滑动导轨中两个导轨的工作面为滑动摩擦，该类导轨结构简单，制造方便，刚度好，抗振性好，是机械产品中使用最广泛的导轨。为了减少磨损，提高定位精度，通常会选用合适的导轨材料，同时采用合适的加工方法和热处理方法。滚动导轨的两个导轨表面之间为滚动摩擦，导向面之间配备一定的滚动体，从而减少导轨的磨损，延长导轨副的使用寿命，使得该导轨定位精度高、灵敏度高、运动平稳，但结构复杂、抗振性差、防护要求高、制造困难、成本高。

导轨副的选材不仅局限于金属材料，而且倾向于各种新型的工程塑料材料。这不仅降低了导轨的生产成本，还提高了导轨的抗振性、耐磨性、低速运动的平稳性。常用的工程塑料导轨材料主要有以下三种：

（1）塑料导轨软带。塑料导轨软带一般以聚四氟乙烯为基材，添加由合金粉和氧化物等所构成的高分子复合材料，做成软带状。塑料导轨软带的摩擦系数要比铸铁导轨低一个数量级，低速运动的平稳性比铸铁导轨好。由于材料本身就具有良好的阻尼性，因此，其抗振性要优于接触刚度较低的滚动导轨。塑料导轨软带材料本身就有一定的润滑作用，因此，即使无润滑，其也能正常工作，在高温、低温甚至在强酸、强碱的环境下都能正常工作，维修方便，经济性好。

（2）金属塑料复合导轨板。金属塑料复合导轨板总共分为三层，如图 2 – 24 所示。内层为钢带，主要用于保证导轨板的机械强度和承载能力。钢带上镀烧结成球状的青铜粉或者青铜丝网形成多孔中间层，再浸渍聚四氟乙烯等塑料填料，从而提高导轨板的导热性。当青铜与配合表面摩擦发热时，由于塑料的热胀系数远大于金属，因而塑料将从多孔层的孔隙中挤出，向摩擦表面转移补充，形成厚度为 0.01 ~ 0.05 mm 的表面自润滑塑料层，该层称为外层。该类金属塑料复合导轨板的特点是摩擦特性优良，耐磨损。

（3）塑料涂层。在导轨副中，如果只有一个摩擦面磨损严重，则可以把磨损部分切除，涂敷配制好的胶状塑料涂层，利用模具或另一个摩擦表面使涂层成形，固化后的塑料涂层成为摩擦副的配对面之一，从而形成新的摩擦副。目前常用的塑料涂层材料有环氧涂料和含氟涂料。这种方法主要用于导轨的维修和设备的改造，也可用于新产品的设计。

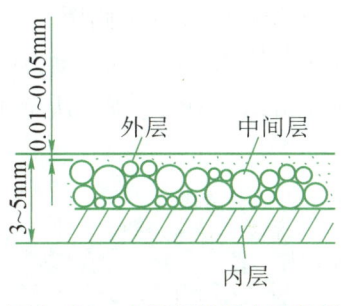

图 2-24 金属塑料复合导轨板

> 主题讨论：
> 机电一体化系统中机械支承部件还有其他哪些新型结构？

2.2.3 滚动导轨支承机构

> 提示：
> 学习本小节内容时可以借助多媒体、工程录像及实物等资源，以便获得感性的认识，从而知道滚动导轨的工作原理及常见的结构。
>
> 要点：
> 1. 滚动导轨支承机构的工作原理。
> 2. 常见的滚动导轨支承结构。

在移动导轨与固定导轨之间放入一些滚动体（滚珠、滚柱或滚针），使相配合的两个导轨面不直接接触的导轨，称为滚动导轨。滚动导轨的两个导轨表面之间为滚动摩擦，摩擦阻力小，运动灵活，磨损小，寿命长，定位精度高，能长期保持精度。它的动、静摩擦系数差别小，低速时不易出现"爬行"现象，故运动均匀、平稳。因此，滚动导轨在要求微量移动和精确定位的设备上获得了日益广泛的应用，常用于高精度的机电一体化系统。滚动导轨的缺点如下：导轨面和滚动体是点接触或线接触，抗振性差，接触应力大，故对导轨的表面硬度和形状精度及滚动体的尺寸精度要求高。

1. 滚动导轨的工作原理及结构组成

滚动导轨是由滚珠在滑块跟导轨之间无限循环滚动，从而带动工作平台沿着导轨做高精度线性运动的。滚动导轨将摩擦系数降为传统滑动导轨的 1/50，同时又能轻易地达到很高的定位精度。滚动导轨在工作的同时还承受上、下、左、右等多个方向的负荷。

常用滚动导轨的结构组成如图 2-25 所示，它主要由导轨、滑块、滚动体（滚珠、滚柱或滚针）和保持器等组成。其中，导轨是固定组件，主要起导向作用；滑块是移动组件。导轨一般采用淬硬钢制成，使用时还需精磨处理，其横截面的几何形状比较复杂，通常在其表面会加工出沟槽，从而使得滑块包裹着导轨的顶部和两个侧面。滚珠适用于高速运动，其摩擦系数小，灵敏度高，所以一般将滚珠作为导轨和滑块之间的动力传输机构。滚珠在滑块支架沟槽中循环滚动，各个滚珠上的磨损分摊了滑动支架的磨损，从而延长了滚动导轨的使用寿命。

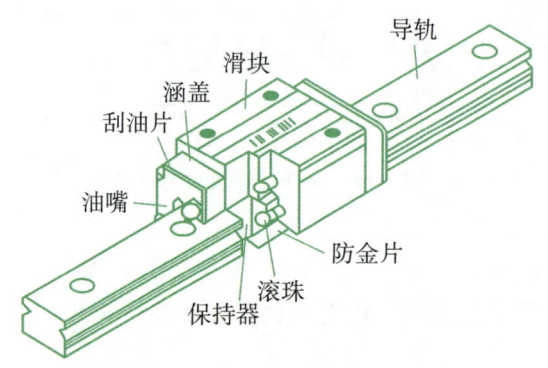

图 2-25　常用滚动导轨的结构组成

2. 典型的滚动导轨支承结构

常见的滚动导轨主要有滚珠导轨、滚柱导轨和滚针导轨。

（1）滚珠导轨。如图 2-26 所示，滚珠导轨的导轨以滚珠作为滚动体，所以滚珠与导轨面是点接触，故运动灵敏度好，定位精度高，但其承载能力和刚度较小，一般都需要通过预紧提高承载能力和刚度。为了避免滚珠在导轨上压出凹坑而丧失精度，一般采用淬硬钢制造导轨面。滚珠导轨适用于运动部件质量不大、切削力较小的数控机床。

（2）滚柱导轨。如图 2-27 所示，滚柱导轨的导轨以滚柱作为滚动体，所以滚柱与导轨面是线接触，故滚柱导轨的承载能力及刚度都比滚珠导轨要大，耐磨性也更好，但对于安装的要求也高。若安装不良，容易引起侧向偏移和侧向滑动，从而增加导轨的阻力，使导轨磨损加快，精度降低。滚柱的直径越大，对导轨的不平度越敏感。目前数控机床，特别是载荷较大的机床，通常都采用滚柱导轨。

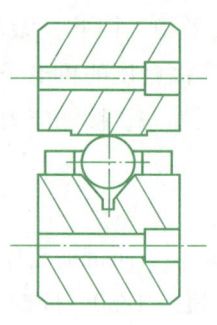　　　　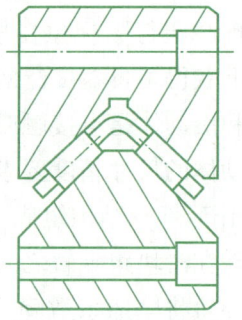

图 2-26　滚珠导轨　　　　图 2-27　滚柱导轨

（3）滚针导轨。如图 2-28 所示，滚针导轨的导轨以滚针作为滚动体，滚针比同直径的滚柱更长，滚针与导轨面也是线接触。滚针导轨的特点是尺寸小，结构紧凑。为了提高工作台的移动精度，滚针按直径尺寸分组使用。滚针导轨适用于导轨尺寸受限制的机床。

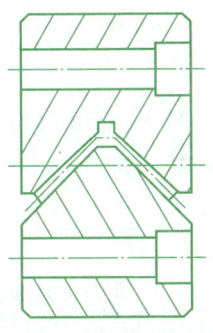

图 2-28 滚针导轨

3. 滚动导轨支承结构的选用

滚动导轨已经有系列化产品，在设计时可根据导轨的使用条件，按照选择程序进行计算，由所要求的额定动载荷来选用合适的导轨，特别是在低速条件下，应考虑所选用导轨的刚度。滚动导轨支承结构作为加工机械的关键零部件，在选用时应遵循以下几条原则：

（1）精度不干涉原则。导轨的各项精度不管是在制造过程中，还是在使用过程中都不能互相影响，这样才能获得较高的精度。

（2）动摩擦系数相近的原则。在选用滚动导轨时，由于其摩擦系数都比较小，所以应尽量使动摩擦系数相近，以获得较低的运动速度和较高的重复定位精度。

（3）导轨自动贴合原则。滚动导轨需要较高的精度，所以必须使相互结合的导轨有自动贴合的性能。直线导轨如果水平安装，则需要依靠自身的重力来进行贴合；当选择其他布置方式时，则可以依靠附加的弹簧力或者其他压力来进行贴合。

☞ 主题讨论：

滚动导轨在结构选型时应注意哪些问题？

2.3 实践应用：滚珠丝杠的设计与选型

例 2.1 CKD 系列某一数控铣床工作台进给用的滚珠丝杠，已知其平均工作载荷 F_m 为 4 000 N，丝杠的工作长度 $L = 1.4$ m，平均转速 $n_m = 100$ r/min，最大转速 $n_{max} = 8 000$ r/min，使用寿命 $L_h = 16 000$ h 左右，丝杠材料为 CrWMn 钢，滚道的硬度大于等于 58 HRC，传动精度要求 $\sigma = \pm 0.03$ mm。

（1）求滚珠丝杠的计算载荷 F_C。

因为

$$F_C = \frac{f_w F_m}{f_a f_c} \qquad (2-6)$$

查表 2-5 ~ 表 2-7，可得 $f_w = 1.2$，$f_c = 1.0$，$f_a = 1.0$，故

$$F_C = \frac{1.2 \times 4\,000}{1.0 \times 1.0} = 4\,800(\text{N})$$

表2-5 载荷系数 f_w

载荷性质	无冲击平稳运转	一般运转	有冲击和振动运转
f_w	1.0~1.2	1.2~1.5	1.5~2.5

表2-6 可靠度系数 f_c

可靠度	0.90	0.95	0.96	0.97	0.98	0.99
f_c	1.00	0.62	0.53	0.44	0.33	0.21

表2-7 精度系数 f_a

精度等级	1~3	5.0	7.0	10.0
f_a	1.0	0.9	0.8	0.7

（2）根据寿命计算滚珠丝杠的额定动载荷 C_{am}。

$$C_{am} = F_C \sqrt[3]{\frac{60 n_m L_h}{10^6}} = 4\,800 \sqrt[3]{\frac{60 \times 100 \times 16\,000}{10^6}} \approx 21\,979(\text{N})$$

（3）查找《机械设计手册》进行选型。

根据 $C_a \geq C_{am}$ 的原则确定滚珠丝杠副的尺寸，如表2-8所示。

表2-8 滚珠丝杠的相关尺寸

规格型号	公称直径/mm	导程/mm	丝杠大径/mm	滚珠直径/mm	丝杠小径/mm	动载荷/kN
FFZD3210-3	32	10	32.5	7.144	27.30	25.7
FFZD5006-5	50	6	48.9	3.969	45.76	26.4

综合考虑各种因素，选型FFZD5006-5，得到滚珠丝杠的主要参数为公称直径 $d_0 = 50$ mm，导程 $P_h = 6$ mm，螺旋升角 $\lambda = \arctan \frac{6}{2\pi} = 2°11'$，滚珠直径 $D_w = 3.969$ mm，丝杠小径 $d_1 = 45.76$ mm。

（4）对滚珠丝杠进行稳定性验算。

①滚珠丝杠的一端轴向固定的长丝杠在工作时很有可能失稳，所以，在设计时应验算其安全系数 S，使得 $S \geq [S]$。

滚珠丝杠不会发生失稳的最大载荷称为临界载荷 F_{cr}，其计算公式为

$$F_{cr} = \frac{\pi^2 E I_a}{(\mu_1 L)^2} \tag{2-7}$$

式中：E——丝杠的弹性模量；

I_a——丝杠危险截面的轴惯性矩；

μ_1——长度系数。

该滚珠丝杠的材料为 CrWMn 钢，故取 $E = 206$（GPa）； $I_a = \dfrac{\pi d_1^4}{64} = \dfrac{\pi \times 0.045\,76^4}{64} \approx 2.15 \times 10^{-7}$（$m^4$），双推—简支式，查表 2 - 9，取 $\mu_1 = \dfrac{2}{3}$，故

$$F_{cr} = \frac{\pi^2 \times 206 \times 10^9 \times 2.15 \times 10^{-7}}{\left(\dfrac{2}{3} \times 1.4\right)^2} \approx 5.02 \times 10^5 (\text{N})$$

安全系数 $S = \dfrac{F_{cr}}{F_m} = \dfrac{5.02 \times 10^5}{4\,000} = 125.5$，查表 2 - 9 可得，$[S] = 2.5 \sim 3.3$，$S > [S]$，所以该滚珠丝杠是安全的，不会失稳。

表 2 - 9 滚珠丝杠的有关系数

有关系数	支承方式		
	双推—自由 F—O	双推—简支 F—S	双推—双推 F—F
$[S]$	3.0 ~ 4.0	2.5 ~ 3.3	—
μ_1	2	$\dfrac{2}{3}$	—
μ_c	1.875	3.927	4.730

②验证滚珠丝杠的临界转速 n_{cr}。滚珠丝杠在高速运转时，必须防止其产生共振，以免造成损坏，所以必须验算其最高转速 n_{max}，以满足 $n_{max} < n_{cr}$ 的条件。

临界转速可按式（2 - 8）计算：

$$n_{cr} = 9\,910 \frac{\mu_c^2 d_1}{(\mu_1 L)^2} \tag{2-8}$$

查表 2 - 9 可得，$\mu_c = 3.927$，故

$$n_{cr} = 9\,910 \times \frac{3.927^2 \times 0.045\,76}{\left(\dfrac{2}{3} \times 1.4\right)^2} \approx 8\,028 (\text{r/min})$$

可知 $n_{cr} > n_{max} = 8\,000$ r/min，故满足使用要求。

（5）对滚珠丝杠进行刚度验算。

滚珠丝杠在工作过程中，同时受到工作负载 F 和转矩 T 的作用，从而引起弹性变形。每个导程的变形量 Δl_0 为

$$\Delta l_0 = \frac{P_h F}{EA} + \frac{P_h^2 T}{2\pi G I_p} \tag{2-9}$$

式中：A——滚珠丝杠的横截面积，m^2，$A = \dfrac{\pi}{4}d_1^2$；

I_p——滚珠丝杠的极惯性矩，m^4，$I_p = \dfrac{\pi}{32}d_1^4$；

G——滚珠丝杠的切变模量，对于钢，$G = 83.3\ \text{GPa}$；

T——转矩，$N \cdot m$，$T = F_m \dfrac{d_0}{2}\tan(\lambda + \rho)$

ρ——当量摩擦角，对于滚珠丝杠，ρ 为 $8' \sim 12'$。

在本例中，转矩为

$$T = 4\,000 \times \frac{50}{2} \times 10^{-3}\tan(2°11' + 8'40'') \approx 4(\text{N} \cdot \text{m})$$

按照最不利的情况来计算，即取 $F = F_m$，则

$$\begin{aligned}
\Delta l_0 &= \frac{P_h F}{EA} + \frac{P_h^2 T}{2\pi G I_p} = \frac{4P_h F}{\pi E d_1^2} + \frac{16 P_h^2 T}{\pi^2 G d_1^4} \\
&= \frac{4 \times 6 \times 10^{-3} \times 4\,000}{3.14 \times 206 \times 10^9 \times 0.045\,76^2} + \frac{16 \times (6 \times 10^{-3})^2 \times 4}{(3.14)^2 \times 83.3 \times 10^9 \times 0.045\,76^4} \\
&\approx 7.15 \times 10^{-2}(\mu m)
\end{aligned} \tag{2-10}$$

丝杠在工作长度上的弹性变形所引起的导程误差为

$$\Delta l = l\frac{\Delta l_0}{P_h} = 1.2 \times \frac{7.15 \times 10^{-2}}{6 \times 10^{-3}} \approx 14.3(\mu m)$$

通常要求丝杠的导程误差小于其传动精度的 $\dfrac{1}{2}$，即

$$\Delta l < \frac{1}{2}\sigma = \frac{1}{2} \times 0.03(\text{mm}) = 15(\mu m)$$

所以刚度满足要求。

(6) 对滚珠丝杠进行传动效率验算。

滚珠丝杠的传动效率为

$$\eta = \frac{\tan\lambda}{\tan(\lambda + \rho)} = \frac{\tan(2°11')}{\tan(2°11' + 8'40'')} = 0.939$$

由于使用要求为 90%~95%，所以该滚珠丝杠满足设计使用要求。

综上所述，FFZD5006-5 的各项性能指标均符合设计使用要求，所以可选用。

学习活动：（属地企业调研，此处以南通市为例）

1. 学习活动概况

南通市作为长三角地区的城市之一，机械工业已经成为其发展的支柱产业之一，在加快城市化、工业化、信息化进程中起到了重要的作用。在学习完本章内容后，为了将

理论与实践相结合,教师引导学生对南通市使用的机电一体化设备的精密机械传动机构做一个详细的调查研究,并分析其性能优劣,从而解决一些实际问题。

2. 学习活动内容

在综合实践活动的实施过程中,教师的过程性指导尤为重要。实践活动开始之初,教师可以组织学生展开积极的讨论,并提醒学生在调查过程中要抓住核心问题。例如,本次调查研究只是针对机械传动机构,而不是整个机器。所以,经过讨论之后,教师要给学生确定调查的重点——机械传动机构,尤其是同步带传动机构、滚珠丝杠传动机构和谐波齿轮减速器等。教师只是作为学生的合作伙伴,为学生的调查研究提供参考意见,并为学生搭建一个可行的信息沟通平台。

学习活动内容如下:
(1) 学习本章内容,知道常见的机械传动机构。
(2) 分组讨论,确定调查研究的核心问题,同时分配各自调研的区域。
(3) 上网进行资料查询,确定自己要调研的企业。
(4) 做好调研表格,进入企业与技术人员交流,完成相应表格的填写,并拍下相应照片。
(5) 完成资料的统计、汇总,撰写调研报告。

3. 讲评

这样的实践活动,一方面可以激发学生的学习兴趣,另一方面可以使学生在实践能力上有所突破。例如,学生不但可以从书本和网上找到一些相关资料进行学习,还可以从企业的生产一线获取更多的知识。在调查研究的过程中,学生是亲身参与的,所以可以锻炼他们独立思考的能力,懂得怎样与他人分工合作。为了不让学生在自己的调研中孤立无援,也避免教师过多地参与和指导,教师只是以一个协助者、一个合作伙伴或者一个顾问的身份出现,这样学生们既在心理上有了依托,又在活动中有了主动权,相信他们会以极高的热情投入这些实践研究中。教师要对调研报告中所涉及的精密机械传动机构做一次总结、讲评,让学生们分享小组的成果,并相互指出需要改进的地方。

实验一 机电一体化机械机构组合实验

【实验目的】

1. 按照给出的零件列表和装配示意图,完成机械机构的装配和传感器的安装。
2. 完成滑块传动机构的组合装配,分别模拟实际生产中机械运动形式转化过程和物料传送过程。
3. 实现对组合模块的控制,理解构建一个完整的机电一体化系统的基本原理和方法,体会机、电、信息结合的实际意义。

【实验设备】

电控箱、变速箱、丝杠驱动机构、直线滑动机构、传送带、磁性压块、驱动单元、传感器（光电传感器、U形限位开关、接近开关）、连接导线、连杆。

【实验原理】

1. 变速箱

变速箱（如图 2-29 所示）工作可靠，瞬时传动比恒定，结构紧凑，传动效率高，而且功率和速度适用范围广。但它对制造和安装精度要求较高，运动中有噪声、冲击和振动，不宜用于传动中心距过大的场合。

功能：变速箱既可以用于减速传动，也可以用于增速传动。

图 2-29 变速箱

2. 丝杠驱动机构（螺旋传动机构）

丝杠驱动机构（如图 2-30 所示）是一种常见的机械运动形式转换机构。它有滑动丝杠驱动机构和滚动丝杠驱动机构之分。本实验中使用滑动丝杠驱动机构，它具有结构简单、加工方便等优点，并具有自锁功能，但其摩擦阻力较大，相对于滚动丝杠驱动机构，其传动效率较低。

功能：丝杠驱动机构将旋转运动转换为直线运动。在机构两端可设置接近传感器，进而控制其直线运动的范围。

图 2-30 丝杠驱动机构

3. 直线滑动机构

直线滑动机构（如图 2-31 所示）是一种常用的机械输出机构。

功能：通过输入连接销传入动力，实现直线运动。若在机构两端设置 U 形限位开关，结合可编程逻辑控制器（Programmable Logic Controller，PLC），则可实现直线自动往复运动。

滑块传动机构由电控箱、驱动单元、丝杠驱动机构、直线滑动机构、连杆等组成。机械

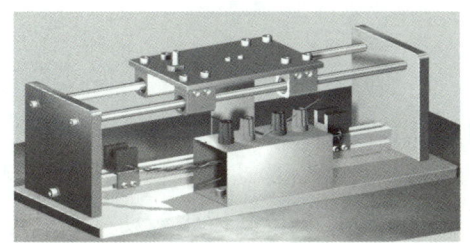

图 2-31　直线滑动机构

传动系统由丝杠驱动机构将旋转运动转换为直线运动，再通过连杆将动力输出到直线滑动结构，实现运动的转换。整个传送机构在丝杠驱动机构、直线滑动机构的左、右极限位置处各设置了一个限位传感器，在 PLC 的控制下，可实现滑块的自动往复直线运动。

【实验内容】

1. 基本操作步骤

（1）按照滑块传动机构需要实现的基本功能，利用磁性压块和提供的驱动单元、丝杠驱动机构、直线滑动机构和连杆构建机械机构。

（2）用连接导线将 4 个传感器分别连接到电控箱的传感器输入端。

（3）用电动机连接电缆，连接驱动单元和电控箱的电动机驱动输出端口，并拧紧。

（4）参照设计接线图，连接电控箱的控制线路。

（5）连接 PLC 和编程机（PC 机）通信电缆。

（6）打开电源，从 PLC 下载 PLC 控制程序到 PLC。

（7）利用电控箱主面板上的变频器调速面板，将变频器的频率设置为 20～35 Hz。

（8）系统调试、运行。

2. 零件列表

驱动电动机 1 个，传动齿轮 1 对（小齿轮、大齿轮各 1 个），螺旋齿轮机构 1 套，丝杠驱动机构 1 套，滑块传动机构 1 套，磁性压块 6 个，传感器（接近开关）2 个。

3. 装配参考图

滑块传动机构的装配参考图如图 2-32 所示。

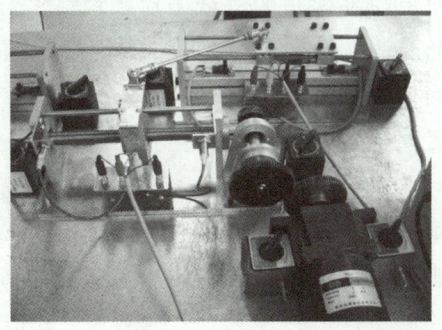

图 2-32　滑块传动机构的装配参考图

【实验结果】

动作过程：

驱动电动机转动（逆时针、右转）—传动齿轮转动（左转）—螺旋齿轮机构转动（左转）—丝杆驱动机构转动（下转）—滑块移动（左移）—左行程开关停。

驱动电动机转动（顺时针、左转）—传动齿轮转动（右转）—螺旋齿轮机构转动（右转）—丝杆驱动机构转动（上转）—滑块移动（右移）—右行程开关停。

【结论分析】

通过对机电一体化零部件的组装、接线、调试，实现机电一体化系统的运行，从而理解构建一个完整的机电一体化系统的基本原理和方法。根据实验结果，分析并总结在实验中遇到的问题及其解决途径。

思考题

1. 丝杠驱动机构中丝杠的旋向对驱动机构控制有哪些影响？
2. 滑块传动机构中的传感器（U形限位开关）的作用是什么？

本章小结

机械机构主要用以完成规定的动作、传递功率、运动和信息、起支承连接作用等。机电一体化系统中机械机构要求具有良好的伺服特性、较高的固有频率、高刚度、较小的惯性、合适的阻尼，并与伺服电动机的动态性能相匹配。因此，在设计选型时，应根据上述性能要求和制造成本等因素综合考虑传动方案，进行优化评价，选出合理方案。本章主要介绍了常见的机械传动机构和机械支承机构等，并举例说明了滚珠丝杠副的设计和选型。

本章习题

2-1 机电一体化系统对机械传动机构有哪些基本要求？

2-2 机电一体化系统中有哪些常用的机械传动机构？它们各有何特点？

2-3 简述滚珠丝杠副的特点。

2-4 滚珠丝杠副的轴向间隙对系统有何影响？如何处理？

2-5 谐波齿轮减速器主要由哪几部分组成？

2-6 机电一体化系统对支承部件的基本要求有哪些？

2-7 支承部件对导轨副的基本要求有哪些？

2-8 滚动导轨主要由哪几部分组成？选用的原则有哪些？

第 3 章
传感检测与转换技术

导言

随着现代测量技术的不断发展，计算机检测技术的应用已相当广泛。在机电一体化系统中，无论是机械电子化产品（如数控机床），还是机电相互融合的高级产品（如机器人），都离不开检测这个重要环节。若没有传感器对原始的各种参数进行精确而可靠的自动检测，那么，信号转换、信息处理、正确显示、控制器的最佳控制等都无法进行和实现。本章首先解释传感器的定义及其组成，并介绍传感检测系统及传感器的分类和发展趋势；其次，对机电一体化系统中的常用传感器进行详细介绍，对传感器的选用原则及使用方法进行说明；再次，介绍传感器常用信号变换电路；最后，简要介绍传感器测量电路及其计算机接口。

学习目标

1. 掌握传感器的组成和分类。
2. 理解根据机电一体化系统的设计要求选用传感器。
3. 了解传感器的校准及安装方法。
4. 了解传感器常用信号变换电路。
5. 理解传感器测量电路、传感器与计算机接口及其主要性能指标。

学习建议

1. 导思

在学习本章节时，学生应思考以下几个问题：

(1) 机电一体化系统中为什么要使用传感器？
(2) 怎样根据机电一体化系统的设计要求选用传感器？
(3) 传感器测量电路、传感器与计算机的接口及其主要性能指标有哪些？

2. 导学

(1) 3.1 节主要讲述传感器的定义及其组成、传感检测系统、传感器的分类及发展趋势，其中传感器的组成及传感检测系统是本章的重点。

（2）3.2节主要讲述机电一体化系统中常用的位移测量传感器、速度测量传感器、力、压力和扭矩测量传感器，其中位移测量传感器及速度测量传感器是本章的重点。

（3）3.3节主要讲述传感器的选用原则及使用方法，其中传感器的选用原则是本章的重点。

（4）3.4节主要讲述传感器的基本转换电路、电平检测及转换电路、模拟信号变换电路，其中电平检测及转换电路是本章的重点。

（5）3.5节主要讲述传感器测量电路、传感器与计算机的接口电路，其中传感器测量电路是本章的重点。

（6）3.6节以汽车防撞系统设计为例，介绍传感器的实践应用。

3. 导做

本章设有铝箔张力测量控制原理实验，要求在实验过程中了解铝箔加工机的铝箔张力测量控制方法、原理及过程。根据铝箔张力测量控制原理图进行加工设备及测量控制设备连接，完成机电一体化设备的装配和传感器的安装，了解传感器的性能及种类。

3.1 传感检测技术概述

3.1.1 传感器的定义及其组成

> 提示：
> 学习本小节内容时可借助多媒体等资源，了解传感器的组成及其各部分的作用。
>
> 要点：
> 1. 传感器的定义。
> 2. 传感器的组成。

1. 传感器的定义

能感受规定的被测量并能够按照一定的规律将其转换成可用的输出信号的器件或装置称为传感器。机电一体化系统中使用的传感器，一般是将被测的非电物理量转换成电参量，这是因为电参量具有便于传输、转换、处理和显示等特点。

2. 传感器的组成

传感器一般由敏感元件、转换元件和基本转换电路三部分组成，如图3-1所示。

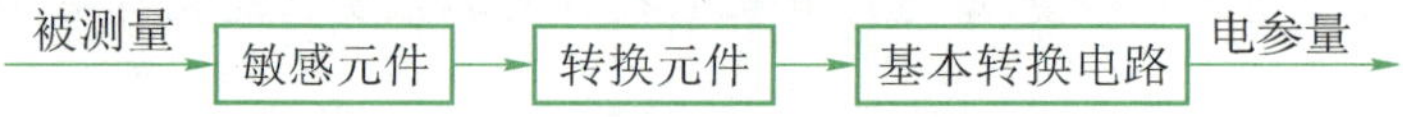

被测量 → 敏感元件 → 转换元件 → 基本转换电路 → 电参量

图3-1 典型传感器的组成

（1）敏感元件。敏感元件直接感受被测量，并以确定关系输出某一物理量，如弹性敏感元件将力转换为位移或应变输出。

（2）转换元件。转换元件将敏感元件输出的非电物理量（如位移、应变、光强等）转换成电参量（如电阻、电感、电容等）。

（3）基本转换电路。基本转换电路将电参量转换成便于测量的电量，如电压、电流、频率等。

实际的传感器，有的很简单，有的则较复杂。有些传感器只有敏感元件，如热电偶，其感受被测温差时直接输出电动势；有些传感器由敏感元件和转换元件组成，无须基本转换电路，如压电式加速度传感器；有些传感器由敏感元件和基本转换电路组成，如电容式位移传感器；有些传感器的转换元件不止一个，要经过若干次转换才能输出电参量。大多数传感器是开环系统，但也有个别传感器是带反馈的闭环系统。

> ☞ 主题讨论：
> 传感器工作时是否必须有辅助电源？

3.1.2 传感检测系统

> ☞ 提示：
> 学习本小节内容时借助多媒体等资源，了解传感检测系统的组成及其各部分的作用。
> ☞ 要点：
> 传感检测系统的组成。

传感检测系统是传感器与测量仪表、变换装置等的有机组合。在工程实际中，需要由传感器与多台测量仪表有机地组合起来，构成一个整体，才能完成信号的检测，这样便形成了传感检测系统。随着计算机技术和信息处理技术的不断发展，传感检测系统所涉及的内容也不断得以充实。在现代化的生产过程中，过程参数的检测都是自动进行的，即检测任务是由传感检测系统自动完成的。传感检测系统的组成框图如图 3-2 所示。

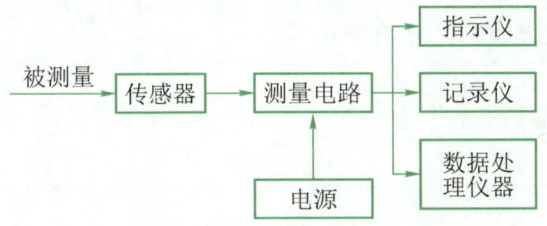

图 3-2 传感检测系统的组成框图

1. 传感器

传感器是把被测量（如物理量、化学量等）转换成电参量的装置。显然，传感器是传感检测系统与被测对象直接发生联系的部件，是传感检测系统最重要的环节。因为传感检测系统的其他环节无法添加新的检测信息，并且不易消除传感器所引入的误差，所以传感检测系统获取信息的质量往往是由传感器的性能决定的。

2. 测量电路

测量电路的作用是将传感器的输出信号转换成易于测量的电压或电流信号。传感器的输出信号通常是微弱的，需要由测量电路加以放大，以满足显示记录装置的要求。根据需要，测量电路还能进行阻抗匹配、微分、积分、线性化补偿等信号处理工作。

3. 显示记录装置

显示记录装置是检测人员和传感检测系统联系的主要环节，其主要作用是使人们了解检测数值的大小或变化的过程。目前常用的显示方式有模拟显示、数字显示和图像显示三种。

（1）模拟显示。模拟显示是利用指针对标尺的相对位置表示被测量数值的大小。例如，各种指针式电气测量仪表，其特点是读数方便、直观，结构简单，价格低廉，在检测系统中一直被大量应用。但模拟显示方式的精度受标尺的最小分度限制，而且读数时易引入主观误差。

（2）数字显示。数字显示是指直接以十进制数字形式来显示读数，实际上是用专用的数字电压表显示读数，数字电压表可以附加打印机，打印记录测量数值，并且易于和计算机联机，使数据处理更加方便。这种方式有利于消除读数的主观误差。

（3）图像显示。如果被测量处于动态变化之中，那么用显示仪表读数就十分困难了，这时可以将输出信号送至记录仪，从而描绘出被测量随时间变化的曲线，作为检测结果，供分析使用。常用的记录仪有笔式记录仪、光线示波器、磁带记录仪等。

4. 电源

一个传感检测仪表或传感检测系统往往既有模拟电路部分，又有数字电路部分，通常需要多组幅值大小各异但稳定的电源。在传感检测系统使用现场一般无法直接提供这类电源，现场通常只能提供交流 220 V 的工频电源或 +24 V 的直流电源。传感检测系统的设计者需要根据使用现场的供电电源情况及传感检测系统内部电路的实际需要，统一设计各组稳压电源，给系统各部分电路和器件分别提供它们所需的电源。

> ☞ 主题讨论：
>
> 影响传感检测系统精度的因素有哪些？

3.1.3 传感器的分类

> ☞ 提示：
>
> 学习本小节内容时可借助多媒体等资源，注意各类传感器的典型应用。
>
> ☞ 要点：
>
> 传感器的分类及应用。

用于测量与控制的传感器种类繁多,对于同一被测量,可以用不同的传感器来测量;对于同一原理的传感器,通常又可测量不同类型的被测量。因此,传感器分类的方法也有很多。从传感器应用的目的出发,可以按被测量的性质将传感器分为以下几类:机械量传感器,如位移传感器、力传感器、速度传感器、加速度传感器等;热工量传感器,如温度传感器、压力传感器、流量传感器等;化学量传感器;生物量传感器等。从传感器的研究目的出发,着眼于变换过程的特征,可以将传感器按输出量的性质分为以下几类:参量型传感器,它的输出是电阻、电感、电容等无源电参量,相应的有电阻式传感器、电感式传感器、电容式传感器等;发电型传感器,它的输出是电压或电流,相应的有热电偶传感器、光电传感器、磁电传感器、压电传感器等。目前,传感器主要按其工作原理、被测量、高新技术等进行分类。

1. 按工作原理分类

传感器按其敏感元件的工作原理不同,一般可分为物理型传感器、化学型传感器和生物型传感器三大类,如图 3-3 所示。

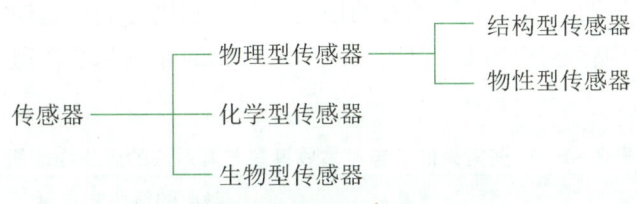

图 3-3　传感器按其敏感元件的工作原理分类

(1) 物理型传感器。

物理型传感器是利用某些敏感元件的物理性质或某些功能材料的特殊物理性能制成的传感器。例如,利用金属材料在被测量作用下引起的电阻值变化的应变效应制成的应变式传感器,利用半导体材料在被测量作用下引起的电阻值变化的压阻效应制成的压阻式传感器。

物理型传感器又可以分为结构型传感器和物性型传感器。

①结构型传感器。结构型传感器是以结构(如形状、尺寸等)为基础,利用某些物理规律来感受(敏感)被测量,并将其转换为电信号实现测量的。例如,电容式压力传感器必须有按规定参数设计制成的电容式敏感元件,当被测压力作用在电容式敏感元件的动极板上时,将引起电容间隙的变化,导致电容值的变化,从而实现对压力的测量。又如,谐振式压力传感器必须设计并制作一个合适的感受被测压力的谐振敏感元件,当被测压力变化时,谐振敏感结构的等效刚度改变,导致谐振敏感元件的固有频率发生变化,从而实现对压力的测量。

②物性型传感器。物性型传感器是利用某些功能材料本身所具有的内在特性及效应感受(敏感)被测量,并转换成可用电信号的传感器。例如,由具有压电特性的石英晶体材料制成的压电式压力传感器,就是利用石英晶体材料本身具有的压电效应而实现对压力的测量的;由半导体材料在被测压力作用下引起其内部应力变化导致其电阻值变化制成的压阻式压

力传感器,就是利用半导体材料的压阻效应而实现对压力的测量的。

(2) 化学型传感器。

化学型传感器是利用电化学反应原理,把无机或有机化学的物质成分、浓度等转换为电信号的传感器。最常用的化学型传感器是离子敏传感器,即利用离子选择性电极,测量溶液的 pH 或某些离子(如 K^+、Na^+、Ca^{2+} 等)的活度。

(3) 生物型传感器。

生物型传感器是近年来发展很快的一类传感器。它是一种利用生物活性物质选择性来识别和测定生物化学物质的传感器。生物活性物质对某种物质具有选择性亲和力,也称为功能识别能力。利用这种单一的识别能力来判定某种物质是否存在、其浓度是多少,进而利用电化学的方法进行电信号的转换。

2. 按被测量分类

按被测量分类,能够很方便地表示传感器的功能,也便于用户选用。按被测量分类,传感器可以分为温度、压力、流量、加速度、速度、位移、转速、力矩、湿度、黏度、浓度等传感器。这种分类方法明确表示了传感器的用途,便于使用者进行选择。例如,位移传感器用于测量位移,温度传感器用于测量温度等。一些常见的非电基本物理量与其对应的派生物理量如表 3-1 所示。

表 3-1 一些常见的非电基本物理量与其对应的派生物理量

非电基本物理量		对应的派生物理量
位移	线位移	长度、厚度、位置、振幅、表面坡度、磨损、应变
	角位移	角度、偏振角、俯仰角
速度	线速度	振动、流量、动量
	角速度	角动量、转速、角振动
加速度	线加速度	振动、冲击、质量、应力、力
	角加速度	角振动、角冲击、力矩、扭矩、转动惯量
力、压力		质量、密度、推力、力矩、应力、真空度、声压、噪声
湿度		水分、露点
温度		热量、热容量
光度		光通量、光谱、色、透明度、红外光、照度、可见光

3. 按高新技术分类

按高新技术分类,传感器可分为集成传感器、智能化传感器、机器人传感器和仿生传感器等。由于敏感材料和传感器的数量特别多,类别十分繁复,相互之间又有交叉和重叠,所以这里不再赘述。

为了揭示诸多传感器之间的内在联系,表 3-2 中给出了传感器的分类、转换原理和典型应用。

表 3-2 传感器的分类、转换原理和典型应用

传感器分类		转换原理	传感器名称	典型应用
转换形式	中间参量			
电参量	电阻	利用移动电位器触点改变电阻	电位器传感器	位移
		改变电阻丝或片的尺寸	电阻应变式传感器、半导体应变式传感器	微应变、力、负荷
		利用电阻的温度效应（电阻温度系数）	热丝传感器	气流速度、液体流量
			电阻温度传感器	温度、辐射热
			热敏电阻传感器	温度
		利用电阻的光敏效应	光敏电阻传感器	光强
		利用电阻的湿度效应	湿敏电阻传感器	湿度
	电容	改变电容的几何尺寸	电容传感器	力、压力、负荷、位移
		改变电容的介电常数		液位、厚度、含水量
	电感	改变磁路几何尺寸、导磁体位置	电感传感器	位移
		利用涡流去磁效应	涡流传感器	位移、厚度、硬度
		利用压磁效应	压磁传感器	力、压力
		改变互感	差动变压器	位移
			自整角机传感器	位移
			旋转变压器	位移
	频率	改变谐振回路中的固有参数	振弦式传感器	压力、力
			振筒式传感器	气压
			石英谐振传感器	力、温度等
	计数	利用莫尔条纹	光栅传感器	大角位移、大直线位移
		改变互感	感应同步器	
		利用拾磁信号	磁栅传感器	
	数字	利用数字编码	角度编码器	大角位移
电能量	电动势	利用温差电动势	热电偶传感器	温度、热流
		利用霍尔效应	霍尔传感器	磁通、电流
		利用电磁感应	磁电传感器	速度、加速度
		利用光电效应	光电池传感器	光强
	电荷	利用辐射电离	电离室传感器	离子计数、放射性强度
		利用压电效应	压电传感器	动态力、加速度

> 主题讨论：
> 检测位移时可以采用哪些传感器？它们各有什么特点？

3.1.4 传感器的发展趋势

> 提示：
> 学习本小节内容时可借助多媒体等资源，了解传感器的发展趋势。
>
> 要点：
> 传感器的发展趋势。

随着科学技术的发展，各国对传感器技术在信息社会中的作用有了新的认识，认为传感器技术是重要的信息技术之一。传感器的发展趋势如下：其一，使用新材料、新工艺制造新型传感器；其二，实现传感器的多功能、集成化和智能化。

1. 新材料的利用

传感器的材料是传感器技术的重要基础。随着材料科学的进步，传感器技术越来越成熟，传感器的种类也越来越多。除早期使用的材料（如半导体材料、陶瓷材料）以外，光导纤维及超导材料的发展为传感器技术的发展提供了新的物质基础。未来将会有更新的材料被开发出来。最近，美国纳米材料研究公司（Nanometer Research Company，NRC）已开发出的纳米 ZrO_2 气体传感器，在控制汽车尾气的排放方面效果很好，应用前景广阔。采用纳米材料制作的传感器具有庞大的界面，提供了大量的气体通道，导通电阻很小，有利于传感器向微型化发展。

2. 集成化技术

随着大规模集成电路（Large-scale Integrated Circuit，LSI）技术的发展和半导体细加工技术的进步，传感器也逐渐采用集成化技术，实现高性能化和小型化。集成温度传感器、集成压力传感器等早已被使用，今后，将会有更多集成传感器被研发出来。

3. 多功能集成传感器

一块集成传感器可以同时测量多个被测量，这种传感器称为多功能集成传感器。例如，我国已经研制出的硅压阻式复合传感器，可以同时测量温度和压力等。

4. 智能化传感器

智能化传感器是一种带微处理器的传感器，兼有检测和信息处理功能。例如，美国霍尼韦尔公司的 ST-3000 型传感器是一种能够进行检测和信号处理的智能化传感器，具有微处理器和存储器功能，可测差压、静压及温度等。智能化传感器具有测量、存储、通信、控制等特点。近年来，智能化传感器有了很大发展，开始与人工智能相结合，创造出各种基于模糊推理、人工神经网络、专家系统等人工智能技术的高度智能化传感器，这种技术被称为软传感技术。智能化传感器已经在家用电器方面得到了应用,相信未来将会更加成熟。智能化传感器是传感器未来发展的主要趋势。

> ☞ 主题讨论:
> 　　智能化传感器具有哪些功能?

3.2　机电一体化系统中常用的传感器

3.2.1　位移测量传感器

> ☞ 提示:
> 　　学习本小节内容时可借助多媒体等资源,了解常用线位移传感器和位置传感器的主要性能及其特点。
>
> ☞ 要点:
> 　　常用线位移传感器和位置传感器的主要性能及其特点。

位移测量是线位移测量和角位移测量的总称。位移测量在机电一体化系统中应用十分广泛,这不仅因为在各种机械加工过程中位置确定和加工尺寸的测量需要,还因为速度、加速度等参数的检测都可以借助测量位移的方法。有些参数的测量属于微位移测量,如力、扭矩、变形等。

位移测量传感器主要有电感传感器、电容传感器、感应同步器、光栅传感器、磁栅传感器、旋转变压器和光电编码盘等。其中,旋转变压器和光电编码盘只能测量角位移,其他几种传感器有的可以测量直线型位移,有的可以测量角度型位移。

位移测量传感器还可以分为模拟式传感器和数字式传感器。模拟式传感器的输出是以幅值形式表示输入位移大小的,如电容式传感器、电感式传感器等;数字式传感器的输出是以脉冲数量的多少表示位移大小的,如光栅传感器、磁栅传感器、感应同步器等。光电编码盘的输出是以一组不同的编码代表不同角度位置的。表3-3所示为常用线位移传感器和角位移传感器的主要性能及其优缺点。

表3-3　常用线位移传感器和角位移传感器的主要性能及其优缺点

类　型		测量范围	准确度	直线性	特　点
电阻式	滑线式 线位移	1～300 mm	±0.1%	±0.1%	分辨力较好,可用于静态或动态测试,机械结构不牢固
	滑线式 角位移	0°～360°	±0.1%	±0.1%	
	变阻器 线位移	1～1 000 mm	±0.5%	±0.5%	结构牢固,寿命长,但分辨力差,电噪声大
	变阻器 角位移	0～60 r	±0.5%	±0.5%	

续表

类　型		测量范围	准确度	直线性	特　点
应变式	非粘贴	±0.15% 应变	±0.1%	±1%	不牢固
	粘贴	±0.3% 应变	±2%~±3%	±1%	牢固，使用方便，需温度补偿和高绝缘电阻
	半导体	±0.25% 应变	±2%~±3%	±20%	输出幅值大，温度灵敏性高
电感式	自感式变气隙型	±0.3 mm	±1%	±3%	只宜用于微小位移的测量
	自感式螺管型	1.5~2.0 mm	±1%	±3%	测量范围较宽，使用方便、可靠，动态性能较差
	差动变压器	0.08~75.00 mm	±0.5%	±0.5%	分辨力好，受到杂散磁场干扰时需屏蔽
	涡电流式	2.5~250 mm	±1%~±3%	<3%	分辨力好，受被测物体材料、形状和加工质量的影响
	同步机	360°	±0.1°~±7°	±0.5%	可在 1 200 r/min 的转速下工作，坚固，对温度和湿度不敏感
	微动同步器	±10°	±1%	±0.05%	非线性误差与变压比和测量范围有关
	旋转变压器	±60°	±1%	±0.1%	
电容式	变面积	0.001~100 mm	±0.005%	±1%	介电常数受环境湿度和温度的影响
	变间距	0.001~10 mm	±1%		分辨力很好，但测量范围很小，只能在小范围内近似保持线性
霍尔元件	线性型	±1.5 mm	±0.5%	—	结构简单，动态特性好，分辨率可达 1 μm
感应同步器	直线式	0.001~10 000 mm	±2.5 μm	—	模拟和数字混合测量系统，数字显示（直线式感应同步器的分辨率可达 1 μm）
	旋转式	0°~360°	±0.5	—	用于测量角位移，用在半闭环系统中
计量光栅	长光栅	0.001~10 000 mm（还可接长）	3 μm/m	—	分辨率为 0.1~1.0 μm
	圆光栅	0°~360°	±0.5"	—	具有体积小、测量范围大、精度高等优点
磁场	长磁栅	0.001~10 000 mm	5 μm/m	—	测量时工作速度可达 12 m/min
	圆磁栅	0°~360°	±1"	—	对使用环境要求低，在油污、粉尘较多的环境中具有较好的稳定性
角度编码器	接触式	0°~360°	0.2"	—	分辨力好，可靠性高

> ☞ 主题讨论：
> 电感式传感器与电容式传感器各有什么特点？

3.2.2 速度测量传感器

> ☞ 提示：
> 学习本小节内容时可借助多媒体等资源，了解常用速度传感器和加速度传感器的主要性能及其特点。
>
> ☞ 要点：
> 常用速度传感器和加速度传感器的主要性能及其特点。

单位时间内位移的增量就是速度。速度包括线速度、角速度和转速，与之相对应的有线速度传感器、角速度传感器和转速传感器，统称为速度传感器。加速度传感器有惯性加速度传感器和振动冲击加速度传感器。常用速度传感器和加速度传感器的主要性能及特点分别如表 3-4、表 3-5 所示。

表 3-4 常用速度传感器的主要性能及特点

类 型	精 度	线性度	分辨率或灵敏度	特 点
磁电感应式	5%~10%	0.02%~0.1%	600 mV·s/cm	灵敏度高，性能稳定，使用方便，但是频率下限受限制，体积较大，质量较大
差动变压器式	0.02%~1.00%	0.1%~0.5%	50 mV·s/mm	漂移小 [≤0.1%(℃)，≤0.1%/8 h]，但只能测低速
光电式	0.1%~0.5% ±1 个脉冲	—	—	结构简单，体积小，质量小，非接触测量，工作可靠，成本低，精度高
电容式	±1 个脉冲	—	—	非接触测量，结构简单，可靠性高，灵敏度、分辨率高，可测量转速，但需要采取屏蔽措施
电涡流式	±1 个脉冲	—	—	非接触测量，耐油、水污染，灵敏度高，线性范围宽，频率范围宽，但灵敏度随检测对象的材料而变，主要用于测量转速
霍尔效应式	±1 个脉冲	—	—	结构简单，体积小，用于测量转速，但对温度敏感
测速发动机	—	0.2%~1.0%	0.4~5.0 mV·min/r	线性度好，灵敏度高，输出信号强，性能稳定

续表

类型		精度	线性度	分辨率或灵敏度	特点
陀螺式	压电陀螺	±0.2（读数值）	0.1%～1.0%（满度值）	<0.04°/s	性能稳定，寿命长，体积小，质量小，响应快，线性度好，滞后小，功耗低，价格低
	转子陀螺	<±0.2%°/s	0.2%（满度值）	0.6°/s～2.0°/s	安装简单，使用方便，但质量较大，成本高，寿命较短
	激光陀螺	—	—	$10^{-5}\sim10^{-4}$ rad/s	灵敏度高，但由于频差极小，故必须采取防止转速低时发生锁定现象的措施，成本较高
	光纤陀螺	0.03°/h～0.04°/h	—	10^{-8} rad/s（理论值）	精度高，稳定性好，性能价格比高，体积小，质量小，灵敏度高，无闭锁现象

表 3-5　常用加速度传感器的主要性能及特点

类型		测量范围	δ_L 线性度/%FS	灵敏度	分辨率	特点
惯性加速度传感器	微型硅加速度传感器	±5 g	1%（跨度）	偏轴灵敏度<跨度的1%	—	测量值的零偏小，迟滞很小，且不受过载的影响
	压电加速度传感器	±10 g	0.2	500 Hz/g	0.002 g	体积小，质量小，但需要前置放大器
	石英挠性伺服加速度传感器	$10^{-5}\sim2$ g	—	电压 1～600 V/g	10^{-5} g	内部需要置放大倍数为1 000，100，10的有源低通、高通滤波器
冲击加速度传感器	应变加速度传感器	±5～1 000 g	1～5	0.5%～8%	—	体积小，质量小，灵敏度高，频响宽
	磁电式振动加速度传感器	0.5～10 g	<±5	0.15～0.75 mV/(mm·s^{-2})	—	可用于检测机械结构的振动加速度

☞ 主题讨论：

　　陀螺式传感器应用于什么场合？

3.2.3 力、压力和扭矩测量传感器

> ☞ 提示：
> 学习本小节内容时可借助多媒体等资源，了解常用力、压力和扭矩测量传感器的类型与特点。
>
> ☞ 要点：
> 常用力、压力和扭矩测量传感器的类型与特点。

在机电一体化领域中，力、压力和扭矩是很常见的机械参量。近年来，各种高精度力、压力和扭矩测量传感器出现，并以惯性小、响应快、易于记录、便于遥控等优点得到了广泛的应用。按工作原理不同，力、压力和扭矩测量传感器可分为电阻式、压电式、压磁式、光电式和弹性元件式等不同类型。表 3-6 给出了力、压力和扭矩测量传感器的类型、特点和应用。

表 3-6 力、压力和扭矩测量传感器的类型、特点和应用

类 型		特 点	应 用
电阻式	电阻应变式	测量范围大（测力 $10^{-3} \sim 10^8$ N，测应力几十帕到 10^{11} 帕），精度高（一般小于等于 ±0.1%，最高可达 $10^{-6} \sim 10^{-5}$），动态性能好，寿命长，体积小，质量小，价格便宜，可在恶劣环境（如高温、高压、高速振动、腐蚀、磁场等）下工作，有一定的非线性误差，抗干扰能力差	粘贴在不同形式的弹性表面，可测量力、扭矩等
	压阻式	测量范围大，频响范围宽，灵敏度、分辨度、分辨率高，体积小，易集成，使用方便，但有较大的非线性误差和温度误差，需采取温度补偿措施	目前主要用于测量压力，具有发展前途
压电式		结构简单，工作可靠，使用方便，无须外加电源，抗磁、声干扰能力强，线性好，频响范围宽，灵敏度高，迟滞小，重复性良好，温度系数低	测量准静态力、动态力、压力，适用于动态和恶劣环境下进行力的测量
压磁式		输出功率大，信号强，抗干扰和过载能力强，工作可靠，寿命长，能在恶劣环境下工作，但反应速度较慢，精度较低	常用于测量力、力矩和称重（如切削力、张力、质量等）
电容式		结构简单，灵敏度高，动态性能好，过载能力强，对环境要求不高，成本低，但易受干扰	测量压力、扭矩等
霍尔效应式		结构简单，体积小，频带宽，动态范围大，寿命长，可靠性高，易集成，但温度影响大，转换效率较大	
电位器式		线性度较好，结构简单，输出信号强，使用方便，但精度不高，动态响应较慢	

续表

类 型	特 点	应 用
电感式（如差动变压器式）	灵敏度、分辨率高，线性度可达 ±0.1% FS，工作可靠，输出功率较大，但频率响应低，不易实现快速动态测量	测量力、压力、扭矩、荷重等
光电式	结构简单，工作可靠，转换速度可达 100~800 r/min，测量精度可达 1%	测量扭矩
弹性元件式	利用弹性敏感元件（如波纹管、膜片等）把力、压力、扭矩等被测参数变换为应变或位移，再转换为电参量输出，其灵敏度随弹性敏感元件的敏感性不同而不同，使用可靠，但动态响应慢	测量力、压力、扭矩等

> 主题讨论：
> 压电式传感器与电容式传感器的特点及应用场合分别是什么？

3.3 传感器的选用原则及使用方法

3.3.1 传感器的选用原则

> 提示：
> 学习本小节内容时可借助多媒体等资源，了解传感器的选用原则。
>
> 要点：
> 传感器的选用原则。

现代传感器在原理与结构上千差万别，如何根据具体的测量目的、测量对象及测量环境合理地选用传感器，是在进行某个参量的测量时首先要解决的问题。当传感器确定之后，与之相应的测量方法和相配套测量设备也就可以确定了。测量结果的精确度在很大程度上取决于传感器的选用是否合理。

1. 根据测量对象与测量环境确定传感器类型

要进行一项具体的测量工作，首先要考虑采用基于何种原理的传感器，这需要分析多方面的因素之后才能确定。因为即使是测量同一个物理量，也有基于多种原理的传感器可供选用，基于哪一种原理的传感器更为合适，则需要根据被测量的特点和传感器的使用条件考虑以下一些具体问题：量程的大小；被测位置对传感器体积的要求；测量方式为接触式还是非接触式；传感器的来源，是国产、进口还是自行研制；价格高低。在考虑上述问题之后就能确定选用何种类型的传感器，然后考虑传感器的具体性能指标。

2. 灵敏度

通常，在传感器的线性范围内，希望传感器的灵敏度越高越好。因为只有灵敏度高时，与被测量变化对应的输出信号的值才较大，才有利于进行信号处理。但需要注意的是，传感器的灵敏度高，与被测量无关的外界噪声也容易混入，会被放大系统放大，影响测量精度。因此，要求传感器本身具有较高的信噪比，尽量减少从外界引入的干扰信号。传感器的灵敏度是有方向性的。如果被测量是单矢量，而且对其方向性要求较高，则应选择其他方向灵敏度小的传感器；如果被测量是多维矢量，则要求传感器的交叉灵敏度越小越好。

3. 频率响应特性

传感器的频率响应特性决定了被测量的频率范围，必须在允许的频率范围内保持不失真的测量条件。实际上传感器的响应总有一定的延迟，希望延迟时间越短越好。传感器的频率响应高，可测量的信号频率范围就宽。在测量中，应根据传感器对稳态、瞬态、随机等信号的响应特性选择使用，以免产生过大的误差。

4. 线性范围

传感器的线性范围是指输出与输入成正比的范围。从理论上来说，在此范围内，灵敏度保持定值。传感器的线性范围越宽，其量程就越大，就能够保证一定的测量精度。在选择传感器时，当传感器的种类确定以后，首先要看其量程是否满足要求。但实际上，任何传感器都不能保证绝对的线性，其线性度也是相对的。当所要求的测量精度比较低时，在一定的范围内，可将非线性误差较小的传感器近似看作线性传感器，这样会给测量带来极大的方便。

5. 稳定性

传感器使用一段时间后，其性能保持不变的能力称为稳定性。影响传感器稳定性的因素除传感器的本身结构外，主要是传感器的使用环境。因此，要使传感器具有良好的稳定性，传感器必须要有较强的环境适应能力。在选择传感器之前，应对其使用环境进行调查，并根据具体的使用环境选择合适的传感器，或采取适当的措施，减小环境的影响。传感器的稳定性有定量指标，超过使用期后，在使用前应重新进行标定，以确定传感器的性能是否发生变化。在某些要求传感器既能长期使用又不能轻易更换或标定的场合，对所选用的传感器稳定性的要求更为严格，要求其能够经受住长时间的考验。

6. 精度

精度是传感器的一个重要性能指标，传感器的精度越高，其价格越昂贵，因此，传感器的精度只要满足整个测量系统的精度要求即可，不必选得过高，这样就可以在满足同一测量目的的诸多传感器中选择比较便宜和简单的传感器。如果测量目的是定性分析，则应选用重复精度高的传感器；如果测量目的是定量分析，则应选用精度等级能满足要求的传感器。

对于某些特殊使用场合，若无法选到合适的传感器，则需自行设计与制造传感器。自制传感器的性能应满足使用要求。

> 主题讨论：
> 　　在测量同一个物理量时，可能有多种传感器可供选用，应怎样选择更为合适的传感器？

3.3.2　传感器的使用方法

> 提示：
> 　　学习本小节内容时可借助多媒体等资源，了解传感器的校准及安装方法。
> 要点：
> 　　1. 传感器的校准。
> 　　2. 传感器的安装。

　　传感器在使用前或使用一段时间（《中华人民共和国计量法》规定一般为 1 年）或经过修理后，必须对其主要技术指标再次进行标定或校准，以确保传感器的性能指标达到要求。在测量过程中，传感器的安装方法是否正确对测量结果有重要的影响。

1. 传感器的校准

　　传感器在使用前、使用中或搁置一段时间后再使用时，必须对其性能参数进行复测或进行必要的调整和修正，以确保传感器的测量精度，这个复测、调整过程称为校准。

　　为了使传感器有一个长期、稳定和高精度的基准，在一些测量仪器，特别是内部装有微处理器的测量仪器中，很容易实现自动校准功能。如果被测量是长度、角度或质量，则用标准的长度、角度或质量基准对传感器实行自动定期校准或实时校准是可行的；但如果被测量是温度、流速或湿度，则很难保持基准的准确性。对传感器进行校准时，需要使用精度比它高的基准器。

2. 传感器的安装

　　传感器与被测对象之间的安装方法对测量结果有重要的影响，下面只介绍被测对象为固体与流体的两种情况。

　　（1）传感器与固体对象的连接方式。

　　当被测对象是固体时，可把传感器直接安装在被测对象上，这种安装方法叫作接触型安装。

　　当被测对象是高温或角度回转的对象，或由于操作危险、传感器材料特性等，使用接触型传感器测量有困难时，就不便使用接触型传感器；当被测对象很小时，传感器不便安装在被测对象上，而且不易把负荷效应减小。在这些情况下，必须做到不与被测对象接触就能进行测量，即使用非接触型传感器。

　　接触型传感器与非接触型传感器的比较如表 3-7 所示。

表 3-7　接触型传感器与非接触型传感器的比较

项目	接触型传感器	非接触型传感器
负载效应	大	小
环境影响	不容易受影响	容易受影响
安装位置	固定	可以移动
标定	预先	现场
分布检测	困难	容易

（2）传感器与流体对象的连接方式。

利用传感器测量流体的某些参数（如流速、温度、流量、浓度等）时，传感器必须安装在盛有流体的容器内或有流体流动的管道中，因此，传感器将不可避免地对原有流体的状态产生影响。为了减小其负载效应，要求传感器与被测对象之间的能量变换越小越好，但这将导致传感器的输入信号很弱，所以，为了获得一定的输出电信号，要求传感器必须具有较高的灵敏度。

流速传感器的安装有两种方法：一种是像空速管那样，将流速传感器插入管道内部；另一种是像电磁流量计那样，在管道的一端安装传感器。前者因为只能检测流体的一部分流速，所以称为局部传感器；后者因可检测全部流体的平均流速值，所以称为积分式传感器。

（3）传感器安装时应注意的问题。

在安装传感器时须注意以下几个问题：

①传感器的安装位置对数据有无影响。传感器与数据源之间的阻塞物将大大地降低数据的采集强度和精度。

②环境中有无额外的信息。多余的信息源（如射频干扰）会在所需的数据上增加很多噪声信号，使得传感器的测量变得毫无用处。

③传感器是否可以准确地读出数据。在一些极端的情况下，如紊流、过度振动，或在高温条件下，一些传感器可能会失效或完全损坏。

④传感器接收到的信息是否就是从需要测量的地方传输过来的信息。错误的安装可能导致传感器将其他反馈信号（如听觉反馈和视觉反馈的虚像信号）记录下来。

⑤传感器采集数据的速度应尽可能快。如果数据采集时间过长，那么，对于当前的情况来说，所采集的数据就已经过时了。

☞ 主题讨论：

传感器在安装时应注意哪些事项？

3.4 信号变换电路

3.4.1 基本转换电路

> ☞ 提示：
> 学习本小节内容时可借助多媒体等资源，了解基本转换电路的形式。
>
> ☞ 要点：
> 1. 差分电路的作用。
> 2. 脉冲调宽电路的工作原理。

被测量经传感器变换后，往往把这些物理量转换成某种容易检测的电量，如电阻、电容、电感，或电荷、电压、电流等。当传感器的输出信号是电参量形式时，需采用基本转换电路将其转换成电量形式，然后送入后续检测电路。

1. 差分电路

差分电路主要用于差分式传感器信号的转换。图3-4所示为四种常用的差分电路。

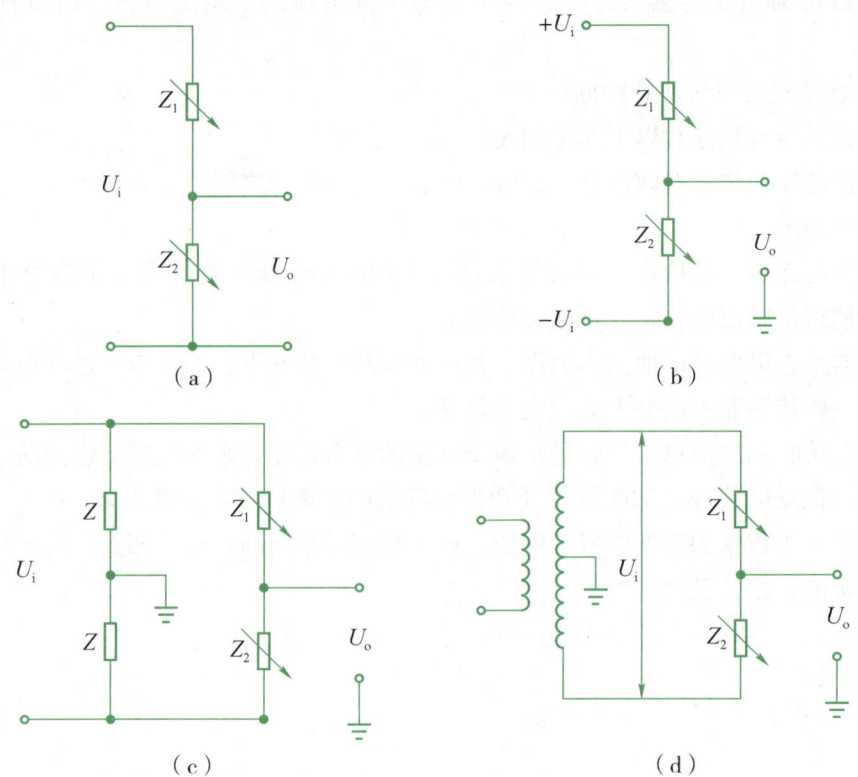

图3-4 四种常用的差分电路

(a) 差分阻抗分压电路；(b) 对称电源差分电路；(c) 桥式差分电路；(d) 变压器配成的桥式差分电路

图 3–4（a）利用传感器的一对差分阻抗 Z_1 和 Z_2 构成分压器，在平衡状态下设 $Z_1 = Z_2 = Z_0$。

当被测量发生变化时，传感器的阻抗也随之变化。设变化量为 ΔZ，则 $Z_1 = Z_0 + \Delta Z$，$Z_2 = Z_0 - \Delta Z$，于是

$$U_o = \frac{Z_2}{Z_1 + Z_2} U_i = \frac{Z_0 - \Delta Z}{2Z_0} U_i \tag{3-1}$$

阻抗的变化被转换成输出电压的变化。对于非差分式传感器，电路中的一个阻抗可以是用作补偿环境变化影响的阻抗元件。

图 3–4（b）采用了对称电源供电，当传感器处于平衡位置时，电路输出电压为零；当传感器失衡后，输出电压与阻抗的变化成正比，即

$$U_o = -\frac{\Delta Z}{Z_0} U_i \tag{3-2}$$

图 3–4（c）所示是一种桥式差分电路，其主要用于直流电桥中，两个阻抗 Z 的中点接地，构成对称供电形式。当传感器处于平衡位置时，输出电压为零；当传感器失衡后，输出电压为

$$U_o = -\frac{-\Delta Z}{2Z_0} U_i \tag{3-3}$$

图 3–4（d）所示为采用变压器配成的桥式差分电路，通过具有中间抽头的变压器二次线圈对传感器的一对差分阻抗对称供电，其输出电压与传感器阻抗变化之间的关系与式（3–3）相同。

2. 非差分桥式电路

图 3–5（a）中的传感器是非差分式的，其阻抗为 Z_1，采用标准阻抗 Z_R 作为电桥的另一臂。若传感器的基准阻抗为 Z_0，并取 $Z = Z_R = Z_0$，传感器阻抗随被测量的变化为 ΔZ，则

$$U_o = \frac{\Delta Z}{-\Delta Z_0 + 2\Delta Z} U_i \tag{3-4}$$

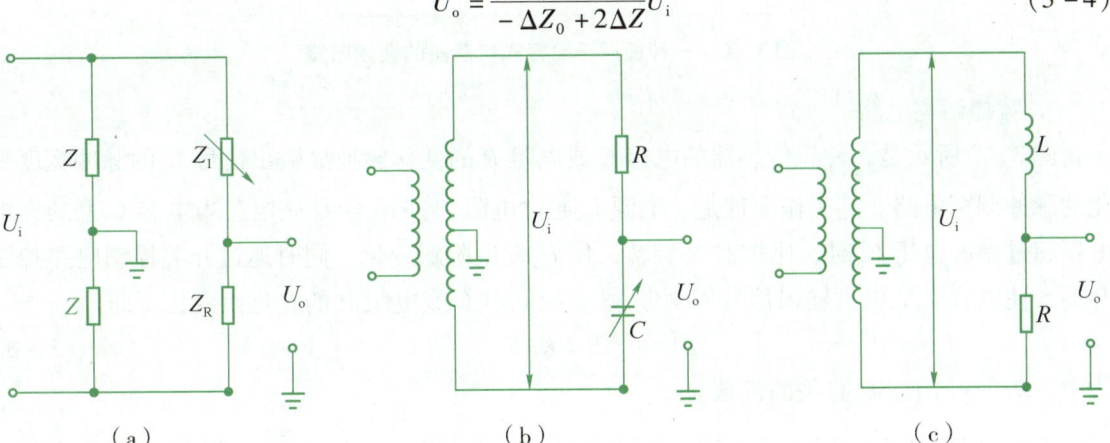

图 3–5 非差分桥式电路

(a) 阻抗电桥电路；(b) 阻容相位电桥电路；(c) 阻感相位电桥电路

图 3-5（b）所示是一种阻容相位电桥电路，当电容传感器的电容 C 或电阻传感器的电阻 R 变化时，输出电压的幅值 $U_o = \dfrac{U_i}{Z}$ 不变，相位角 φ 却随之变化，其输出特征表达式为

$$\varphi = 2\arctan\dfrac{1}{\omega CR} \qquad (3-5)$$

图 3-5（c）所示是阻感相位电桥电路，其输出信号相位角随传感器电感 L 或电阻 R 变化的关系为

$$\varphi = 2\arctan\dfrac{R}{\omega L} \qquad (3-6)$$

3. 调频电路

图 3-6 所示是一种适用于电容式传感器的调频电路，由传感器电容 C 和标准电感 L 构成谐振电路并接入振荡器中，振荡器输出信号 U_o 的频率 f 随传感器电容 C 或标准电感 L 变化的关系为

$$f = \dfrac{1}{2\pi\sqrt{LC}} \qquad (3-7)$$

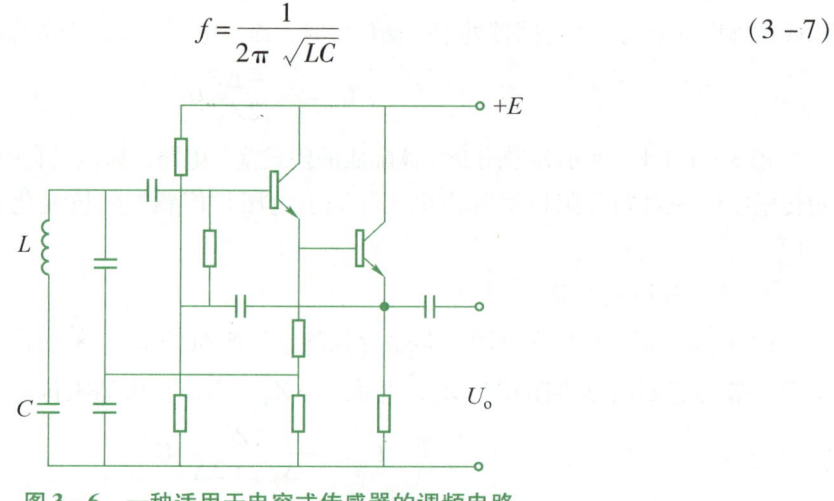

图 3-6　一种适用于电容式传感器的调频电路

4. 脉冲调宽电路

图 3-7 所示是一种将传感器的电容 C 或电阻 R 的变化转换成输出信号 U_o 的脉冲宽度变化的脉冲调宽电路。其工作原理是，电源 U_i 通过电阻 R 对电容 C 充电。当电容 C 上的充电电压超过参考电压 U_R 时，比较器 N 翻转，使 U_o 发生阶跃变化，同时通过开关控制电路控制开关 S 使电容 C 放电。输出信号 U_o 的脉宽 B 随电容 C 或电阻 R 的变化而变化，即

$$B = KRC \qquad (3-8)$$

式中：K——与 U_R/U_i 有关的常数。

> ☞ 主题讨论：
> 　　差分电路与非差分桥式电路各有什么特点？

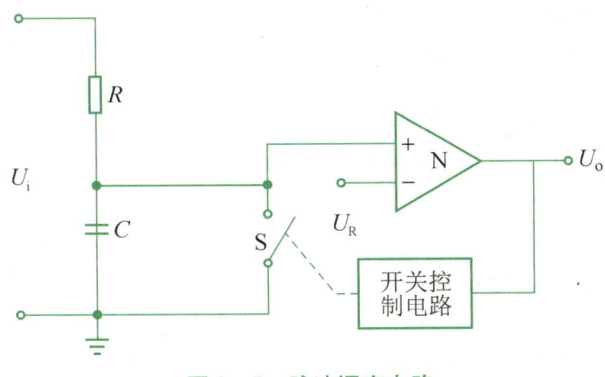

图 3-7 脉冲调宽电路

3.4.2 电平检测及转换电路

> ☞ 提示：
> 　　学习本小节内容时可借助多媒体等资源，了解电平检测及转换电路的工作原理。
> ☞ 要点：
> 　　1. 过零比较器的形式。
> 　　2. 差动型电平检测器的工作原理。

在机电一体化系统中经常用到电平检测及转换电路，如温度、液位等上下限的检测，通常用电压比较器、二极管和一些逻辑器件来实现。电压比较器是对两个输入模拟量进行比较并输出逻辑电平、做逻辑判断的部件。当两个输入模拟电压变化有不相等的瞬间时，电压比较器输出电压跳变并给出合适的逻辑电平。

1. 过零比较器

过零比较器可用于判断输入信号是高于零电平还是低于零电平。这种电路具有信号整形功能。图 3-8 和图 3-9 所示是两种过零比较器的典型电路。如图 3-8（a）所示，当输入信号 $u_i > 0$ 时，输出信号 $u_o < 0$，接在反馈回路中的稳压管 VS_1 工作在稳压状态，稳压值 $U_{Z1} = U_{Z2} = U_Z$，而稳压管 VS_2 工作在正向导通状态，导通压降 $U_{D2} = U_{D1} = U_D$。VS_1、VS_2 及电阻 R 的限幅作用，使得该过零比较器的输出 $u_o = -(U_Z + U_D)$。如图 3-8（b）所示，当 $u_i < 0$ 时，通过与上述类似的分析可知，$u_o = +(U_Z + U_D)$。

在如图 3-9 所示的过零比较器中，使用齐纳管 D_Z 是为了得到需要的逻辑电平，它同时起反馈和限幅作用，称为限幅电路。其输出电压与输入电压之间的关系为

$$u_o = \begin{cases} -0.7 \text{ V} & (u_i > 0) \\ U_Z & (u_i < 0) \end{cases} \tag{3-9}$$

信号整形功能还常采用集成化的过零比较器（如 LM339 等）或如图 3-10（a）所示的回差零值比较器来实现。图 3-10（a）和图 3-10（b）中，如果运算放大器的饱和输出电

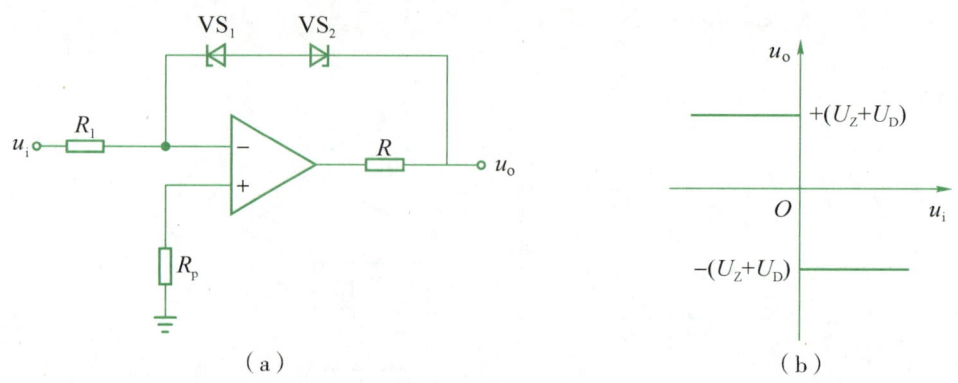

图 3-8 过零比较器的典型电路（一）
（a）两只稳压管构成的过零比较器；（b）电压传输特性

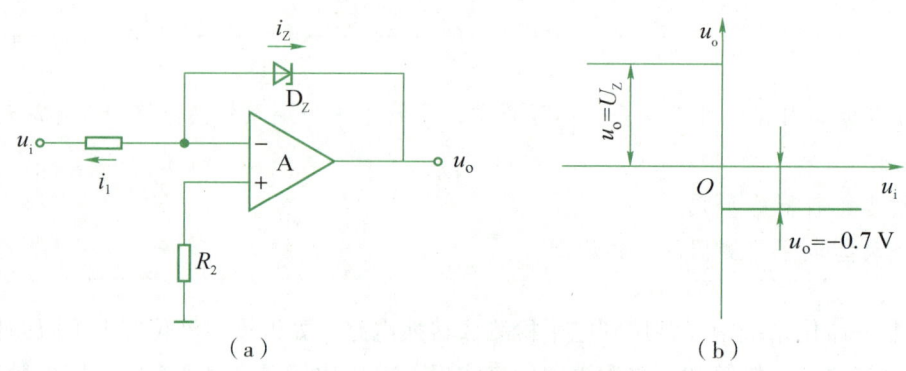

图 3-9 过零比较器的典型电路（二）
（a）齐纳管构成的过零比较器；（b）电压传输特性

压为 U_M，则当输入信号 $u_i < -\dfrac{R_1}{R_f}U_M$ 时，比较器输出负的饱和电压 U_M；当 $u_i > \dfrac{R_1}{R_f}U_M$ 时，比较器输出正的饱和电压 U_M，如图 3-10（b）所示。

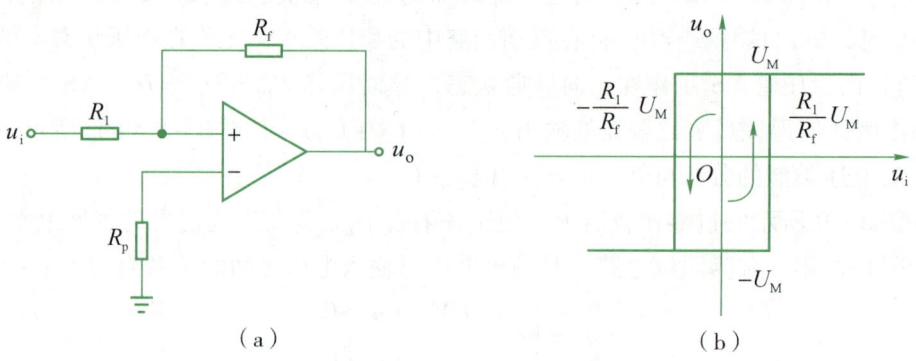

图 3-10 具有回差的零值比较器的电路
（a）回差零值比较器；（b）电压传输特性

采用回差零值比较器，可防止在信号过零时受干扰的影响，比较器来回翻转。但由于值 $2\dfrac{R_1}{R_f}U_M$ 的回差存在，信号在过零时有相当于 $\varphi = \dfrac{R_1}{R_f}\dfrac{U_M}{U_m}$ 的相位偏移（其中，U_m 为输入信号 u_i 的幅值）。因此，在设计实际电路时，应根据允许的细分误差（细分点位置变化）来恰当地选择 R_1 和 R_f，并采取抗干扰措施，使干扰信号的幅值不超过 $\dfrac{R_1}{R_f}U_M$。

2. 差动型电平检测器

差动型电平检测器的电路如图 3-11 所示。当输入差值电压 $\Delta u = u_i - u_R > 0$，即 $u_i > u_R$ 时，运算放大器输出低电平通过电阻 R 使齐纳管 D_Z 正向导通，输出低电平为 $u_o = -0.7\text{V}$。而当 $\Delta u < 0$，即 $u_i < u_R$ 时，运算放大器输出高电平将通过电阻 R 使齐纳管 D_Z 反相击穿，输出高电平为 u_Z。电压传输特性如图 3-11（b）所示，即

$$u_o = \begin{cases} -0.7\text{V} & (u_i > u_R) \\ U_Z & (u_i < u_R) \end{cases} \tag{3-10}$$

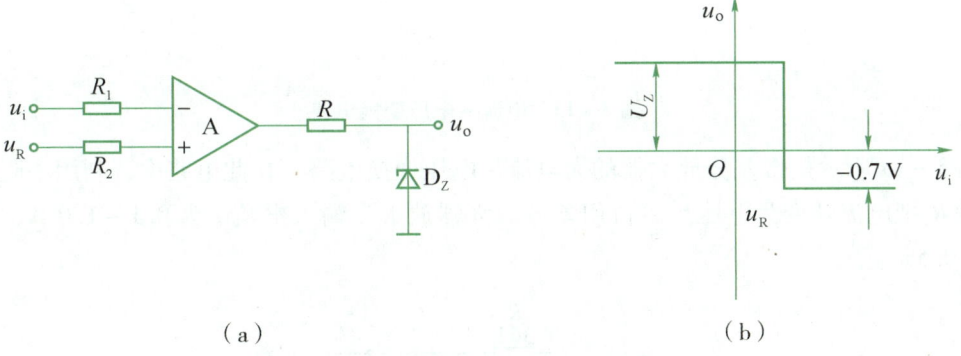

（a）   （b）

图 3-11　差动型电平检测器的电路
（a）差动型电平检测器；（b）电压传输特性

☞ 主题讨论：
在哪些场所可以采用过零比较器来进行控制？

3.4.3　模拟信号变换电路

☞ 提示：
学习本小节内容时可借助多媒体等资源，了解模拟信号变换电路的形式。

☞ 要点：
1. 电流与电压变换电路的特点。
2. 绝对值检测电路的特点。

1. 电流与电压变换电路

（1）电流－电压变换电路。最简单的电流－电压变换电路如图 3－12 所示。电流－电压变换电路采用高输入阻抗运算放大器组成的电流－电压变换器。在理想条件下，有

$$i_i = \frac{u_- - u_o}{R_f}, u_- = u_+ = 0 \qquad (3-11)$$

故

$$u_o = -i_i R_f \qquad (3-12)$$

如果运算放大器是理想的，那么它的输入电阻为 ∞，输出电阻为零。R_f 阻值的大小仅受运算放大器的输出电压范围和输入电流大小的限制。

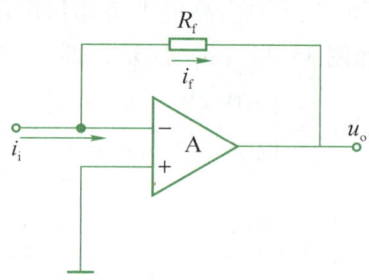

图 3－12　电流－电压变换电路

图 3－13 所示是带差分放大器的大电流－电压变换电路。在此电路中，利用小阻值的取样电阻 R_S 把电流转变为电压后，再用差分放大器放大。输入电流 I 为 0.1～1.0 A，变换精度为 ±0.5%。

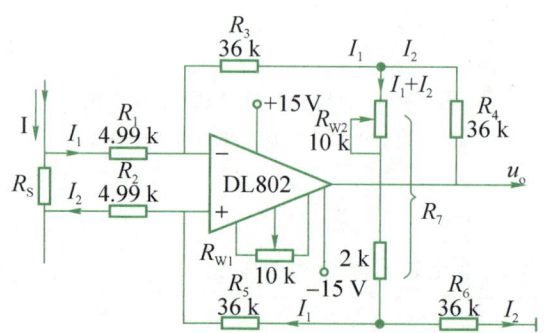

图 3－13　带差分放大器的大电流－电压变换电路

根据该电路结构，只要选用 $R_1 = R_2 = R_F$，$R_3 = R_4 = R_5 = R_6 = R_f$，则差分放大倍数为

$$K_d = \frac{2R_f}{R_F}\left(1 + \frac{R_f}{R_7}\right) \qquad (3-13)$$

由式（3－13）可知，R_7 越小，K_d 越大。调节 R_{W2} 可以使 K_d 在 58～274 范围内变化。当 $K_d = 100$ 时，电流－电压变换系数为 10 V/A。运算放大器必须采用高输入阻抗（10^7～10^{12} Ω）、低漂移的运算放大器。

(2) 电压-电流变换电路。

①具有电流串联负反馈的电压-电流变换电路。如图3-14所示是具有电流串联负反馈的电压-电流变换电路，在理想条件下，有

$$u_i \approx u_f = i_R R \qquad (3-14)$$

因为 $i_{b_2} = 0$，所以

$$i_L = i_R = \frac{u_f}{R} = \frac{u_i}{R} \qquad (3-15)$$

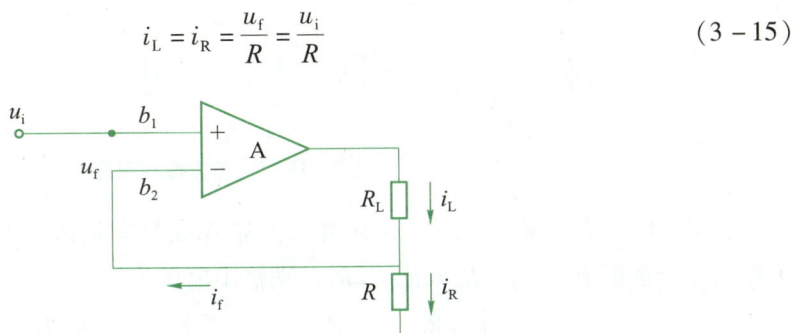

图3-14 具有电流串联负反馈的电压-电流变换电路

②具有电流并联负反馈的电压-电流变换电路。图3-15所示为具有电流并联负反馈的电压-电流变换电路，在理想条件下，有

$$i_L = i_f + i_R \qquad (3-16)$$

$$i_f = -i_1 = -\frac{u_i}{R_1}, \quad i_R = i_L \frac{R_f R}{R_f + R} \frac{1}{R} = i_L \frac{R_f}{R_f + R} \qquad (3-17)$$

将式（3-16）和式（3-17）联立，可解得

$$i_L = -\frac{u_i}{R_1}\left(1 + \frac{R_f}{R}\right) \qquad (3-18)$$

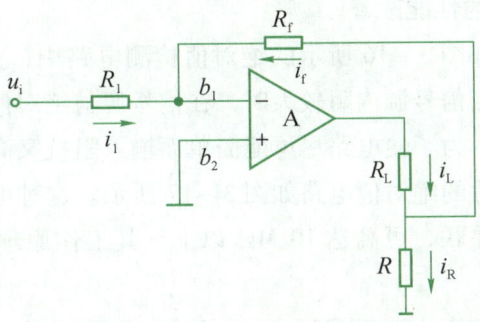

图3-15 具有电流并联负反馈的电压-电流变换电路

2. 绝对值检测电路

(1) 绝对值检测电路的工作原理。

绝对值检测电路就是全波整流电路，其作用是将交变的双极性信号转变为单极性信号。

图 3-16 所示是由线性集成电路和二极管组成的绝对值检测电路。

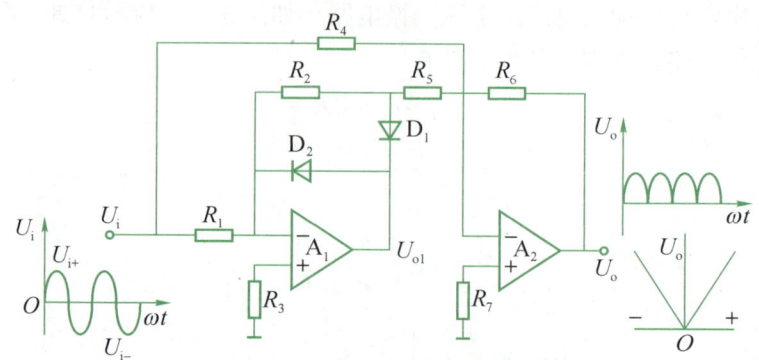

图 3-16 绝对值检测电路

当输入信号 U_i 为正极性时，因运算放大器 A_1 是反向输入，所以二极管 D_2 截止、二极管 D_1 导通。若选配 $R_1 = R_2$，$R_6 = R_4 = 2R_5$，则输出电压为

$$U_{o+} = \left(-\frac{R_6}{R_4}U_{i+} - \frac{R_6}{R_5}U_{o1}\right) = \left(-\frac{R_6}{R_4}U_{i+} + \frac{R_6 R_2}{R_5 R_1}U_{i+}\right) = U_{i+} \quad (3-19)$$

当输入信号 U_i 为负极性时，D_1 截止、D_2 导通，则 U_{o1} 被 D_1 切断，不能输入 A_2 的输入端，此时，相应的输出电压 U_{o-} 为

$$U_{o-} = -\frac{R_6}{R_4}U_{i-} = -U_{i-}$$

由于 $U_{i-} < 0$，所以 $-U_{i-} > 0$，即

$$U_o = |U_i| \quad (3-20)$$

可见，无论输入信号的极性如何，输出信号总为正，且数值上等于输入信号的绝对值，即实现了绝对值运算。

(2) 绝对值检测电路的性能改善。

① 提高输入阻抗。在如图 3-16 所示的绝对值检测电路中，由于采用了反相输入结构，其输入电阻较低。因此，当信号源内阻较大时，在信号源与绝对值电路之间就不得不接入缓冲级，从而使电路复杂化。为了使电路尽可能简单而输入阻抗又高，可将图中的运算放大器改成同相输入形式，改进后的绝对值电路如图 3-17 所示。这种电路的输入电阻约为两个运算放大器的共模输入电阻并联，可高达 10 MΩ 以上。其工作原理与如图 3-16 所示的电路基本相同。

② 减小匹配电阻的绝对值。对于图 3-16 和图 3-17 所示的电路，若要实现高精度绝对值转换，就必须精确选配 R_1、R_2、R_3、R_4（对图 3-16 来说）。如图 3-18 所示是经改进后的绝对值检测电路。这个电路只需精确选配一对电阻，即 $R_1 = R_2$，就可满足高精度绝对值转换的要求，而对其他几只电阻不需严格匹配，因为它们与闭环增益无关。这里选 $R_4 = R_5$ 是为了减小放大器偏置电流的影响，它们的失配会影响电路的平衡。

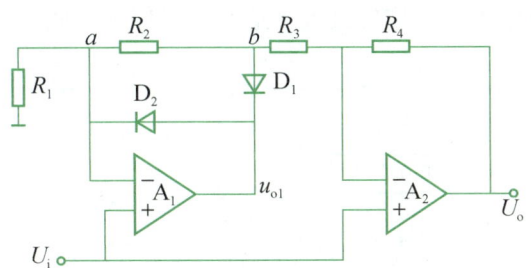

图 3-17 高输入阻抗绝对值检测电路

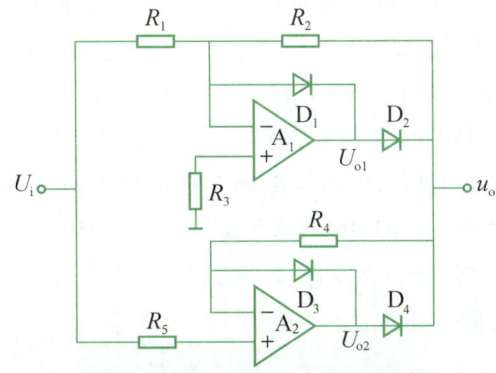

图 3-18 改进后的绝对值检测电路

在图 3-18 中，A_1 组成反相型半波整流电路，实现负向半波整流；A_2 组成同相型半波整流电路，实现正向半波整流。两者相加，就得到了绝对值电路。其中，由于 D_2、D_4 均处于反馈回路中，它们的正向压降对整个电路灵敏度的影响被减小了 A_{u0}（开环电压增益）倍。

3. 电压保持电路

（1）采样保持电路。

当传感器将非电物理量转换成电量，并经放大、滤波等系列处理后，需要经模/数（Analog to Digital，A/D）转换器变换成数字量，才能输入计算机系统。在对模拟信号进行 A/D 转换时，从启动变换到变换结束的数字量输出，需要一定的时间，即 A/D 转换器的孔径时间。当输入信号频率提高时，孔径时间的存在会造成较大的转换误差。要防止这种误差的产生，就必须在 A/D 转换开始时将信号电平保持住，在 A/D 转换后能跟踪输入信号的变化，也就是使输入信号处于采样状态。能完成这种功能的器件叫采样/保持器。在模拟量输出通道，为了使输出得到一个平滑的模拟信号，或对多通道进行分时控制，也常采用采样/保持器。

采样/保持器由存储器电容 C、模拟开关 S 等组成，其工作原理如图 3-19 所示。当模拟开关 S 接通时，输出信号跟踪输入信号，称为采样阶段；当模拟开关 S 断开时，存储器电容 C 两端一直保持模拟开关 S 断开时的电压（称为保持阶段）。实际上，为了使采样/保持器具有足够的精度，一般在输入级和输出级均采用缓冲器，以减少信号源的输出阻抗，增加负载的输入阻抗。在选择电容时，应使其大小适宜，以保证时间常数适中，并且漏泄要小。

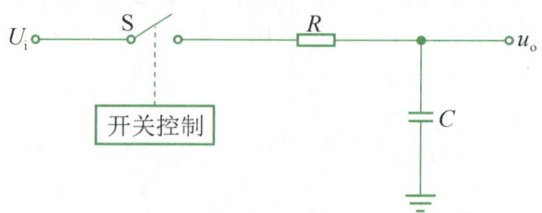

图 3-19　采样/保持器的工作原理

随着大规模集成电路技术的发展，目前已生产出多种集成采样/保持器，如可用于一般目的的 AD582、AD583、LF198、LF398 系列等，用于高速场合的 HTS-0025、HTS-0010、HTC-0300 等，用于高分辨率场合的 SHA1144 等。为了使用方便，有的采样/保持器内部还设有保持电容，如 AD389、AD585 等。集成采样/保持器的特点如下：

① 采样速度快，精度高，能以 ±0.01% 的精度在最长 3 μs 的时间内采集一个信号。

② 下降速度慢，如 AD585 和 AD348 为 0.5 mV/ms，AD389 为 0.1 mV/ms。

下面以 LF398 为例，介绍集成采样/保持器的原理。如图 3-20 所示，其内部由输入缓冲级、输出驱动级和控制电路等组成。

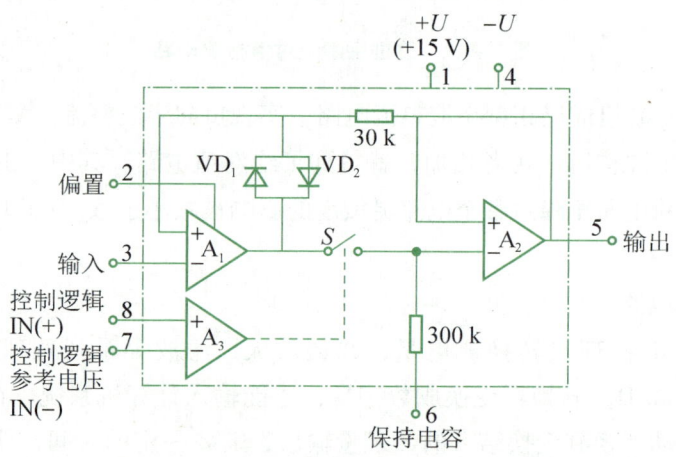

图 3-20　LF398 集成采样/保持器原理图

在控制电路中，运算放大器 A_3 主要起比较器的作用。其中，管脚 7 为控制逻辑参考电压输入端，管脚 8 为控制逻辑输入端。当控制端逻辑电平高于参考端电压时，A_3 输出一个低电平信号，驱动开关 S 闭合，此时输入经 A_1 后跟随输出到 A_2，再由 A_2 的输出端跟随输出，同时向保持电容（接管脚 6）充电；当控制端逻辑电平低于参考电压时，A_3 输出一个正电平信号使开关 S 断开，以达到非采样时间内保持器仍保持原来输入的目的。因此，A_1、A_2 是跟随器，其作用主要是对保持电容输入端和输出端进行阻抗变换，以提高集成采样/保持器的性能。

（2）峰值保持电路。

① 峰值保持电路的原理。在检测非电量时，往往需要精确地测量出随时间迅速变化的某

参数的峰值。但一般的检测仪表都具有一定的惯性，跟不上被测参数的快速变化，因此必须使用峰值保持电路。峰值保持电路是一种模拟存储电路。当有输入信号时，它自动跟踪输入信号的峰值，并将该峰值保持下来，其原理图如图 3-21 所示。

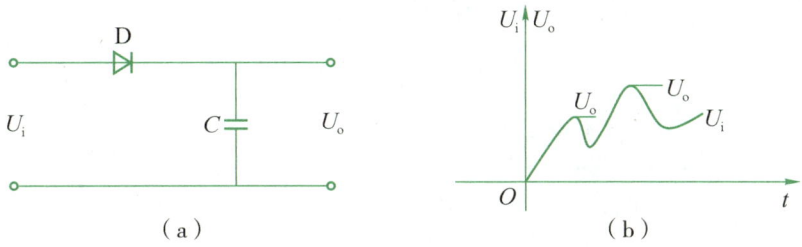

图 3-21 峰值保持电路

(a) 峰值保持电路原理图；(b) 输入输出特性

当输入电压为正信号时，二极管导通，电容被充电到输入电压的峰值；当输入信号过峰值而下降时，二极管截止，电容上的电荷因无放电回路而保持下来。此后只有当输入信号上升到大于电容上的电压后，二极管才导通，使输出跟踪输入直到新的峰值并保持下来。

②峰值运算电路。如图 3-22 所示是峰值运算电路，其中，图 3-22（a）和图 3-22（b）分别用于求取信号的正、负峰值。在图 3-22（a）中，信号 U_i 从 A_1 同相端输入，A_2 接成跟随器。在运算开始时，U_k 瞬时接高电平，使场效应管 VF 的栅极电位为零，开关导通，电容 C 通过场效应管 VF 放电。随后 U_k 降为低电平，场效应管 VF 截止。当 $U_i > U_c$ 时，A_1 输出为正，VD_1 导通、VD_2 截止，使电容 C 迅速充电，直至 $U_o = U_c = U_i$。只要 U_i 略小于 U_o，则 VD_1 截止、VD_2 导通，C 停止充电，从而将 U_i 的正峰值保持在电容 C 上，并由跟随器输出。

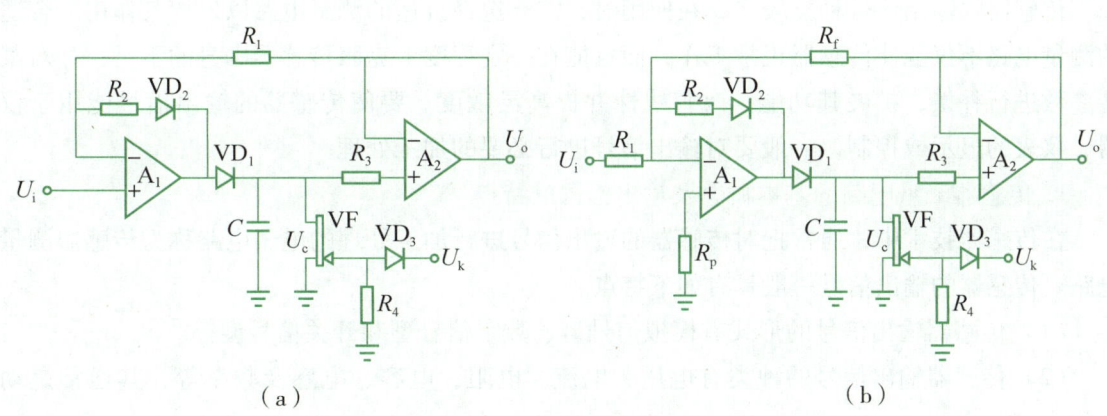

图 3-22 峰值运算电路

(a) 同相输入峰值运算电路；(b) 反相输入峰值运算电路

在图 3-22（b）中，信号 U_i 从 A_1 的反相端输入。当 $U_i < 0$ 时，A_1 输出正电平，VD_1 导通，电容 C 充电，A_2 的输出 U_o 随 U_i 的减小而增加。当 U_i 变到最小值，即负峰值时，电容 C

充电到最高电位，$U_o = U_c = |U_i|$。一旦 U_i 离开负峰值而增加，A_1 的输出电位将低于电容 C 上存储的电位 U_c，因而 VD_1 截止、VD_2 导通，电容 C 停止充电，从而将 U_i 的负峰值保持在电容 C 上，并通过跟随器输出。在下一次运算开始前，应将 U_k 与高电平瞬时相接，让电容 C 通过场效应管 VF 放电，为下一次运算做好准备。

> ☞ 主题讨论：
> 模/数转换时为什么要采用保持电路？

3.5 传感器测量电路与计算机接口

3.5.1 传感器测量电路

> ☞ 提示：
> 学习本小节内容时可借助多媒体等资源，了解几种典型的传感器测量电路的类型及组成。
>
> ☞ 要点：
> 1. 传感器测量电路的作用。
> 2. 对传感器测量电路的要求。
> 3. 传感器测量电路的类型及组成。

传感器的输出信号种类较多，在使用时，需要选择合适的测量电路以发挥其作用。合适的测量电路不仅能使传感器正常工作，而且能在一定程度上克服传感器本身的不足，并对某些参数进行补偿，扩展其功能，改善线性并提高灵敏度。要使传感器的输出信号能用于仪器、仪表的显示或控制，一般要对输出信号进行必要的加工处理。

1. 传感器测量电路的基本概念及输出信号的特点

在传感器技术中，通常把对传感器的输出信号进行加工处理的电子电路称为传感器测量电路。传感器的输出信号一般具有如下特点。

（1）传感器输出信号的形式有模拟信号型、数字信号型和开关信号型等。

（2）传感器输出信号的种类有电压、电流、电阻、电容、电感及频率等，其通常是动态的。

（3）传感器的动态范围大。

（4）传感器输出的电信号一般都比较弱，如电压信号通常为 μV～mV 级，电流信号为 μA～mA 级。

（5）传感器内部存在噪声，其输出信号会与噪声信号混合在一起。当噪声比较大而输出信号又比较弱时，常会使有用的输出信号淹没在噪声之中。

（6）传感器的大部分输出－输入关系曲线是线性的。有时部分传感器的输出－输入关系曲线是非线性的。

（7）传感器的输出信号具有易受温度的影响、易衰减及非线性等特点。

2. 传感器测量电路的作用

在各种数控设备及自动化仪表产品中，对被测量的检测控制和信息处理均采用计算机来实现。因此，传感器输出信号需要通过专门的电子电路进行必要的加工、处理后才能满足要求。例如，需要将电参量的变化转换成电量的变化，将弱信号放大，滤除输出信号中无用的杂波和干扰噪声，校正传感器输出信号的非线性，补偿环境温度对传感器输出信号的影响，通过 A/D 转换器转换成输入计算机的数字信号，或是传感器的输出信号转换成数字编码信号等。传感器的输出信号经过加工后可以提高其信噪比，并易于传输和与后续电路环节相匹配。传感器测量电路可由各种单元电路组成，常用的单元电路有电桥电路、谐振电路、脉冲调宽电路、调频电路、取样保持电路、A/D 转换电路和数/模（Digital to Analog，D/A）转换电路、调制解调电路。随着计算机技术和微电子技术的进一步发展，各种数字集成块及专用模块的应用会越来越广泛。

在测量系统中，传感器测量电路只是一个中间环节。根据测量项目的要求，传感器测量电路有时可能只是一个简单的转换电路，有时则要为了完成某些特定功能与数台仪器、仪表组合。传感器测量电路连接框图如图 3-23 所示。

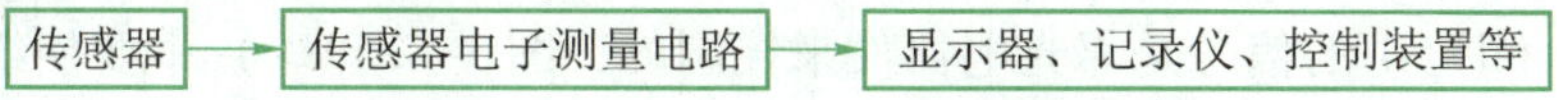

传感器 → 传感器电子测量电路 → 显示器、记录仪、控制装置等

图 3-23 传感器测量电路连接框图

3. 对传感器测量电路的要求

对于传感器测量电路的选用，主要根据传感器输出信号的特点、装置和设备等对信号的要求来确定，另外，还要考虑工作环境和整个检测系统对它的要求，并采取不同的信号处理方式。在一般情况下，对传感器测量电路应考虑如下几方面的要求。

（1）在测量电路与传感器的连接上，要考虑阻抗匹配问题，以及电容和噪声的影响。

（2）放大器的放大倍数要满足显示器、A/D 转换器或 I/O 接口对输入电压的要求。

（3）测量电路的选用要满足自动控制系统的精度、动态特性及可靠性要求。

（4）测量电路中采用的元器件应满足仪器、仪表或自动控制装置使用环境的要求。

（5）测量电路应考虑温度影响及电磁场的干扰，并采取相应的措施进行补偿修正。

（6）测量电路的结构、电源电压和功耗要与自动控制系统整体相协调。

4. 传感器测量电路的类型及组成

由于传感器品种繁多，它们输出信号的形式各不相同，因此，其输出特性也不一样。后续仪器、仪表和控制装置等对测量电路输出电压的幅值与精度要求也各不相同，所以构成测量电路的方式和种类也不尽相同。下面对几种典型的传感器测量电路进行简要介绍。

(1) 模拟测量电路。

在传感器测量电路中，模拟测量电路是最常用、最基本的电路。当传感器的输出信号为动态的电阻、电容、电感等电参量，或以电压、电荷、电流等输出信号输出时，通常由模拟测量电路将输出信号按照模拟电路的制式传输到测量系统的终端。模拟测量电路的基本组成框图如图3-24所示。

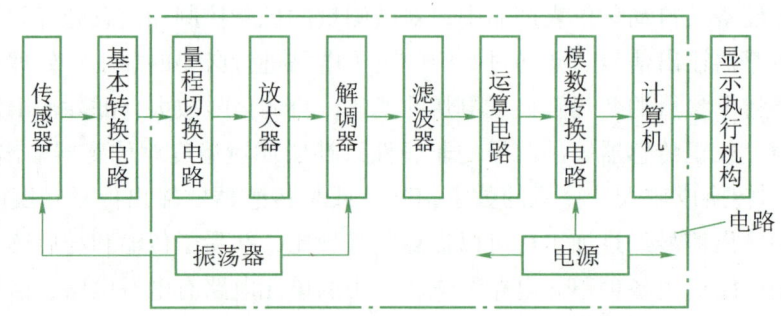

图3-24 模拟测量电路的基本组成框图

(2) 开关型测量电路。

传感器的输出信号为开关信号（如光线的通断信号或电触点通断信号等）时的测量电路称为开关型测量电路，如图3-25所示。从图3-25中可以看出，这种测量电路实质上是一个功放电路。其中，图3-25（a）中只有当开关S触点闭合、继电器K闭合时，才有放大信号输出；图3-25（b）中只有当开关S触点断开后，继电器K才能闭合。图3-25（c）、图3-25（d）中的信号是靠光电器件来控制的，图3-25（c）中要使继电器K闭合，光电器件必须有光照才行；图3-25（d）则是在无光照、光电器件不工作时，继电器K才能闭合。放大信号的生成与消失正是在有关元器件触点的闭合与断开过程中完成的。开关型测量电路只能提供"闭合"与"断开"两种状态，这是目前开关型测量电路中比较常见的形式。

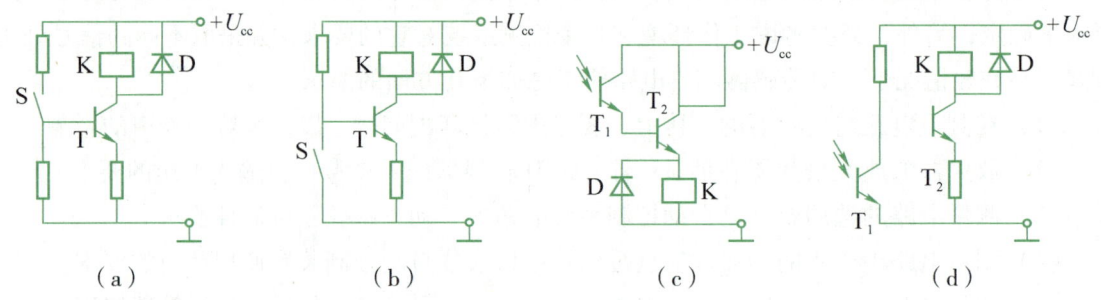

图3-25 开关型测量电路
(a) 触点闭合；(b) 触点断开；(c) 光电器件有光照时；(d) 光电器件无光照时

(3) 数字式测量电路。

在实际应用中，可根据不同数字式传感器的信号特点，选择合适的测量电路。光栅、磁栅及感应同步器等数字式传感器，输出的是增量码信号，其测量电路的典型组成框图如图 3-26 所示。

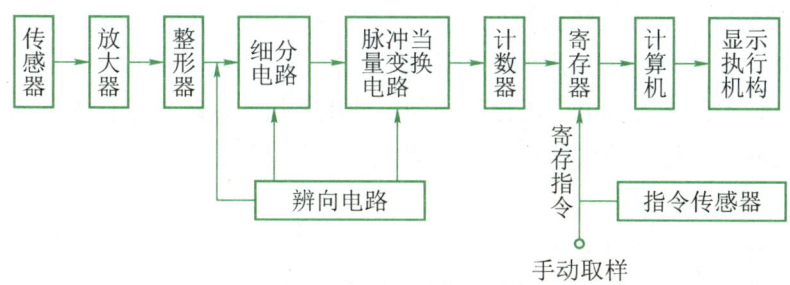

图 3-26 数字式测量电路的典型组成框图

☞ 主题讨论：
  如何正确选择传感器测量电路？

3.5.2 传感器与计算机的接口电路

☞ 提示：
  学习本小节内容时可借助多媒体等资源，了解传感器与计算机接口方式中模拟量转换输入方式的特点。

☞ 要点：
  1. 机电一体化系统中接口的种类。
  2. 对传感器接口电路的要求。
  3. 模拟量转换输入方式。

1. 接口的作用

机电一体化系统和设备是由众多不同类型的元器件和部件组成的。这些元器件和部件之间需要用接口连接，才能形成一个有完整功能的控制整体。接口的选择、性能的好坏及使用的可靠性对系统的性能均有很大的影响。

2. 接口的种类

由于机电一体化系统和设备中的元器件有机械类、电器类、控制类和计算机类的，而且机械类元器件中还有气动和液动两种类型，控制类元器件有光、超声、同位素等，因此，接口的类型繁多。

在机电一体化系统中，不同类型的元器件之间常用接口的类型如下：
（1）电子-电气接口，如功率放大器等。
（2）电气-液气接口，如各类阀、电液脉冲电动机等。
（3）液-电接口，如压力、流量、温度传感器等。

(4) 机械-电气接口，如力、位移、速度、加速度传感器等。

(5) 模拟量-数字量相互转换接口，如 A/D 转换器和 D/A 转换器。

(6) 软件接口，如软件连接用的子程序等。

目前，接口技术已成为机电一体化领域的一项重要技术，特别是在先进的计算机控制系统中，接口功能的优劣将直接影响系统的性能。

3. 传感器接口电路的要求

一般来说，对传感器接口电路有如下要求：

(1) 尽可能提高包括传感器和接口电路在内的整体效率。

(2) 具有一定的信号处理能力。

(3) 提供传感器所需要的驱动电源（信号）。

(4) 具有尽可能完善的抗干扰和抗高压冲击保护机制。

4. 传感器与计算机的接口方式

在传感器的使用中，有相当一部分测量值要用计算机来进行处理。因此，在确定检测系统和搭接测量线路时，还需要考虑输入计算机的信息必须是能被接收和处理的数字信号。根据传感器输出信号的不同，通常有下面三种相应的接口方式。

(1) 模拟量接口方式：模拟式传感器输出的是模拟信号，通过模拟多路开关依次对每个模拟通道进行采样/保持和 A/D 转换，最后将转换结果送入计算机进行处理。

(2) 开关量接口方式：开关型传感器输出（逻辑 1 或 0）信号通过缓冲器将信号送入计算机进行处理。

(3) 数字量接口方式：数字式传感器输出数字信号（二进制代码、BCD 码及脉冲序列等）经过计数器及缓冲器电路将信号送入计算机进行处理。

根据模拟量转换输入方式的精度、速度与通道等因素的要求，又有四种转换输入方式，如表 3-8 所示。在这四种方式中，其基本的组成元件是相同的。

表 3-8 模拟量转换输入方式的类型、组成原理框图和特点

类型	组成原理框图	特点
单通道直接型	传感器 → A/D 转换器 → 三态缓冲器 → 总线	它是最简单的形式，只用一个 A/D 转换器及缓冲器就可以将模拟量转换成数字量，并输入计算机，但是会受转换电压幅值及速度的限制
多通道一般型	传感器 → 放大 → 模拟多路开关 → 取样/保持 ← 控制器 → A/D 转换器 → 总线	能依次对每个模拟通道进行取样保持和转换，节省元器件，速度低，不能获得同一瞬间各通道的模拟信号

续表

类　型	组成原理框图	特　点
多通道同步型	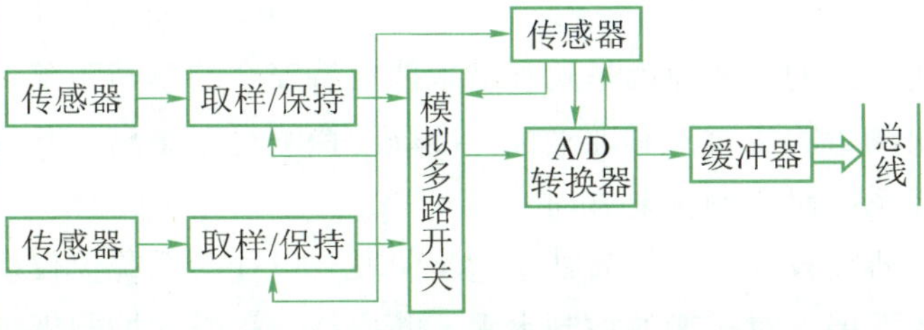 （传感器→取样/保持→模拟多路开关；传感器→取样/保持→模拟多路开关；传感器→模拟多路开关→A/D转换器→缓冲器→总线）	各取样/保持可同时动作，可测得同一瞬时各传感器的输出模拟信号
多通道并行输入型	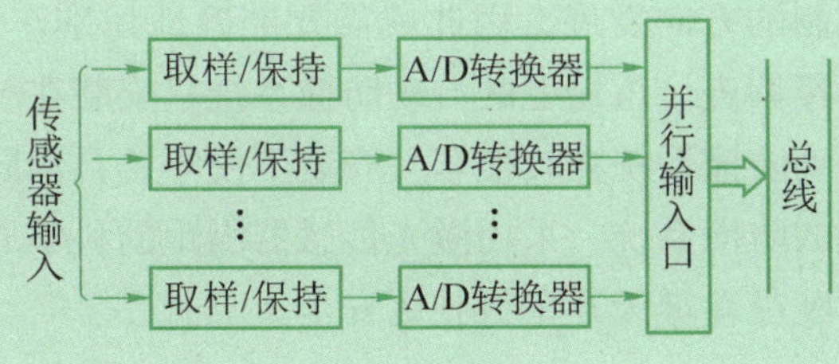 传感器输入→取样/保持→A/D转换器；取样/保持→A/D转换器；取样/保持→A/D转换器→并行输入口→总线	各通道可直接进行转换，把信号送入计算机或信号通道，灵活性大，抗干扰能力强

☞ 主题讨论：

　　在模拟量转换输入方式中，多通道同步型与多通道一般型转换输入方式的主要区别是什么？

3.6　实践应用：汽车防撞系统设计

☞ 提示：

　　学习本节内容时可借助多媒体等资源，了解激光传感器在汽车防撞系统中的应用。

☞ 要点：

　　1. 汽车防撞系统设计方案分析。
　　2. 汽车防撞系统技术解决方案。

1. 背景

随着高速公路里程的增加，浓雾等恶劣天气造成的交通事故也日益增多。据不完全统计，高速公路上由于大雾天气引起的事故已占事故总数的 25% 以上，给国家和人民群众的生命财产造成了重大损失，引起了各级政府、交通管理部门和整个社会的普遍关注。

2. 设计要求

（1）在雾天，当两辆汽车之间的距离小于安全距离时，系统就发出报警信号。

(2) 系统安装方便，使用简单，安全可靠，方便携带。
(3) 系统能实现自动操作功能。

3. 方案分析

高速公路上发生追尾交通事故的主要原因是驾驶员未能保持安全的车间距离。一个好的汽车防撞系统的关键在于距离测量的实时性和准确性。准确地探测行车距离，并且快速、实时地做出反应是未来汽车防撞系统研发的主要方向。

我国对于汽车防撞系统的研究较晚，目前尚处于起步阶段。以往的系统仅仅检测车辆自身的状态，但随着电子技术的发展，对车辆的控制水平不断提高，最新的控制系统正在向着根据车辆周围的环境与状况进行控制的方向发展，因此就需要准确地识别车辆周围的状况，有意外情况时及时发出报警信号。经调查，市场上的自动防撞系统只安装在智能轿车中，但由于智能轿车投资费用较高，且自动防撞系统在其他车上安装不便等，自动防撞系统没有得到普及。本次设计的这套用于汽车的防撞系统，采用激光传感器测距的科学原理和通过微处理器实现自动显示报警信号，使驾驶员在雾天开车行驶更安全。

4. 技术解决方案

激光测距的工作原理与微波雷达测距相似。激光镜头使脉冲状的红外激光束向前方照射，并利用汽车的反射光，通过受光装置检测其距离。汽车防撞系统的激光检测距离可达 100 m，其具体的测距方式有连续波相位测距和激光脉冲波测距两种。连续波相位测距是用无线电波段的频率，对激光束进行幅度调制，并测定调制光往返测线一次所产生的相位延迟，再根据调制光的波长换算此相位延迟所代表的距离，即使用间接方法测定出光经往返测线所需的时间。连续波相位测距的精度极高，一般可达毫米级，但相对于激光脉冲波测距来说，连续波相位测距的电路复杂，成本高。在汽车防撞系统中，不需要太高的测距精度，因此本系统利用了激光脉冲波测距法来测量车前障碍物的距离。激光脉冲波测距是利用测量往返脉冲的间隔时间获知距离的。测距方法是在确定时间的起止点之间用时钟脉冲填充计数，这种方法可以得到 10 ps 以上的测时精度。

本汽车防撞系统的基本思路如下：利用激光传感器检测出车前障碍物的距离，通过微处理器进行自动计算并显示出实际距离。当实际距离小于安全距离时，该系统就发出声光警报，提示驾驶员注意前方有障碍物。本系统在雾天能自动显示与前方障碍物之间的距离。另外，在本系统的防护栏上也安装了信号灯，如在 200 m 之内前方有障碍物时，该信号灯显示红色，提示驾驶员注意前方有障碍物；在 200 m 之外前方有障碍物时，信号灯显示绿色。汽车防撞系统的原理图如图 3-27 所示。

汽车防撞系统部分程序设计略（见课程网站资源）。

5. 小结

该汽车防撞系统应用激光传感器测距的科学原理和通过微处理器实现自动显示报警信号，使驾驶员在雾天开车行驶更安全。该系统的创新点和先进性在于以下几点：

(1) 简单、实用，既经济，又方便携带。

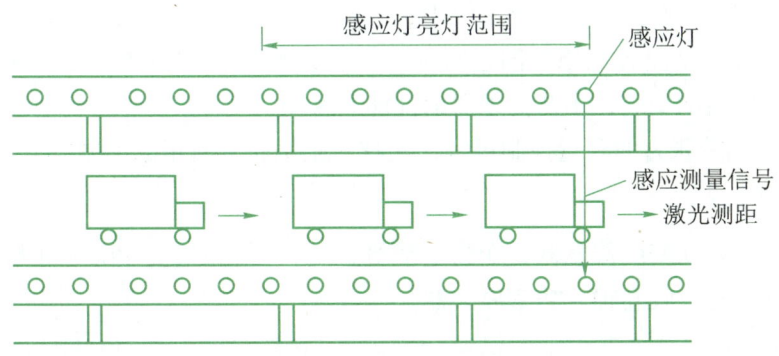

图 3-27 汽车防撞系统的原理图

（2）在雾天，驾驶员在不知前方有无障碍物的情况下，通过本系统能预先知道。

（3）防漏电设计保证系统的安全性。

该系统还存在不少问题有待进一步探讨，主要有以下几方面：

（1）由于系统中的参数大部分为根据经验预先设定的，但这些参数又与车辆的具体情况密切相关，因而这些预设的参数与实际参数之间必定会存在差距，从而影响系统的性能。

（2）由于激光测距模块受天气影响，所以在雾、雪天气，激光模块难以准确地工作。

（3）在过弯道时，由于激光的直线原理，系统会受到一定影响。

6. 实物效果

汽车防撞系统的实物图如图 3-28 所示。

图 3-28 汽车防撞系统的实物图

> ☞ 主题讨论：
> 倒车雷达采用的是什么传感器？此传感器的特点是什么？

实验二　铝箔张力测量控制原理实验

【实验目的】

1. 熟悉和了解机电一体化系统的基本控制设备，了解铝箔加工机的铝箔张力测量控制方法、原理及过程,理解机电一体化系统中机、电、信息结合的实际意义。

2. 根据铝箔张力测量控制原理图进行加工设备及测量控制设备连接,完成机电一体化设备的装配和传感器的安装,了解传感器的性能及种类。

3. 操作演示铝箔张力的测量控制过程,实现对铝箔张力测量的控制。

【实验设备】

伺服电动机、差动变压传感器、变频电动机、变频器、配重、PLC、相敏检波器、张力辊、导向辊、开卷辊、收卷辊、功率放大器。

【实验原理】

铝箔张力测量控制的原理图如图 3-29 所示。

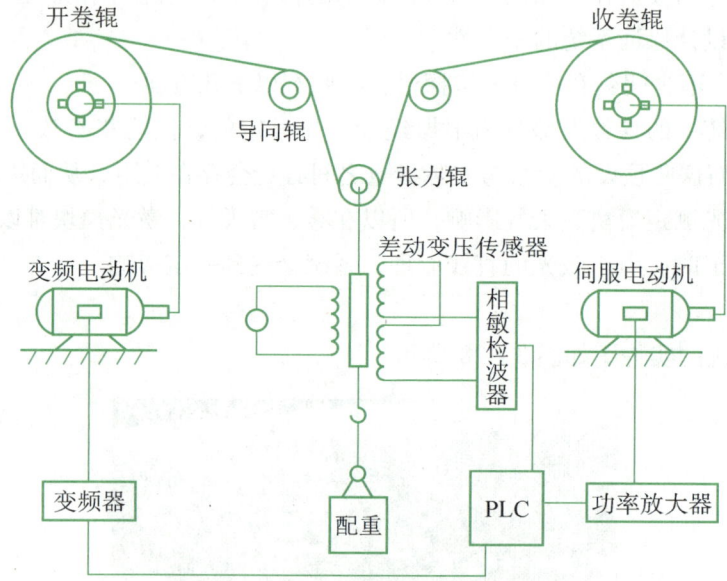

图 3-29　铝箔张力测量控制的原理图

【实验内容】

1. 对设备进行连接

根据图 3-29 和表 3-9,完成设备之间的连接。

表 3-9　元件库

元件编号	元件名称
元件 1	伺服电动机
元件 2	变频电动机
元件 3	导向辊
元件 4	配重
元件 5	差动变压传感器

续表

元件编号	元件名称
元件6	变频器
元件7	功率放大器
元件8	相敏检波器
元件9	PLC
元件10	张力辊

2. 基本操作步骤

完成设备之间的连接后，按照以下步骤进行操作：

（1）按界面上的"启动"按钮，开始进行仿真实验动画演示。

（2）按"停止"按钮停止。

【实验结果】

铝箔张力测量控制在铝箔生产中相当重要。开卷辊和收卷辊均设计为恒张力控制系统，张力的恒定与否、能否达到控制精度要求关系到系统能否正常工作。

动作过程：收卷辊上的箔卷由小卷逐步地缠绕成符合要求的大卷，同时张力辊不断地向上移动。为了保证卷取张力的恒定，采用差动变压传感器测量张力辊的位移变化，经过相敏检波器，将信号传送给PLC进行分析计算，再将需要调整的参数送给变频器和功率放大器，从而改变伺服电动机、变频电动机的转速，保证卷取张力恒定不变。

【结论分析】

根据实验结果分析并总结在实验中遇到的问题及其解决方法。

思考题

1. 张力传感器在铝箔机中的作用是什么？
2. 采用差动变压传感器作为张力传感器的特点有哪些？

本章小结

机电一体化系统是为了实现某个功能而运行的，在运行的过程中必须及时了解与运行有关的各种情况，充分而及时地掌握各种有关信息，这样系统才能正常运行。传感器的作用就是检测各种情况，并将收集到的信息汇集到计算机控制器。本章主要介绍了传感器的定义及其组成，传感检测系统的组成及传感器的分类、选用原则、使用方法等，并举例说明了传感器在汽车防撞系统中的应用。

本章习题

3-1 传感器一般由哪几部分组成？它们的作用分别是什么？
3-2 检测位移时可以采用哪些传感器？
3-3 模拟式传感器与数字式传感器的输出形式有什么不同？
3-4 选择传感器时需要考虑哪些因素？
3-5 基本转换电路有哪些转换形式？
3-6 在一般情况下，选用传感器测量电路时应考虑哪些要求？
3-7 在机电一体化系统中，不同类型元器件之间常用接口的类型有哪些？

第 4 章

伺服驱动技术

导 言

伺服驱动技术是机电一体化的关键技术之一，在国内外普遍受到关注。高性能的伺服系统可以提供灵活、方便、准确、快速的驱动。伺服驱动技术应用于伺服传动控制，在控制指令的指挥下，控制驱动执行机构，使机械系统的运动部件按照指令要求进行运动。伺服驱动技术能够实现执行机构对给定指令的准确跟踪，即实现输出变量的某种状态能够自动、连续、精确地浮现输入指令信号的变化规律。

学习目标

1. 掌握常用步进电动机、直流及交流伺服电动机的工作原理和运行特性；
2. 理解 MCS – 51 系列单片机的工作原理和编程方法；
3. 理解简单伺服传动控制的驱动技术；
4. 了解伺服驱动的前沿知识和新的应用领域。

学习建议

1. 导思

在学习本章节时，学生应以机电一体化系统中伺服系统的特殊要求为主线，对以下几个问题进行思考：

(1) 伺服系统中常用驱动如何用单片机来实现？常用的编程方法有哪些？

(2) 机电一体化系统中常见的伺服系统应满足哪些要求？常见的伺服驱动装置有哪些？

(3) 机电一体化系统中伺服系统的设计应满足哪些基本要求？常见的控制环节有哪些？

2. 导学

(1) 4.1 节主要讲述伺服驱动技术的国内外发展概况，并重点阐述脉宽调制控制技术的基本原理。

（2）4.2 节～4.4 节主要阐述步进电动机、直流伺服电动机和交流伺服电动机的工作原理与运行特性，对基于单片机的伺服驱动控制进行重点介绍，并给出相应的控制。

（3）4.5 节主要将理论与实践相结合，着重讲解自动送粉器的交流伺服传动控制设计。

3. 导做

（1）本章设有一个实践应用案例，通过案例应用，学生可进一步理解机电一体化系统中伺服系统控制部分的构成，并掌握如何通过单片机实现脉宽调制控制技术。学生在学习本案例时，需要有一定的编程能力。

（2）本章有反应式步进电动机环形分配器实验，借助仿真实验，学生能进行通电方式设置及参数选择的实验操作，实现对步进电动机的速度及方向控制。

4.1 伺服系统与脉宽调制技术

4.1.1 伺服驱动技术的国内外发展概况

> 提示：
> 学习本小节内容时可借助多媒体等资源，注意交流伺服驱动技术的发展及伺服系统的发展趋势。
>
> 要点：
> 1. 伺服系统的发展历史。
> 2. 现代伺服系统的发展趋势。

伺服驱动技术是机电一体化的一种关键技术，在国内外普遍受到关注，高性能的伺服系统可以提供灵活、方便、准确、快速的驱动。随着技术的进步和整个工业的不断发展，伺服驱动技术也取得了极大的进步，伺服系统已经进入了全数字化和交流化的时代。近几年，国内的工业自动化领域呈现飞速发展的态势，国外的先进技术得到了迅速的引入和普及化的推广，其中在驱动方面作为重要代表的伺服产品已被广大用户所接受，在机器革新中起到了至关重要的作用。精准的驱动效果和智能化的运动控制可以完美地实现机器的高效自动化，这两方面也成为伺服驱动技术发展的重要指标。

伺服驱动技术的发展与磁性材料技术、半导体技术、通信技术、组装技术、生产工艺技术等基础工业技术的发展密切相关。磁性材料的发展，特别是永磁性材料性能的提高是伺服电动机高性能化、小型化不可缺少的条件。半导体技术的发展使伺服驱动技术进入了全数字化时期，让伺服控制器的小型化指标取得了很大的进步。在全数字控制方式下，伺服控制器实现了伺服控制的软件化。现在很多新型的伺服控制器都采用了多种功能算法。通过这些功能算法的应用，伺服控制器的响应速度、稳定性、准确性和可操作性都达到了很高的水平。

1. 伺服驱动技术的发展历程

20 世纪 60~70 年代是直流伺服电动机诞生和全盛发展的时代，直流伺服系统在工业及相关领域获得了广泛的应用，伺服系统的位置控制也由开环控制发展为闭环控制。在数控机床应用领域中，永磁式直流电动机占据统治地位，其控制电路简单，无励磁损耗，低速性能好。

20 世纪 80 年代以来，高新技术的快速发展大大推动了交流伺服驱动技术的发展，使交流伺服系统的性能日益提高，与其相应的伺服驱动装置也经历了模拟式、数模混合式和全数字化的发展历程。20 世纪 90 年代，直流伺服系统迅速被交流伺服系统所取代。进入 21 世纪，交流伺服系统越来越成熟，市场呈现快速多元化发展，国内外众多品牌进入市场竞争。目前交流伺服驱动技术已成为工业自动化的支撑性技术之一。

我国从 20 世纪 70 年代开始跟踪开发交流伺服系统，20 世纪 80 年代之后开始进入工业领域。直到 2000 年，国产伺服系统仍停留在小批量、高价格、应用面狭窄的状态，技术水平和可靠性难以满足工业需要。2000 年之后，我国制造业的快速发展为伺服系统提供了越来越大的市场空间。目前国内伺服系统市场规模在 149 亿元左右，近年来增速保持在 14.5% 左右，国产品牌占据了 20% 左右的市场份额。

2. 伺服系统的发展趋势

现代社会科技高速发展，数字化交流方式使伺服系统的应用越来越广泛，用户对伺服驱动技术的要求也越来越高。总的来说，伺服系统的总体发展趋势可以概括为以下四个方面。

（1）数字化。采用新型高速微处理器和专用数字信号处理机的伺服控制单元将全面取代以模拟电子器件为主的伺服控制单元，从而实现全数字化的伺服系统。全数字化伺服系统的实现，将原有的硬件伺服控制变成了软件伺服控制，从而使在伺服系统中应用现代控制理论的先进方法成为可能。

（2）网络化。在国外，以工业局域网技术为基础的工厂自动化（Factory Automation，FA）工程技术在近年来得到了长足的发展，并显示出良好的发展势头。为适应这一发展趋势，最新的伺服系统都配置了标准的串行通信接口和专用的局域网接口。这些接口的设置，显著增强了伺服单元与其他控制设备的互联能力，从而与数字机床系统间的连接也变得十分简单，只需要一根电缆或光缆，就可以将数台，甚至数十台伺服控制单元与上位计算机连接成为整个数控系统。

（3）智能化。智能化是当前一切工业控制设备的流行趋势，伺服系统作为一种高级的工业控制装置当然也不例外。最新的伺服控制单元通常都设计为智能化产品。智能化的特点主要表现在参数记忆功能、故障自诊断与分析功能、参数自整定功能三个方面。

（4）集成化。新的伺服系统产品改变了将伺服系统划分为速度伺服单元与位置伺服单元两个模块的做法，代之以单一的、高度集成化、多功能的伺服控制单元。同一个伺服控制单元，只要通过软件设置系统参数，就可以改变其性能，既可以使用电动机本身配置的传感器构成半闭环调节系统，又可以通过接口与外部的位置或速度或力矩传感器构成高精度的全闭环调节系统。

> ☞ 主题讨论：
> 机电一体化系统对伺服驱动技术有什么要求？

4.1.2 脉宽调制技术

> ☞ 提示：
> 学习本小节内容时可借助多媒体资源，掌握 PWM 的控制原理和实现方法。
>
> ☞ 要点：
> 1. 脉宽调制技术的基本原理。
> 2. 脉宽调制功率放大器的基本原理。

脉宽调制（Pulse Width Modulation，PWM）技术就是对脉冲的宽度进行调制的技术，即通过对一系列脉冲的宽度进行调制来等效地获得所需波形。PWM 的一个优点是从处理器到被控系统信号都是数字形式的，无须进行数模转换。让信号保持数字形式可将噪声影响降到最小。PWM 技术以其控制简单、灵活和动态响应好的优点而成为电力电子技术最广泛应用的控制方式。

1. PWM 技术的基本原理

（1）理论基础。

冲量相等而形状不同的窄脉冲加在具有惯性的环节上时，其效果基本相同。冲量是指窄脉冲的面积。效果基本相同是指环节的输出响应波形基本相同，低频段非常接近，仅在高频段略有差异。

（2）面积等效原理。

分别将图 4-1 所示的窄脉冲加在一阶惯性环节（$R-L$ 电路，见图 4-2（a））上，其输出电流 $i(t)$ 对不同窄脉冲时的响应波形如图 4-2（b）所示。从波形可以看出，在 $i(t)$ 的上升段，$i(t)$ 的形状略有不同，但其下降段几乎完全相同。脉冲越窄，各 $i(t)$ 响应波形的差异也越小。如果周期性地施加上述脉冲，则响应 $i(t)$ 也是周期性的。用傅里叶级数分解后可以看出，各 $i(t)$ 在低频段的特性非常接近，仅在高频段有所不同。

用一系列等幅不等宽的脉冲来代替一个正弦半波。将正弦半波 N 等分，并将其看成 N 个相连的脉冲序列，宽度相等，但幅值不等，将其用矩形脉冲代替，等幅，不等宽，中点重合，面积（冲量）相等，宽度按正弦规律变化，如图 4-3 所示。

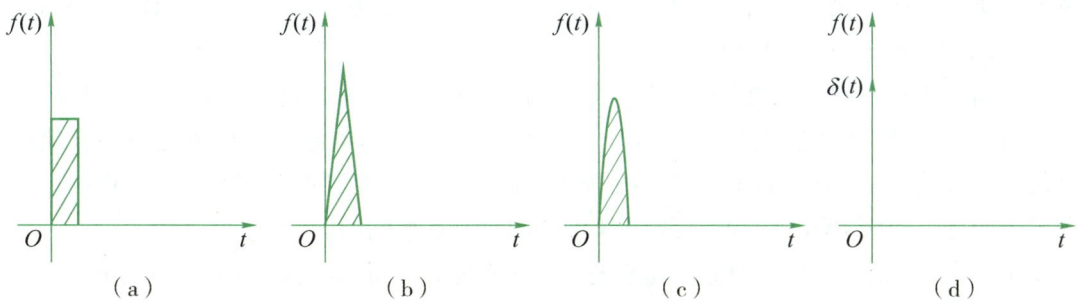

图 4-1 形状不同而冲量相同的各种窄脉冲

(a) 矩形脉冲；(b) 三角脉冲；(c) 正弦半波脉冲；(d) 单位脉冲函数

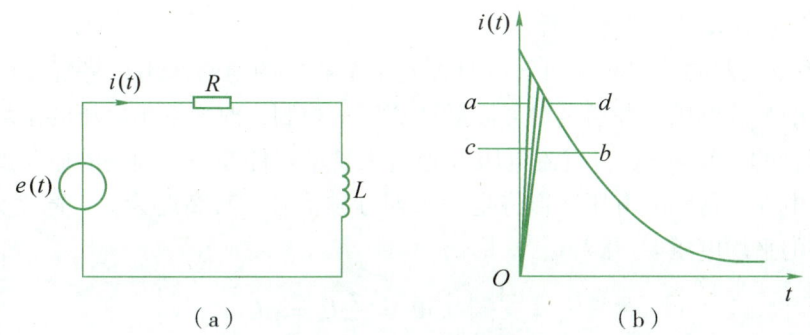

图 4-2 冲量相同的各种窄脉冲的响应波形

(a) $R-L$ 电路；(b) 不同窄脉冲时 $i(t)$ 的响应波形

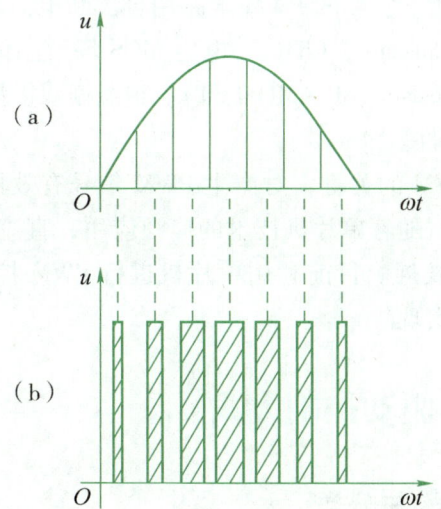

图 4-3 用 PWM 波代替正弦半波

(a) 正弦半波；(b) 等幅而不等宽的矩形脉冲

① SPWM 波形。SPWM（Sinusoidal Pulse Width Modulation，正弦脉宽调制）波形是指脉

冲宽度按正弦规律变化而和正弦波等效的 PWM 波形。若要改变等效输出正弦波的幅值，则按同一比例改变各脉冲宽度即可。

② 等幅 PWM 波和不等幅 PWM 波。由直流电源产生的 PWM 波，通常是等幅 PWM 波，如直流斩波电路及 PWM 逆变电路、PWM 整流电路产生的 PWM 波。当输入电源是交流电源时，得到不等幅 PWM 波，如斩控式交流调压电路、矩阵式变频电路产生的 PWM 波。基于面积等效原理，等幅 PWM 波和不等幅 PWM 波的本质是相同的。

③ PWM 电流波。对电流型逆变电路进行 PWM 控制，得到的就是 PWM 电流波。

④ 和 PWM 波形可等效的各种波形。直流斩波电路等效直流波形，SPWM 波等效正弦波形，还可以等效成其他所需波形，如等效所需非正弦交流波形等，其基本原理和 SPWM 相同，同样是基于等效面积原理。

2. PWM 功率放大器的基本原理

PWM 功率放大器的基本原理如下：通过大功率器件的通断作用，将直流电压转换成一定频率和宽度的方波电压，并通过对方波脉冲宽度的控制，改变输出电压的平均值。设在一个周期 T 内闭合的时间为 τ，将直流电压 U 通过大功率器件按一定频率的通断加到电动机的电枢绕组上，电枢上得到的电压波形将是一系列方波信号，其高度为 U，宽度为 τ。电动机电枢绕组两端的平均电压 U_o 为

$$U_o = \frac{1}{T}\int_0^T U \mathrm{d}t = \frac{\tau}{T}U = \rho U \qquad (4-1)$$

式中：ρ——导通率或占空比，$0 < \rho < 1$，$\rho = \tau/T = U_o/U$。

当 T 不变时，只要改变导通时间 τ，就可以改变电枢两端的平均电压 U_o。当 τ 从 $0 \sim T$ 改变时，U_o 由 0 连续增大到 U。实际的 PWM 电路用自关断电力电子器件来实现上述开关功能，如电力晶体管（Giant Transistor, GTR）、电力 MOS 场效晶体管（Power Metal – Oxide – Semiconductor Field Effect Transistor, P – MOSFET）、绝缘栅双极型晶体管（Insulated Gate Bipolar Transistor, IGBT）等器件。

占空比是直流电动机 PWM 的关键，对产生 PWM 信号有效控制开关管的导通与截止具有重要的意义。最近几年来，随着单片机技术的广泛应用，直流电动机 PWM 调速装置向集成化、小型化和智能化方向发展。目前利用单片机进行 PWM 控制，PWM 信号的产生可以通过软件方法或硬件方法来实现。

4.2 步进电动机及其驱动控制方式

4.2.1 步进电动机的结构与分类

> ☞ 提示：
> 学习本小节内容时可借助多媒体等资源，熟练掌握步进电动机的结构及分类。

> 要点：
> 1. 步进电动机的结构。
> 2. 步进电动机的分类。

1. 步进电动机的结构

步进电动机是一种将电脉冲信号转换成相应的角位移或线位移的机电执行元件。每当一个电脉冲信号施加于步进电动机的控制绕组时，其转子就转过一个固定的角度（步距角），如按顺序连续地发出脉冲，电动机转子将会一步接一步地运转。步进电动机所旋转过的角位移量通过控制输入脉冲的个数来决定，从而达到准确定位的目的，而输入脉冲的频率决定了步进电动机的运行速度。

步进电动机的结构形式虽然繁多，但工作原理基本相同。下面仅以三相反应式步进电动机为例来进行说明。

如图4-4所示，与普通电动机相似，步进电动机也分为定子和转子两大部分，定子由定子铁芯、控制绕组、绝缘材料等组成。输入外部脉冲信号对各相控制绕组轮流励磁。转子由转子铁芯、转轴等组成。转子铁芯是由硅钢片或软磁材料叠压而成的齿形铁芯。

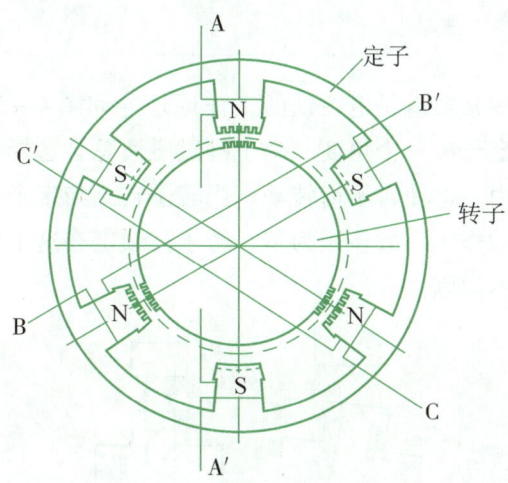

图4-4 步进电动机结构图

2. 步进电动机的分类

步进电动机的种类很多，按工作原理分，有反应式步进电动机、永磁式步进电动机、混合式步进电动机三种；按输出转矩大小分，有快速步进电动机、功率步进电动机；按励磁相数分，有二相步进电动机、三相步进电动机、四相步进电动机、五相步进电动机、六相步进电动机、八相步进电动机等。下面详细介绍反应式步进电动机、永磁式步进电动机、混合式步进电动机。

（1）反应式步进电动机。反应式步进电动机的励磁相数一般为三相，可实现大转矩输出，步距角一般为1.5°，但噪声和振动都很大。反应式步进电动机的转子磁路由软磁材料制成，定子上有多相励磁绕组，可以利用磁导的变化产生转矩。反应式步进电动机结构简单，生产成本低，步距角小，但动态性能差。

（2）永磁式步进电动机。永磁式步进电动机的励磁相数一般为二相，转矩和体积较小。永磁式步进电动机输出力矩大，动态性能好，但步距角大，一般为7.5°或15°。

（3）混合式步进电动机。混合式步进电动机综合了反应式步进电动机和永磁式步进电动机的优点，它的步距角小，转距大，动态性能好，是目前性能最好的步进电动机。它又分为二相混合式步进电动机和五相混合式步进电动机：两相混合式步进电动机步距角一般为1.8°，五相混合式步进电动机步距角一般为0.72°。混合式步进电动机的应用最为广泛。

4.2.2　步进电动机的工作原理与工作方式

☞ 提示：

　　学习本小节内容时可借助多媒体等资源，掌握步进电动机的工作原理。

☞ 要点：

　　1. 步进电动机的工作原理。
　　2. 步进电动机的工作方式。

步进电动机的工作原理其实就是电磁铁的工作原理。如图4-5所示，当给某单相绕组通电时，初始转子齿偏离定子齿一个角度。由于励磁磁通总会选择磁阻最小的路径通过，因此，其对转子产生电磁吸力，迫使转子齿转动。当转子转到与定子齿对齐位置时，又因转子只受径向力而不受切向力的作用，故转矩为零，转子被锁定在这个位置上。由此可见，错齿是使步进电动机旋转的根本原因。

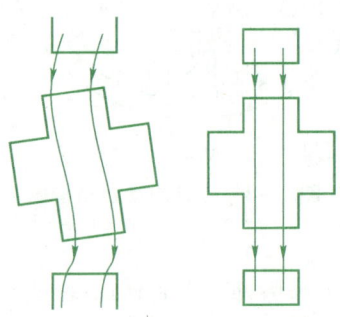

图4-5　步进电动机的工作原理

对于三相反应式步进电动机，有单三拍、单双拍及双三拍等通电方式。其中"单""双""拍"的意思如下："单"是指每次切换前后只有一相绕组通电，"双"是指每次切换前后有二相绕组通电；"拍"是指从一种通电状态转换到另一种通电状态。下面介绍三种步进电动机的工作方式。

1. 单三拍工作方式

单三拍工作方式是指对每相绕组单独轮流通电，三次换相（三拍）完成一次通电循环。如图 4-6 所示，以四齿转子模型为例，当按 U—V—W—U 相序通电时，电动机顺时针转动（或按 U—W—V—U 相序通电时，电动机逆时针转动）。

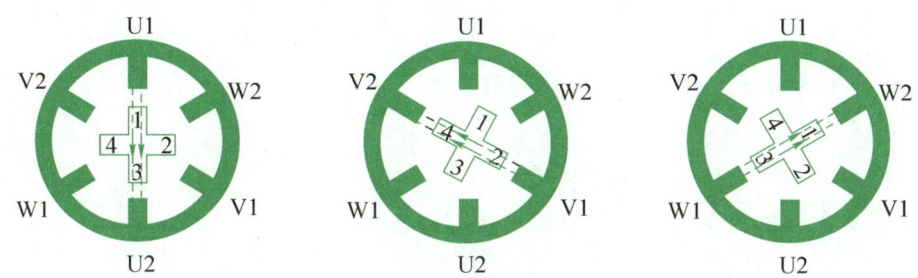

图 4-6　步进电动机的单三拍工作方式

2. 三相双拍工作方式

如图 4-7 所示，三相双拍工作方式按 UV—VW—WU—UV 相序循环通电时，电动机顺时针转动（或按 UW—WV—VU—UW 相序通电时，电动机逆时针转动）。

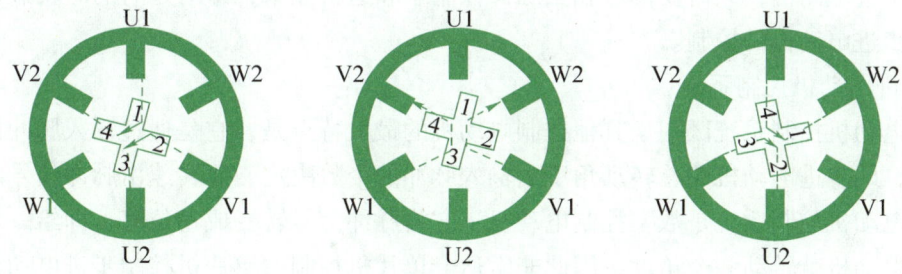

图 4-7　步进电动机的三相双拍工作方式

3. 三相单双六拍工作方式

三相单双六拍工作方式按 U—UV—V—VW—W—WU—U 相序循环通电，或按照 U—UW—W—WV—V—VU—U 相序循环通电。同样，当通电顺序改变时，旋转方向改变，而当电流换接次数多一倍时，步子会走得更细。

设转子齿数为 Z_r，转子转过一个齿距需要的拍数为 N，则步距角为

$$\theta = \frac{360°}{NZ_r} \tag{4-2}$$

每输入一个脉冲，转子转过 $\frac{1}{NZ_r}$ 转，若脉冲频率为 f，则步进电动机的转速为

$$n = \frac{60f}{NZ_r} \tag{4-3}$$

可见，步进电动机的转速取决于脉冲频率、转子齿数和拍数，与电压和负载等因素无关。在转子齿数一定时，转速与脉冲频率成正比，与拍数成反比。

三相反应式步进电动机模型的步距角太大,难以满足生产中小位移量的要求。为了减小步距角,实际中将转子和定子磁极都加工成多齿结构。

4.2.3 步进电动机的驱动与控制

> ☞ 提示:
> 学习本小节内容时可借助多媒体等资源,理解单片机控制步进电动机的驱动与控制。
>
> ☞ 要点:
> 1. 了解步进电动机控制系统的构建。
> 2. 理解单片机控制步进电动机的驱动与控制方法。

目前,对于步进电动机的驱动与控制,常采用单片机。这种微型控制器目前已经广泛应用于众多自动控制领域,因其无论在处理能力方面还是在稳定性方面,都具有极其卓越的性能。步进电动机控制系统在单片机的控制下,采用开环控制仍能达到较高的精度。步进电动机控制系统常采用软件编程方式对步进电动机进行控制,替代了原有的步进控制器。针对不同型号的步进电动机,只需要修改相拍脉冲控制字和运行频率,即对延时的时长进行修改就可实现对步进电动机的控制。

1. 步进电动机控制系统

步进电动机控制系统区别于其他控制电动机的最大特点是,它是通过输入脉冲信号来进行控制的,即步进电动机的总转动角度由输入脉冲的个数决定,而转速由脉冲信号的频率决定。步进电动机控制系统是数字控制电动机,它将脉冲信号转变成角位移,即给一个脉冲信号,步进电动机就转动一个角度,因此非常适合单片机控制。单片机控制步进电动机系统框图如图4-8所示。

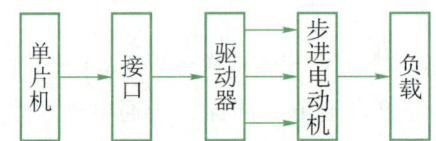

图4-8 单片机控制步进电动机系统框图

2. 单片机控制步进电动机的驱动与控制方法

(1) 脉冲序列的生成。

脉冲周期的实现:脉冲周期=通电时间+断电时间。通电时,单片机输出高电平使开关闭合;断电时,单片机输出低电平使开关断开。对于通电和断电时间的控制,可以用定时器,也可以用延时软件。脉冲周期决定了步进电动机的转速,占空比决定了功率,脉冲高度取决于元器件。脉冲序列图解如图4-9所示。

(2) 方向控制。

旋转方向与内部绕组的通电顺序有关,步进电动机方向信号指定各相导通的先后次序,

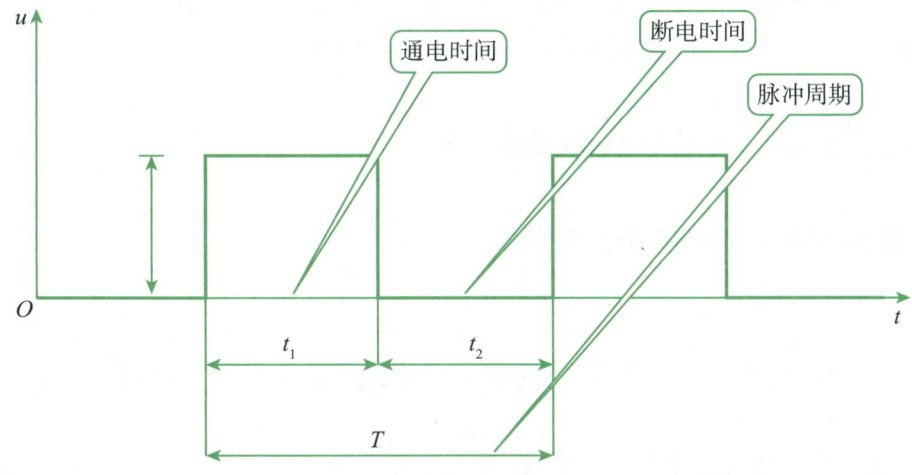

图 4-9 脉冲序列图解

用以改变步进电动机的旋转方向,控制步进电动机转向。如果给定工作方式为正序换相通电,则步进电动机正转;如果按反序换相通电,则步进电动机反转。本小节以 AT89C52 单片机为例,介绍四相(四相双四拍)步进电动机的方向控制,单片机 P1 口输出控制脉冲对步进电动机进行正反转、转速等状态的控制。由于采用 74LS06 反向缓冲器驱动步进电动机,所以,当 P1X=0 时,对应绕组通电;当 P1X=1 时,对应绕组断开。在四相步进电动机的双四拍工作方式中,其各相通电顺序为 AB—BC—CD—DA,通电控制脉冲必须严格按照这一顺序分别控制 A、B、C、D 相的通断。表 4-1 所示为步进电动机四相双四拍相序控制表,其中 P10、P11、P12、P13 的输出控制电平分别控制 A、B、C、D 相。

表 4-1 步进电动机四相双四拍相序控制表

步 序	控 制 位				通电状态	控制数据
	P13/D 相	P12/C 相	P11/B 相	P10/A 相		
1	1	1	0	0	AB	0CH
2	1	0	0	1	BC	09H
3	0	0	1	1	CD	03H
4	0	1	1	0	DA	06H

(3)转速控制。

脉冲周期决定了步进电动机的转速,如果给步进电动机发一个控制脉冲,它就转一步,再发一个脉冲,它会再转一步。两个控制脉冲的间隔时间越短,步进电动机转得越快。调整单片机发出的脉冲频率,可以对电动机进行调速。步进电动机速度控制的方法就是控制脉冲之间的时间间隔。例如,当步进电动机的转子齿数 Z_r 为 50 齿,拍数 N 为 4 拍时,只要速度给定,便可计算出控制脉冲之间的时间间隔。若要求步进电动机 2 s 转 10 圈,则每一步需要的时间 T 为

T = 每圈时间/每圈的步数 = (2 000 /10)/($N \times Z_r$) = 200/200 = 1（ms）

故只要在输出一个控制脉冲后延时 1 ms，即可满足速度的要求。

4.3 直流伺服电动机及其驱动控制

4.3.1 直流伺服电动机的结构与分类

> ☞ 提示：
> 　　学习本小节内容时可借助多媒体等资源，掌握直流伺服电动机的结构与分类。
> ☞ 要点：
> 　　1. 直流伺服电动机的结构。
> 　　2. 直流伺服电动机的分类。

1. 直流伺服电动机的结构

伺服电动机也称为执行电动机，或称为控制电动机。在控制系统中，伺服电动机是一个执行元件，在信号来到之前，转子静止不动；在信号来到之后，转子立即转动。直流伺服电动机具有良好的启动、制动和调速特性，可以很方便地在较宽范围内实现平滑无级调速，故多用在对伺服电动机的调速性能要求较高的生产设备中。直流伺服电动机的结构（如图 4 - 10 所示）主要包括三大部分：

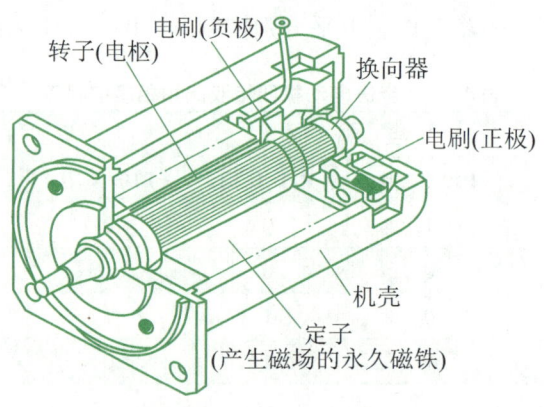

图 4 - 10　直流伺服电动机的结构

（1）定子。定子磁极磁场由定子的磁极产生。根据产生磁场的方式不同，直流伺服电动机可分为永磁式和他励式。永磁式磁极由永磁材料制成，他励式磁极由冲压硅钢片叠压而成。定子的外绕线圈通以直流电便产生恒定磁场。

（2）转子。转子又称为电枢，由硅钢片叠压而成，其表面嵌有线圈。当通以直流电时，转子在定子磁场作用下产生带动负载旋转的电磁转矩。

（3）电刷与换向器。为使所产生的电磁转矩保持恒定方向，转子能沿固定方向均匀地连续旋转，电刷与外加直流电源相接，换向器与电枢导体相接。

2. 直流伺服电动机的分类

直流伺服电动机是一类常用的电动机，在各类机械设备的生产加工中都有广泛的应用。常见的直流伺服电动机主要有以下几种：

（1）并励直流电动机。并励直流电动机的励磁绕组和电枢绕组是并联的，它是通过电动机本身发出的电压为励磁绕组供电的。

（2）串励直流电动机。和并励直流电动机相反，串励直流电动机的励磁绕组和电枢绕组串联，随后再接直流电源，它的励磁电流就是直流电动机的电枢电流。

（3）复励直流电动机。复励直流电动机有并励和串励两个励磁绕组。若串励绕组产生的磁通势与并励绕组产生的磁通势方向相同，则称为积复励；若串励绕组产生的磁通势与并励绕组产生的磁通势方向相反，则称为差复励。

（4）他励直流电动机。他励直流电动机是一种常用的直流伺服电动机，它的励磁绕组和电枢绕组没有直接的连接关系，由其他的直流电源对励磁绕组供电。

4.3.2 直流伺服电动机的工作原理与运行特性

> 提示：
> 　学习本小节内容时可借助多媒体等资源，掌握直流伺服电动机的工作原理。
>
> 要点：
> 　1. 直流伺服电动机的电压平衡方程。
> 　2. 直流伺服电动机的机械特性和调节特性。

1. 直流伺服电动机的工作原理

直流伺服电动机的工作原理与一般直流电动机的工作原理完全相同。他励直流电动机转子上的载流导体（电枢绕组）在定子磁场中受到电磁转矩 M 的作用，使他励直流电动机转子旋转。由直流伺服电动机的基本原理分析得到

$$n = \frac{(U_a - I_a R_a)}{K_e} \tag{4-4}$$

式中：n——电枢的转速，r/min；

　　　U_a——电枢电压；

　　　I_a——电枢电流；

　　　R_a——电枢电阻；

　　　K_e——电势常数，$K_e = C_e \phi$（C_e 为电动机的电动势系数，ϕ 为磁通量）。

由式（4-4）可知，调节直流伺服电动机的转速有三种方法：

（1）调压方法，即改变电枢电压 U。此方法的调速范围较大，因此直流伺服电动机常用此方法调速。

（2）调磁方法，即改变磁通量 ϕ（改变 K_e 的值）。改变励磁回路的电阻 R_f，以改变励磁电流 I_f，可以达到改变磁通量的目的。调磁方法因其调速范围较小，常常作为调速的辅助方法，而主要的调速方法是调压。若将调压与调磁两种方法互相配合，则既可以获得很宽的调速范围，又可充分利用直流电动机的容量。

（3）在电枢回路中串联调节电阻 R_t。由式（4-4）可知，采用在电枢回路中串联电阻的办法，转速只能调低，而且电阻上的铜耗较大，因此这种方法并不经济，使用场合较少。

按照自动控制系统中的功用要求，直流伺服电动机需具备可控性好、稳定性高和速应性强等基本性能。可控性好是指控制信号消失以后，能立即自行停转；稳定性高是指转速随转矩的增加而均匀下降；速应性强是指反应快、灵敏。直流伺服电动机在自动控制系统中常被用作执行元件，对它的要求是要有下垂的机械特性、线性的调节特性和对控制信号能做出快速反应。直流伺服电动机的转速 n 的计算公式为

$$n = \frac{E_a}{K_e} = \frac{U_a - I_a R_a}{C_e \phi} \tag{4-5}$$

式中：n——转速；

ϕ——磁通量；

E_a——电枢的反电势；

U_a——电枢电压；

I_a——电枢电流；

R_a——电枢电阻；

K_e——电势常数；

C_e——电动机的电动势系数。

与普通直流电动机和交流伺服电动机相比，直流伺服电动机的工作原理和普通直流电动机相同，只要在其励磁绕组中有电流通过且产生磁通，当电枢绕组中通过电流时，这个电枢电流就可以与磁通互相作用而产生转矩，使直流伺服电动机投入工作。当这两个绕组中的一个断电时，直流伺服电动机立即停转，它不像交流伺服电动机那样有"自转"现象。直流伺服电动机电枢控制工作原理图如图 4-11 所示。

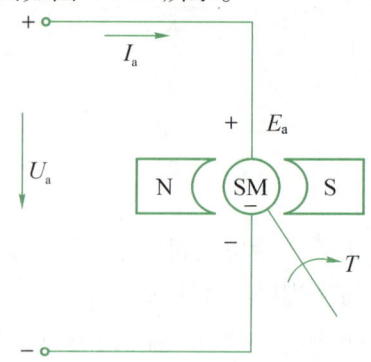

图 4-11 直流伺服电动机电枢控制工作原理图

为了便于分析，先做如下假设：直流伺服电动机的磁路为不饱和，其电刷位于集合中性线，这样，直流伺服电动机电枢回路的电压平衡方程应为

$$U_a = E_a + I_a R_a \tag{4-6}$$

式中：R_a——电枢回路的总电阻。

又因为当磁通量恒定时，有

$$E_a = C_e \phi n = K_e n \tag{4-7}$$

直流伺服电动机的电磁转矩为

$$T = C_T \phi I_a = K_T I_a \tag{4-8}$$

故联立式（4-6）~式（4-8），可得

$$n = \frac{U_a}{K_e} - \frac{R_a}{K_T K_e} T \tag{4-9}$$

2. 直流伺服电动机的运行特性

根据式（4-9）可以得到直流伺服电动机的机械特性和调节特性。

（1）机械特性。

在输入的电枢电压 U_a 保持不变时，直流伺服电动机的转速 n 随电磁转矩 T 的变化而变化的规律，称为直流伺服电动机的机械特性。直流伺服电动机的机械特性曲线如图 4-12 所示。

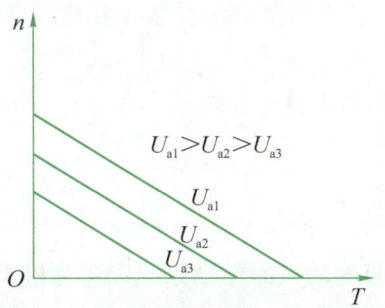

图 4-12 直流伺服电动机的机械特性曲线

机械特性曲线的斜率 K 值大，表示电磁转矩的变化引起电动机转速的变化大，这种情况表示直流伺服电动机的机械特性软；反之，斜率 K 值小，表示直流伺服电动机的机械特性硬。在直流伺服系统中，总是希望电动机的机械特性硬一些，这样，当带动的负载变化时，引起的电动机转速变化小，有利于提高直流伺服电动机的速度稳定性和工件的加工精度。

（2）调节特性。

直流伺服电动机在一定电磁转矩 T（或负载转矩）下的稳态转速 n 随电枢的控制电压 U_a 变化而变化的规律，称为直流伺服电动机的调节特性。直流伺服电动机的调节特性曲线如图 4-13 所示。

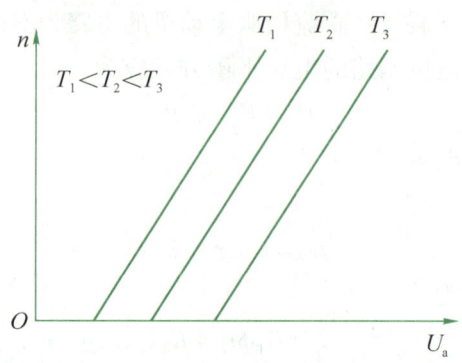

图 4-13 直流伺服电动机的调节特性曲线

调节特性曲线的斜率 K 反映了电动机的转速 n 随控制电压 U_a 的变化而变化快慢的关系，K 值大小与负载大小无关，仅取决于电动机本身的结构和技术参数。从原来的稳定状态到新的稳定状态，存在一个过渡过程，这就是直流伺服电动机的动态特性。决定时间常数的主要因素有惯性 J、电枢回路电阻 R_a 和机械特性的硬度。

4.3.3 直流伺服电动机的驱动与控制

☞ 提示：
学习本小节内容时可借助多媒体等资源，掌握直流伺服电动机的驱动与控制的方法。

☞ 要点：
1. 直流伺服电动机伺服驱动系统的构建。
2. 单片机的 PID 调速控制。
3. 单片机控制流程的制定。

如图 4-14 所示，直流伺服电动机的驱动系统以单片机为控制器，以测速发电机为速度反馈元件，以光电编码器为角位置反馈元件。输出 PWM 信号驱动 H 桥作为 PWM 功率放大器，执行电动机为直流伺服电动机。直流伺服电动机驱动系统的控制方块图如图 4-15 所示。

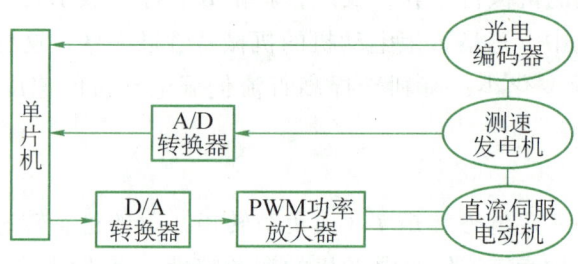

图 4-14 直流伺服电动机驱动系统的硬件原理框图

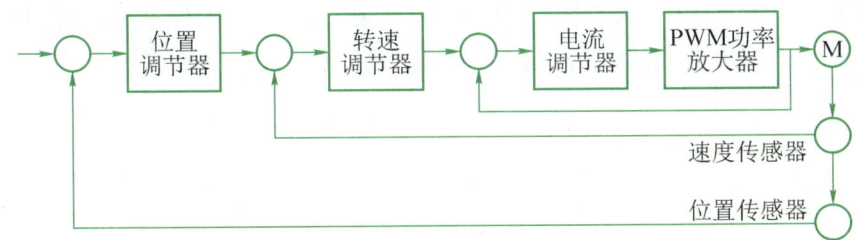

图 4-15　直流伺服电动机驱动系统控制方块图

速度反馈元件采用测速发电机，测速发电机有输出电压与其转速为线性关系的特点，它把转速转换成电压后，再由 A/D 转换器转换成数字信号，送入单片机。角度反馈元件采用光电编码器，它把角度转换成数字直接输出，送给单片机。测速发电机、光电编码器是由直流伺服电动机带动的。单片机处理给定量与上面检测元件测量值的偏差后，输出控制信号，经 D/A 转换器把数字信号转变为模拟电压，再经放大器放大后，控制 PWM 功率放大器工作，进而控制直流伺服电动机，使其向预定的方向转动。

下面对直流伺服电动机的伺服驱动系统进行具体分析。

1. H 桥驱动电路

图 4-16 所示为一个典型的直流伺服电动机控制电路。将电路命名为"H 桥驱动电路"是因为它的形状酷似字母"H"。四个金属-氧化物-半导体（Metal-Oxide-Semiconductor，MOS）场效应管组成 H 的四条垂直腿，而直流伺服电动机就是 H 中的横杠。H 桥驱动电路包括四个 MOS 场效应管和一个直流伺服电动机。根据不同的 MOS 场效应管对应的导通情况，电流可能会从左至右或从右至左流过直流伺服电动机，从而控制直流伺服电动机的转向。

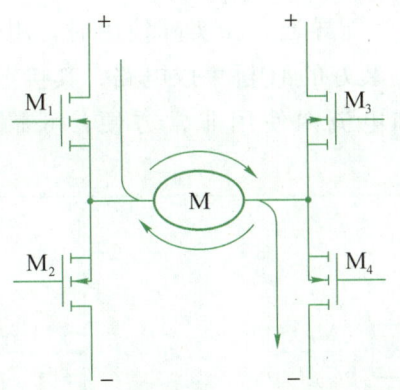

图 4-16　H 桥驱动电路（M_1 和 M_4 导通）

如果要让直流伺服电动机运转，那么必须使对角线上的一对 MOS 场效应管导通。如图 4-16 所示，当 M_1 和 M_4 导通时，电流从电源正极经 M_1 管从左至右穿过直流伺服电动机，然后经 M_4 回到电源负极。按图 4-16 中的电流箭头所示，该流向的电流将驱动直流伺服电动机顺时针转动。

图 4-17 所示为当 MOS 场效应管 M_2 和 M_3 导通时，电流从右至左流过直流伺服电动机，从而驱动直流伺服电动机按另一方向转动（直流伺服电动机周围的箭头表示为逆时针方向）。

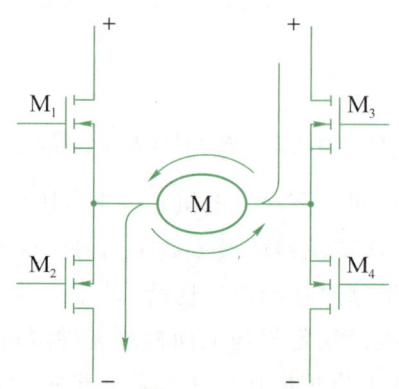

图 4-17 H 桥驱动电路（M_2 和 M_3 导通）

驱动直流伺服电动机时，保证 H 桥上两个同侧的 MOS 场效应管不会同时导通非常重要。如果 MOS 场效应管 M_1 和 M_2 同时导通，那么电流就会从正极穿过两个 MOS 场效应管直接回到负极。此时，电路中除了 MOS 场效应管外，没有其他任何负载，因此电路上的电流可能达到最大值（该电流仅受电源性能限制），可能会烧坏 MOS 场效应管。基于上述原因，在实际的驱动电路中，通常要用硬件电路控制 MOS 场效应管的开关。

图 4-18 所示是基于这种考虑的改进电路，它在基本 H 桥电路的基础上增加了四个与门和两个非门。四个与门与一个"使能"导通信号相接，这样，用这一个信号就能控制整个电路的开关。而两个非门通过提供一种方向输入，可以保证任何时候在 H 桥的同侧腿上都只有一个 MOS 场效应管能导通。在实际使用时，用分立元件制作 H 桥是很麻烦的，不过现在市面上有很多封装好的 H 桥集成电路，其接上电源、电动机和控制信号就可以使用了，在额定电压和电流内使用非常方便、可靠，如常用的 L293D、L298N、TA7257P、SN754410 等。

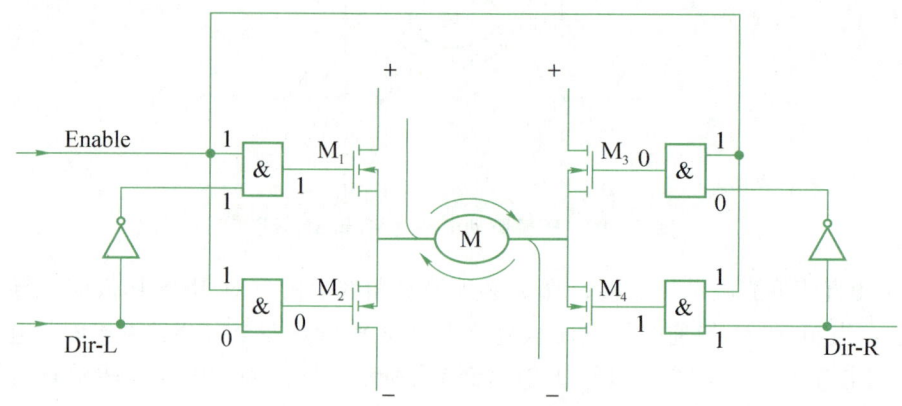

图 4-18 H 桥的逻辑控制电路

2. PWM 控制

由于 PWM 的特殊性能，PWM 控制常被用于直流回路中灯具调光或直流电动机调速。这里将要介绍的就是利用 PWM 原理制作的直流电动机控制器，其有关电路已经在汽车仪表照明、车灯照明调光和计算机电源散热风扇方面得到了应用。该装置可用于 12 V 或 24 V 直流电路中，两者间只需稍作变动。它主要是通过改变输出方波的占空比，使负载上的平均接通时间在 0 ~ 100% 内变化，以达到调整负载亮度或速度的目的。PWM 控制信号一般可由单片机产生，如图 4 – 19 所示。

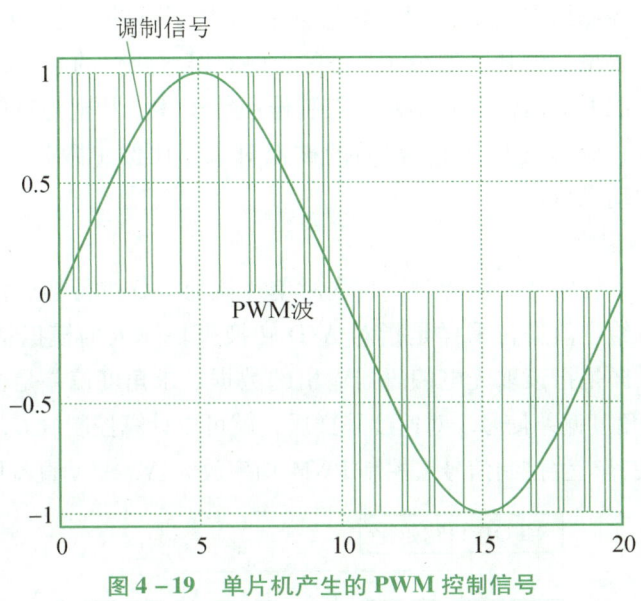

图 4 – 19 单片机产生的 PWM 控制信号

3. 单片机的 PID 调速控制

在工程实际中，应用最为广泛的调节器控制规律为比例积分微分控制（Proportional Integral Differential Control，PID Control）。它结构简单、稳定性好、工作可靠、调整方便，是工业控制的主要技术之一。当不能完全掌握被控对象的结构和参数，或得不到精确的数学模型而使得控制理论的其他技术难以采用时，系统控制器的结构和参数必须依靠经验与现场调试来确定，这时应用 PID 控制技术最为方便。也就是说，当不完全了解一个系统和被控对象，或不能通过有效的测量手段来获得系统参数时，最适合采用 PID 控制技术。除 PID 控制外，实际还有 PI 控制和 PD 控制。PID 控制器是根据系统的误差，利用比例、积分、微分计算出控制量进行控制的。

比例控制是一种最简单的控制方式。其控制器的输出与输入误差信号成比例关系。当仅有比例控制时，系统输出存在稳态误差。

在积分控制中，控制器的输出与输入误差信号的积分成正比关系。对于一个自动控制系统，如果在进入稳态后存在稳态误差，则称这个控制系统是有稳态误差的，简称有差系统。为了消除稳态误差，在控制器中必须引入"积分项"。积分项的误差取决于时间的积分，随着时间的增加,积分项会增大。这样,即便误差很小,积分项也会随着时间的增加而加大,进而导致控制器的输出增大,从而使稳态误差进一步减小,直到等于零。因此,比例积分(PI)控制器可以使系统在进入稳态后无稳态误差。

在微分控制中,控制器的输出与输入误差信号的微分(误差的变化率)成正比关系。自动控制系统在克服误差的调节过程中可能会出现振荡甚至失稳。其原因是存在较大惯性组件(环节)或有滞后组件,这些组件具有抑制误差的作用,其变化总是落后于误差的变化。解决的方法是使抑制误差变化的作用"超前",即在误差接近零时,抑制误差的作用就应该是零。这就是说,在控制器中仅引入"比例"项往往是不够的,比例项的作用仅是放大误差的幅值,而目前需要增加的是"微分项",它能预测误差变化的趋势,这样,具有比例微分作用的控制器,就能够提前使抑制误差的控制作用等于零,甚至为负值,从而避免了被控量的严重超调。所以,对有较大惯性或滞后的被控对象,比例+微分(PD)控制器能改善系统在调节过程中的动态特性。

4. 控制流程的制定

如图4-20所示,程序开始执行时,首先对单片机的I/O进行初始化。单片机的I/O接口设定为输入口,对给定值进行采样是指对A/D转换模块输入的模拟量的转换结果进行读取。对角度信号值采样是指读取光电编码器输出的数据。求角度偏差是根据给定值和角度采样信号进行计算得到角度偏差信号。对速度采样后,就可以计算控制量C,进而把控制量C送给A/D转换模块,使其产生控制信号去控制PWM功率放大器,驱动直流伺服电动机转动。

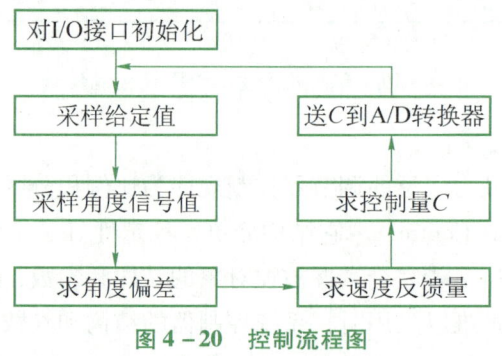

图4-20 控制流程图

4.4 交流伺服电动机及其驱动控制

4.4.1 交流伺服电动机的结构与分类

> ☞ 提示:
> 学习本小节内容时可借助多媒体等资源,掌握交流伺服电动机的结构与分类。

> 要点：
> 1. 交流伺服电动机的结构。
> 2. 交流伺服电动机的分类。

1. 交流伺服电动机的结构

交流伺服电动机的结构与交流感应电动机相似，如图 4 – 21 所示。在定子上有两个空间相位相差 90°的励磁绕组和控制绕组。利用施加到励磁绕组上的交流电压或相位变化，达到控制交流伺服电动机运行的目的。交流伺服电动机的转子通常做成鼠笼式，有的也采用铝合金做成空心杯形。

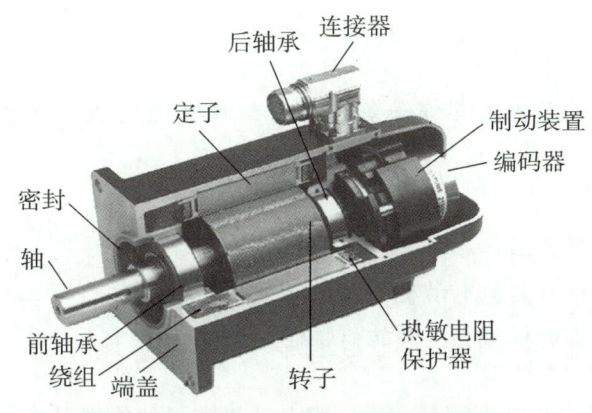

图 4 – 21 交流伺服电动机的结构

2. 交流伺服电动机的分类

（1）异步型交流伺服电动机。

异步型交流伺服电动机是指交流感应电动机。它有三相和单相之分，也有鼠笼式和线绕式之分，通常多用鼠笼式三相感应电动机。鼠笼式三相感应电动机的优点是结构简单，与同容量的直流电动机相比，其质量小 1/2，价格仅为直流电动机的 1/3；缺点是不能经济地实现范围很广的平滑调速，必须从电网吸收滞后的励磁电流，因而令电网功率因数变差。

（2）同步型交流伺服电动机。

同步型交流伺服电动机虽较异步型交流伺服电动机复杂，但比直流伺服电动机简单。它的定子与交流感应电动机一样，都装有对称的三相绕组，而转子不同。按转子的结构不同，同步型交流伺服电动机可分为电磁式和非电磁式两大类。非电磁式又可分为磁滞式、永磁式和反应式等。其中，磁滞式和反应式同步型交流伺服电动机存在效率低、功率因数较差、制造容量不大等缺点。数控机床中多用永磁式同步型交流伺服电动机。与电磁式同步型交流伺服电动机相比，永磁式同步型交流伺服电动机的优点是结构简单，运行可靠，效率较高；缺点是体积大，启动特性欠佳。但随着新型永磁材料钕、铁、硼的大量使用，转子永磁体的剩余磁密、矫顽力、最大磁能积等性能有了很大的提高，在提高电动机性能的同时减小了其体积。永磁式同步型交流伺服电动机与异步型交流伺服电动机相比，由于采用了永久磁铁励磁，消除了励磁损耗及有关的杂散损耗，所以效率高。又因为没有电磁式同步型交流伺服电动机所需的集电环和电刷等，其机械可靠性与异步型交流伺服电动机相同，而功率因数大大高于异步型交流伺服电动机，从而使永磁式同步型交流伺服电动机的体积比异步型交流伺服电动机小些。这是因为在低速时，异步型交流伺服电动机由于功率因数低，输出同样的有功功率时，它的视在功率却要大得多，而电动机的主要尺寸是据视在功率而定的。

4.4.2 交流伺服电动机的工作原理与运行特性

> ☞ 提示：
> 　　学习本小节内容时可借助多媒体等资源，掌握交流伺服电动机的工作原理与运行特性。
>
> ☞ 要点：
> 　　1. 交流伺服电动机的工作原理。
> 　　2. 交流伺服电动机与其他电动机的性能比较。
> 　　3. 交流伺服电动机的机械特性和转矩特性。

以异步型交流伺服电动机为例，交流伺服电动机定子的构造基本上与电容分相式单相异步电动机相似。交流伺服电动机的原理图如图 4-22 所示。图中 f 和 C 表示装在定子上的两个绕组，它们在空间相差 90°电角度。绕组 f 称为励磁绕组，绕组 C 称为控制绕组。当转子在系统中运行时，励磁绕组 f 固定地接到电源上。

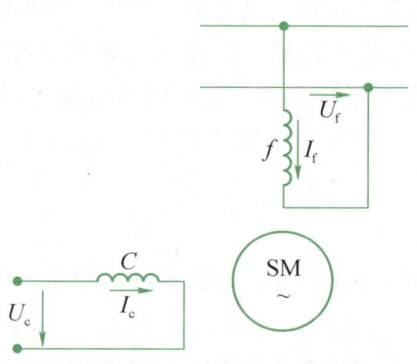

图 4-22　交流伺服电动机的原理图

异步型交流伺服电动机的转子通常做成鼠笼式，为了使交流伺服电动机具有较宽的调速范围、线性的机械特性，无自转现象和快速响应的性能，它与普通电动机相比，应具有转子电阻大和转动惯量小两个特点。目前应用较多的转子结构有两种形式：一种是采用高电阻率导电材料做成的高电阻率导条的鼠笼式转子,为了减小转子的转动惯量,将转子做得细长;另一种是采用铝合金制成的空心杯形转子,杯壁很薄,壁厚仅为 0.2~0.3 mm,为了减小磁路的磁阻,要在空心杯形转子内放置固定的内定子,如图 4-23 所示。空心杯形转子的转动惯量很小,反应迅速,而且运转平稳,因此被广泛采用。

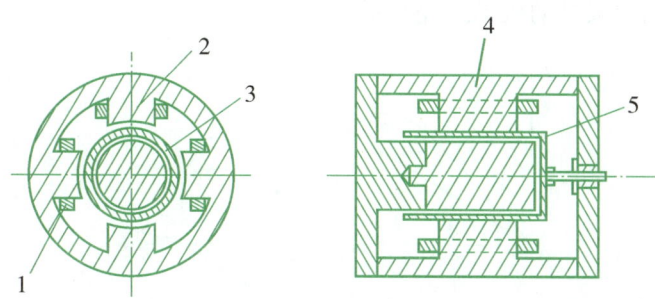

1—励磁绕组;2—控制绕组;3—内定子;4—外定子;5—转子。

图 4-23 空心杯形转子伺服电动机的结构图

交流伺服电动机在没有控制电压时,定子内只有励磁绕组产生的脉动磁场,转子静止不动。当有控制电压时,定子内便产生一个旋转磁场,转子沿旋转磁场的方向旋转。在负载恒定的情况下,交流伺服电动机的转速随控制电压的大小而变化。当控制电压的相位相反时,交流伺服电动机将反转。

交流伺服电动机的转子电阻较大,因此其具有以下三个显著特点。

(1)启动转矩大。由于转子电阻大,交流伺服电动机的转矩特性曲线如图 4-24 中曲线 l_1 所示,与分相式单相异步电动机的转矩特性曲线 l_2 相比,有明显的区别。它可使临界转差率 $S>1$,这样不仅使转矩特性(机械特性)更接近线性,而且具有较大的启动转矩。因此,其定子一旦有控制电压,转子就立即转动,即具有启动快、灵敏度高的特点。

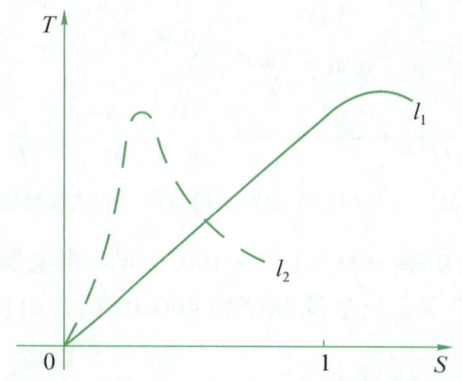

图 4-24 交流伺服电动机与分相式单相异步电动机的转矩特性曲线对比

(2)运行范围较宽。如图 4-24 所示,当转差率 S 为 0~1 时,交流伺服电动机都能稳定运转。

（3）无自转现象。当交流伺服电动机失去控制电压后，将处于单相运行状态。由于转子电阻大，定子中两个相反方向旋转的旋转磁场与转子作用所产生的两个转矩特性曲线（T_1-S_1 曲线、T_2-S_2 曲线）及合成转矩特性曲线（$T-S$ 曲线）如图 4-25 所示，与普通的分相式单相异步电动机的转矩特性曲线（图中 $T'-S$ 曲线）不同。这时的合成转矩 T 是制动转矩，从而使交流伺服电动机迅速停止运转。

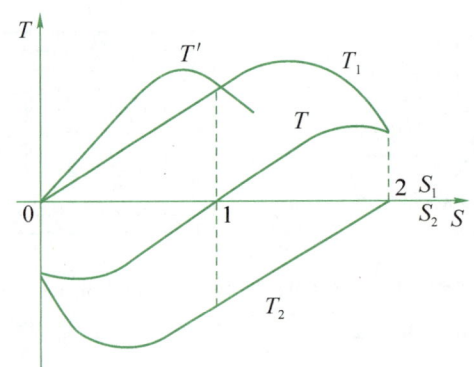

图 4-25　伺服电动机单相运行时的转矩特性曲线

图 4-26 所示是交流伺服电动机单相运行时的机械特性曲线。当负载一定时，控制电压 U_c 越高，转速越高；在控制电压一定时，负载增加，转速下降。

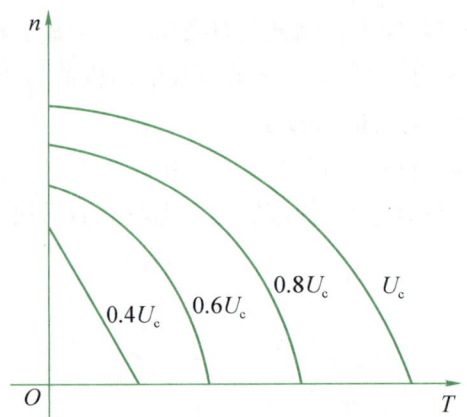

图 4-26　交流伺服电动机单相运行时的机械特性曲线

交流伺服电动机的输出功率一般为 0.1~100.0 W。当电源频率为 50 Hz 时，电压有 36 V、110 V、220 V 和 380 V；当电源频率为 400 Hz 时，电压有 20 V、26 V、36 V 和 115 V 等。

交流伺服电动机运行平稳、噪声小，但其控制特性是非线性的，并且由于转子电阻大，损耗大，效率低，因此，与同容量的直流伺服电动机相比，它的体积、质量均较大，所以只适用于 0.5~100 W 的小功率控制系统。

4.4.3 交流伺服电动机的驱动与控制

> ☞ 提示：
> 学习本小节内容时可借助多媒体等资源，掌握交流伺服电动机的驱动与控制。
>
> ☞ 要点：
> 1. 正弦脉宽调制的原理。
> 2. 正弦脉宽调制的波形生成策略。
> 3. 控制系统的设计。

正弦脉宽调制法是为克服直流 PWM 的缺点（其输出电压中含较大的谐波分量）而发展起来的。它从交流伺服电动机供电电源的角度出发，着眼于产生一个可调频、调压的三相正弦波电源。

1. SPWM 的原理

SPWM 波形的形成，采用正弦波调制信号和三角载波信号，通过比较器进行比较。当三角载波与正弦波相交时，通过在交点时刻控制功率开关器件的通断，即可在比较器输出得到一组等幅且脉冲宽度正比于正弦函数值的 SPWM 脉冲波。改变正弦波的电压幅值，就能够调节输出的 SPWM 基波的幅值。输出波形的频率与正弦调制波的频率相同，当逆变器输出端需要变频时，只要改变正弦调制波的频率，就可以实现在同一个逆变器内对输出基波频率和电压的控制。具体形成原理如图 4-27 所示。

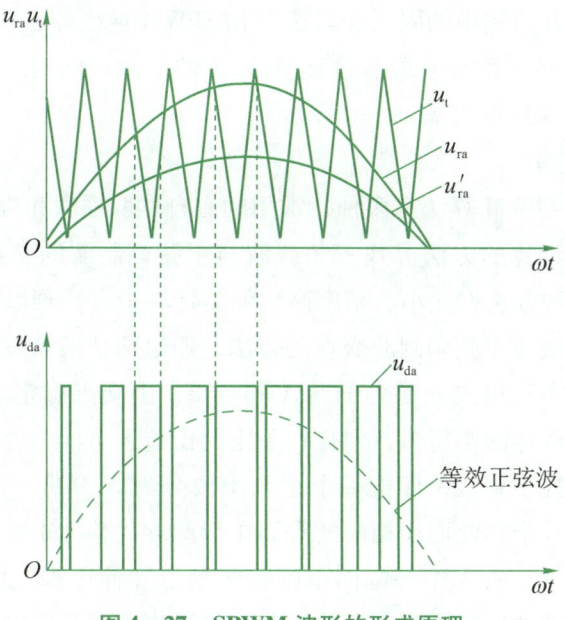

图 4-27　SPWM 波形的形成原理

在 SPWM 逆变器中，将载波频率 f 与调制波频率 F 的比值定义为载波比 N。根据载波频率与调制波频率的比值是固定的或变化的，SPWM 的控制方式可以分为同步调制和异步调制。

（1）同步调制。这时载波比 N 为常数，变频时三角载波的频率与正弦调制波的频率同步变化。

（2）异步调制。在逆变器的整个变频范围内，载波比 N 不等于常数，载波信号与正弦调制波信号不保持同步关系。

同步调制随着输出频率的降低，其相邻两个脉冲的间距增大，谐波显著增加，对交流伺服电动机负载将产生转矩脉动和噪声等恶劣影响。在异步调制方式中，其整个变频范围内三角波频率恒定，因此，低频时逆变器输出电压半波内三角波频率恒定，从而低频时逆变器输出电压半波内的矩形脉冲数增加，提高了低频时的载波比 N，这可减少负载交流伺服电动机的转矩脉冲与噪声，改善低频工作特性，但是载波比 N 是变化的，势必使逆变器输出电压波形中正、负半周期脉冲数及其相位都发生变化，很难保持三相输出之间的对称关系，因而引起交流伺服电动机工作的不平稳。

为了克服上述两种控制方式的不足，可以扬长避短，将同步调制和异步调制两种调制方式结合起来，采用分段同步调制，保持输出波形对称的优点。当频率降低较多时，使载波比 N 分段有级地增加，采纳异步调制的长处。具体来说，就是把逆变器的整个频率范围划分成若干频段，在每个频段内都维持载波比 N 恒定；对于不同频段，则取不同的载波比 N。当频率低时，载波比 N 取大些，如可按等比级数安排。各频段载波频率的变化范围基本一致，以满足功率开关器件对开关频率的限制。对于三相 SPWM 逆变器，当电路采用同步调制时，为了使三相输出波形严格对称，应取载波比 N 为 3 的倍数。同时，为了使一相的波形正、负半周期对称，载波比 N 应取奇数。

2. SPWM 波形生成策略

微型计算机控制的 SPWM 算法有多种，常用的有自然取样法和规则取样法，如图 4-28 所示。自然取样法采用计算的方法寻找三角载波与正弦调制波的交点作为开关值，以确定 SPWM 的脉冲宽度。这种方法误差小、精度高，但是计算量大，难以做到实时控制。规则取样法采用近似求三角载波与正弦调制波交点的方法，通过两个三角波峰之间中线与正弦调制波的交点作水平线与两个三角波分别交于点 A 和点 B，由交点确定 SPWM 的脉宽。这种方法的计算量相对于自然取样法小得多，但存在一定的误差。

这里采用等效面积控制算法，即把一个正弦半波分为 N 等份，每一等份的正弦曲线与横轴所包围的面积都用一个与此面积相同的等高矩形脉冲代替，矩形脉冲的中点与正弦波每一等份的中点重合，这样，由 N 个等幅而不等宽的矩形脉冲所构成的波形就与正弦半波等效。显然，这一系列脉冲波形的宽度和开关时刻可以严格地用数学方法计算得到。

如图 4-29 所示，在区间上，正弦波面积为 S_1，则

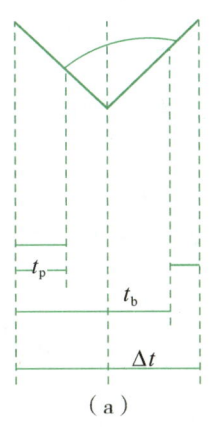 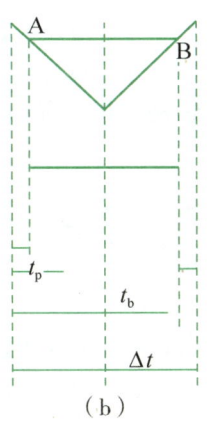

图 4 – 28　常用 SPWM 算法

（a）自然取样法；（b）规则取样法

$$S_1 = M \times U_s \int_t^{t+\Delta t} \sin\omega t \mathrm{d}t$$
$$= \frac{M}{\omega} \times U_s |\cos\omega t - \cos\omega(t + \Delta t)| \quad (4-10)$$

式中：M——调制深度；

　　　U_s——直流电源电压。

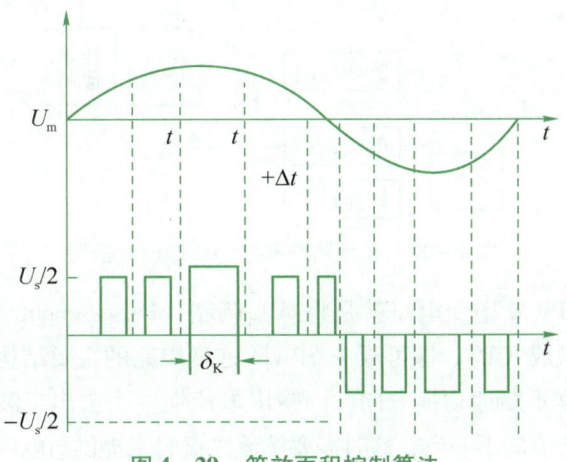

图 4 – 29　等效面积控制算法

对应图 4 – 29 中的脉冲面积为

$$S_2 = \delta \times \frac{U_s}{2} \quad (4-11)$$

式中：δ——脉冲宽度。

将正弦信号的正半周 N 等分，则每份为 (π/N) rad。由图 4 – 29 可知，脉冲高度为 $U_s/2$。设脉冲宽度为 δ_K，则第 K 份正弦波面积与对应的第 K 个 SPWM 脉冲面积相等，于是

$$\delta_K = \frac{2M}{\omega}\left[\cos\left(\frac{K-1}{N}\right)\pi - \cos\left(\frac{K}{N}\right)\pi\right]$$

$$= \frac{M}{\pi f}\left[\cos\left(\frac{K-1}{N}\right)\pi - \cos\left(\frac{K}{N}\right)\pi\right] \quad (4-12)$$

如图4-29所示，绝缘栅双极型晶体管（IGBT）的开关时间按如下方式计算：

IGBT导通时刻，有

$$T_{\text{ON}} = \frac{1}{2}(\Delta t - \delta_K) = \frac{1}{2}\left(\frac{1}{2 \times f \times N} - \delta_K\right) \quad (4-13)$$

IGBT关断时刻，有

$$T_{\text{OFF}} = \frac{1}{2}(\Delta t + \delta_K) = \frac{1}{2}\left(\frac{1}{2 \times f \times N} + \delta_K\right) \quad (4-14)$$

3. 控制系统设计

变频调速系统一般如图4-30所示，主要由整流电路、滤波电路、逆变电路、交流伺服电动机及控制电路组成。变频调速系统的工作过程一般如下：首先通过从电网中获得三相对称交流电，然后经过整流电路、滤波电路和SPWM控制的逆变电路为交流伺服电动机供电，交流伺服电动机在三相逆变器的控制下产生电磁转矩带动负载工作。

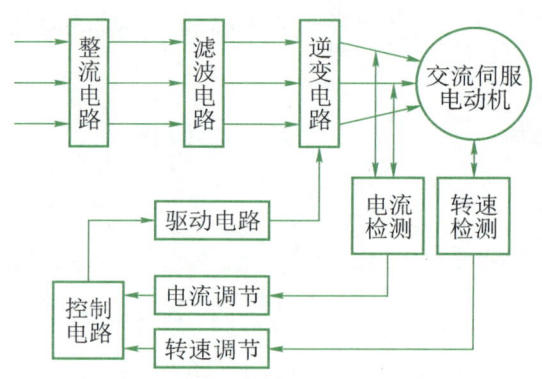

图4-30 变频调速系统的原理设计框图

由图4-30可知，SPWM逆变电路就是将脉幅调制（Pulse-Amplitude Modulation，PAM）主电路结构中的晶闸管替换成IGBT，即可成为SPWM逆变电路的主要结构。调制SPWM脉冲宽度时，瞬时电压以极高速度不断地切换方向，而输出电流在一个输出半波时间内不改变方向，因此，输出电压与输出电流方向不一致，这时需要续流二极管来提供与电压极性相反的电流通道。

SPWM逆变电路能够同时完成变频和调压任务。由于整流部分不再承担调压任务，因此，二极管三相桥式整流器就成为最简单也是最经济的选择。由于SPWM逆变电路要求是电压型直流回路，而电容器的电压不能突变，因此，在整流电路中，当输入电压的瞬时值小于电容器的端电压时，整流器件承受着反压不能导通。只有当输入电压瞬时值大于电容器的端电压时才有电流输入，这样的电流断续情况会在输入侧产生谐波。

为了降低输入侧的谐波，使输入电流连续，并改善功率因数，需要串入直流电抗器或交流电抗器。电容器在刚接通电路时，电容器端电压为零，会产生很强的充电电流，这样可能会损坏电容器，需要采取限制电流的措施，所以通常采用串联限制电阻的方式来抑制电流。

由此得到，二极管整流桥、串联限制电阻及短接接触器、电抗器以及加有均压电阻的电容串、并联组，可以组成一个整流滤波电路。

控制电路可由专用芯片 SA4828 和微处理器 80C196KC 等组成。SA4828 可与 80C196KC 直接连接，通过软件编程输出频率、幅值可调的正弦脉宽调制波。输出频率范围为 0 ~ 4 kHz，16 位调速分辨率，载波频率可达 24 kHz。六路输出信号 RPHT、RPHB、YPHT、YPHB、BPHT、BPHB 分别经过驱动电路控制逆变器相应的 IGBT 的导通和关断，以输出三相正弦脉宽调制波，控制电动机的变频调速。只有在改变运行状态时，才需要微处理器介入，从而可以空出大量时间用于系统的检测和监控。

4. 系统软件的设计

系统软件采用模块化设计思想进行设计，其包括主程序、中断服务程序、外部中断服务子程序、键盘显示子程序等。中断服务程序流程图如图 4-31 所示。

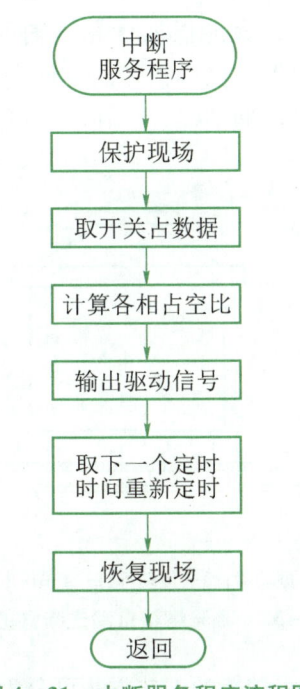

图 4-31　中断服务程序流程图

4.5　实践应用：自动送粉器的交流伺服传动控制设计

> ☞提示：
> 学习本节内容时可借助多媒体等资源，注意交流伺服电动机控制系统的控制方式及选型设计。

> **要点：**
> 交流伺服电动机控制系统的控制方式及选型。

1. 激光熔覆自动送粉器工作过程分析

激光熔覆技术是利用激光直接快速成型和激光绿色再制造的一种重要方法，它是指以不同的填料方式在被涂覆基体表面上放置选择的涂层材料，经激光辐照使之和基体表面一薄层同时熔化，并快速凝固后形成稀释度极低并与基体材料成冶金结合的表面涂层，从而显著改善基体材料表面的耐磨、耐蚀、耐热、抗氧化及电器特性等的工艺方法。涂层材料和基体表面一薄层同时熔化，在它们快速凝固的过程中，通过送粉器（如图 4-32 所示）向工作区域添加熔覆材料，利用高能量密度的激光束，将不同成分和性能的合金快速熔化，直接形成非常致密的金属零件和在已损坏零件表面形成与零件成分和性能完全相同的合金层。通过激光熔覆，可以无须借助刀具和模具，就能根据计算机辅助设计（CAD）文件直接制造出各种复杂的近乎致密的金属零件，以及在已经损坏的零件表面直接进行修复和再制造，从而能够缩短开发周期、节约成本、降低能源消耗。它在航空航天、武器制造和机械电子等行业具有良好的应用前景。

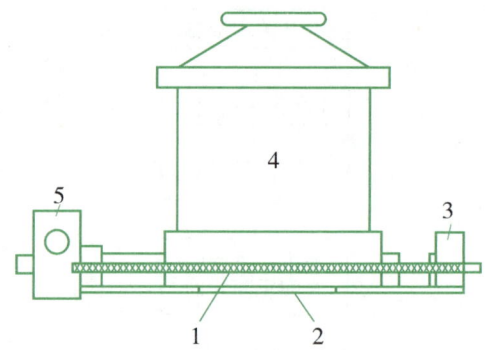

1—螺旋杆及圆管；2—振动器；3—传动部件；4—粉末存储仓斗；5—混合器。

图 4-32 激光熔覆自动送粉器的结构

根据材料的供应方式不同，激光熔覆的工艺方法可分为同步送粉法和预置法。同步送粉法的工艺过程简单，合金材料利用率高，可控性好，容易实现自动化，是激光熔覆技术的首选方法，在国内外实际生产中采用较多。在激光同步送粉熔覆工艺中，加工质量主要依赖的参数有加工速度、粉末单位时间输送率、激光功率密度分布、光斑直径和粉末的输送速度。其中，粉末单位时间输送率和粉末的输送速度是由送粉器的输送特性决定的。送粉器是激光熔覆技术中的核心元件之一，它按照加工工艺向激光熔池输送设定好的粉末。送粉器性能的好坏直接影响熔覆层的质量和所加工的零件尺寸等，所以，开发高性能的送粉器对激光熔覆加工尤为重要。

送粉器的功能是将粉末按照加工工艺要求，精确地送入激光熔池，并确保在加工过程中粉末能被连续、均匀、稳定地输送。例如，螺旋式送粉器主要基于机械力学原理，由粉末存储仓斗、螺旋杆、振动器和混合器等组成。在工作时,电动机带动螺旋杆旋转,使粉末沿着桶壁被输送至混合器,然后混合器中的载流气体将粉末以流体的方式输送至加工区域。为了使粉末充满螺纹间隙,粉末存储仓斗底部加有振动器,振动器能提高送粉量的精度。送粉量的大小可以由电动机的转速调节。

2. 伺服控制系统的构建

伺服控制系统采用 MCS51 系列单片机 AT89C51 作为处理器。电动机选用的是松下 MSMA082A1G 型交流伺服电动机,其额定输出功率为 750 W,内置增量式旋转编码器,分辨率为 10 000。驱动器选用的是松下 MINASA 系列全数字式交流伺服驱动器,适用于小惯量的电动机。伺服驱动器连接器 CN I/F(50 脚)信号作为外部控制信号输入、输出,连接器 CN SIG(20 脚)作为伺服电动机编码器的连接线。

伺服控制系统采用了增量式光电编码器的伺服驱动器,为了实现送粉的平稳性和满足实验的需要,同时选用位置控制和速度控制,两者可以通过开关自由切换。伺服驱动器有一系列参数,通过对这些参数进行设置和调整,可以改变伺服控制系统的功能和性能。为了保证伺服控制系统按照既定的方式运行,需要设置的用户参数如下:

Pr02 设定为"3",即选用两种控制方式:一种为位置控制,另一种为速度控制。

Pr42 设定为"3",即从控制器送给驱动器的指令脉冲类型选用脉冲/符号方式。

Pr46、Pr4A、Pr4B 为指令分倍频的参数,可实现任意变速比的电子齿轮功能,设定这三个参数,使得分倍频后的内部指令等于编码器的分辨率。这三个参数的关系如下:

$$F = \frac{f \times (Pr46 \times 2^{Pr4A})}{Pr4B} = 10\ 000$$

式中:F——电动机转一圈所需的内部指令脉冲数;

f——电动机转一圈所需的指令脉冲数。

f 选用的是 2 500,故 Pr46 可设为"10 000",Pr4A 设为"1",Pr4B 设为"5 000",Pr50 为转速控制方式参数,设为"100",即采用输入电压控制电动机转速的方式,每输入 1 V 电压,电动机的转速为 100 r/min。

3. 单片机控制器的硬件设计

AT89C51 的 P1 口作为 4×4 键盘输入口;P0 口和 P2 口为液晶显示模块接口。液晶显示模块选用我国台湾南亚公司生产的液晶显示模块 LMBGA – 032 – 49CK。该模块是根据目前常用的液晶显示控制器 SED1335 的特性设计的,它与 AT89C51 的接口电路如图 4 – 33 所示:通过 AT89C51 的定时中断引脚(12 脚)控制脉冲发送频率,进而控制电动机的转速。

由于单片机属于 TTL(Transistor-Transistor Logic,晶体管–晶体管逻辑)电路(逻辑 1 和 0 的电平分别为 2.4 V 和 0.4 V),它的 I/O 接口输出的开关量控制信号电平无法直接驱动电动机,所以在 P3.1 引脚控制信号输出端需要加入驱动电路。系统采用光电耦合器和三极管 S8050 作为驱动。光电耦合器有隔离作用,可防止强电磁干扰;三极管 S8050 主要起功率放大作用。电动机的驱动电路如图 4 – 34 所示。

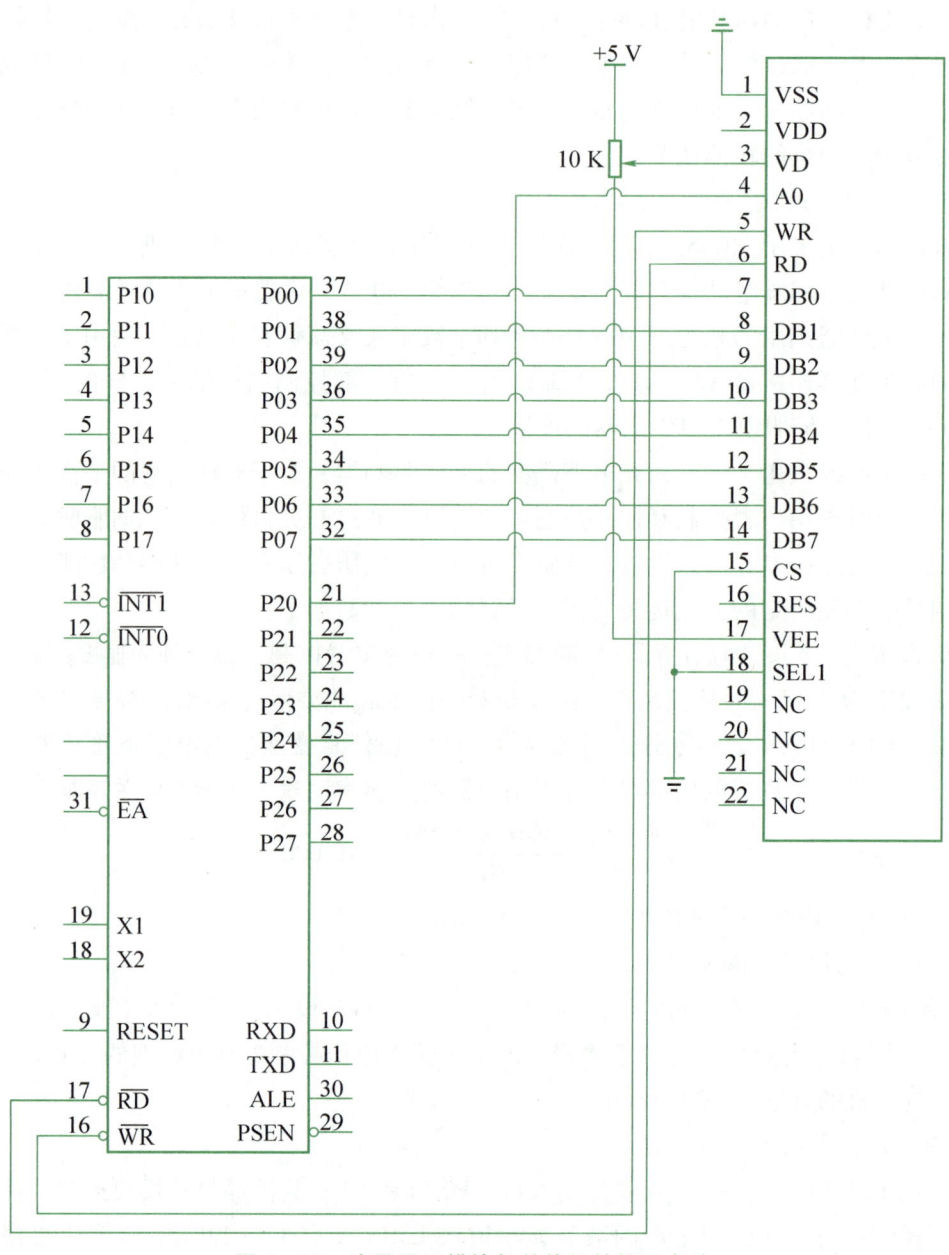

图 4-33 液晶显示模块与单片机的接口电路

4. 系统软件的设计

控制器的软件主要完成液晶显示、接受键盘输入、伺服电动机匀速运行的控制和气阀控制几项功能,包括主程序、键盘中断服务程序、定时/计数器中断服务程序及液晶显示子程序。在交流伺服电动机控制系统中,单片机的主要作用是产生脉冲序列,它是通过 AT89C51 的 P3.1 口发送的。系统软件编制采用定时/计数器定时中断的方式产生周期性脉冲序列,不使用软件延时,不占用 CPU。CPU 在非中断的时间内可以处理其他事件,唯有到了中断时

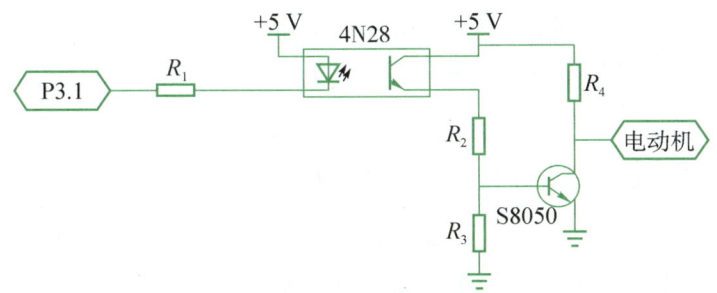

图 4-34 电动机的驱动电路

间,驱动伺服电动机转动一步。因此,定时/计数器装入的时间常数的确定是程序的关键。下面重点讨论时间常数的计算。

由于定时/计数器以加 1 方式计数,假定计数值为 X,所以装入定时/计数器的初值为 $a = 2^n - X$,其中,n 取决于定时/计数器的位数。每个机器周期(设为 T_J)包括 12 个振荡周期,控制系统的晶振频率为 12 MHz,则

$$T_J = \frac{12}{F} = \frac{12}{12 \times 10^6} = 1(\mu s) \tag{4-15}$$

又因为定时时间为

$$T = X \cdot T_J \tag{4-16}$$

所以应装入定时/计数器的初值为

$$a = 2^n - X = 2^n - \frac{T}{T_J} \tag{4-17}$$

系统所设定的电动机每转一圈需要 2 000 个脉冲,设输入转速为 N(r/min),则控制器每分钟需要进入中断输出的脉冲数为 $M = 2\,000N$。

由于软件采用左移指令,故进入定时中断频率是输出脉冲频率的 2 倍,每秒进入的中断数为

$$Z = \frac{2 \times M}{60} = \frac{2 \times 2\,000N}{60} = \frac{200N}{3} \tag{4-18}$$

定时时间为

$$T_C = \frac{1}{Z} = \frac{3}{200N} \Rightarrow X = \frac{T_C}{T_J} = \frac{\frac{3}{200N}}{1 \times 10^{-6}} = \frac{3 \times 10^6}{200N} \tag{4-19}$$

由于系统的定时/计数器的工作参数是 $n = 16$,故输入的电动机转速是 N(r/min)时应装入的时间常数为

$$a = 2^n - X = 2^n - \frac{T_C}{T_J} = 2^{16} - \frac{3 \times 10^6}{200N} \tag{4-20}$$

实验三 反应式步进电动机环形分配器实验

【实验目的】

1. 掌握环形分配器的工作原理和作用。

2. 对反应式步进电动机环形分配器进行多种通电类型控制操作。
3. 了解步进电动机环形分配器的硬件设计和调试。

【实验设备】

环形分配器、驱动器、三相反应式步进电动机

【实验原理】

对步进电动机的控制主要基于三个参数，即转速、转角和转向。由于步进电动机的转动是由输入脉冲信号控制的，所以，当步距角一定时，转速由输入脉冲的频率决定，而转角由输入脉冲信号的脉冲个数决定。转向由环形分配器的输出通过步进电动机 U、V、W 相绕组来控制。步进电动机是将脉冲信号转变成角位移（或线位移）的机构，在数控机床、打印机、复印机等机电一体化产品的开环伺服系统中被广泛使用。一般电动机是连续旋转的，而步进电动机是一步步转动的，每输入一个脉冲，它就转过一个固定的角度，这个角度称为步距角。步进电动机的步距角决定了系统的最小位移。步距角越小，位移的控制精度越高。步距角的计算公式如下：

$$\theta = \frac{360°}{NZ} = \frac{360°}{KMZ} \tag{4-21}$$

式中：K——通电方式系数；

M——励磁绕组的相数；

Z——转子齿数。

当采用单相或双相通电方式时，$K=1$；当采用单、双相轮流通电方式时，$K=2$。可见，采用单、双相轮流通电方式可使步距角减小一半。

实验原理图如图 4-35 所示。

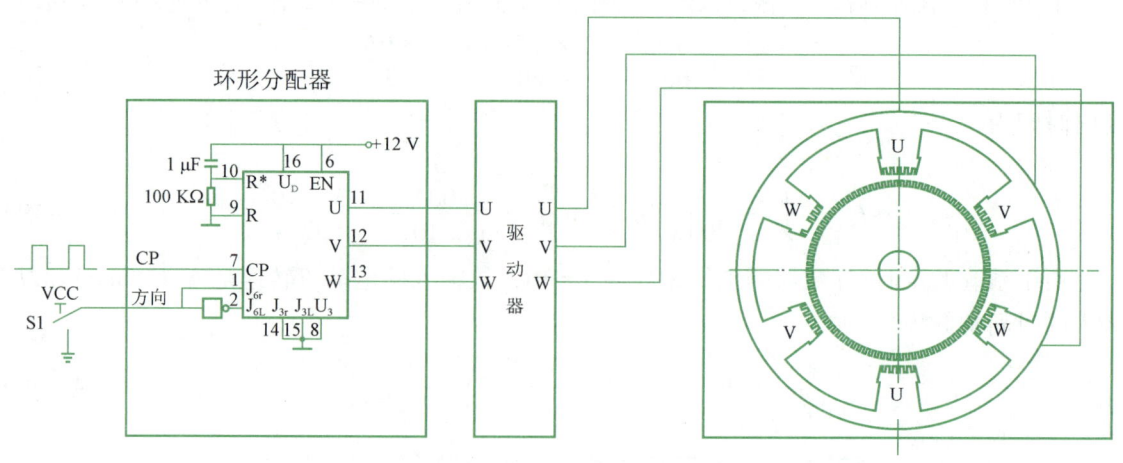

图 4-35 实验原理图

【实验内容】

1. 实物接线图

实物接线图如图4-36所示。

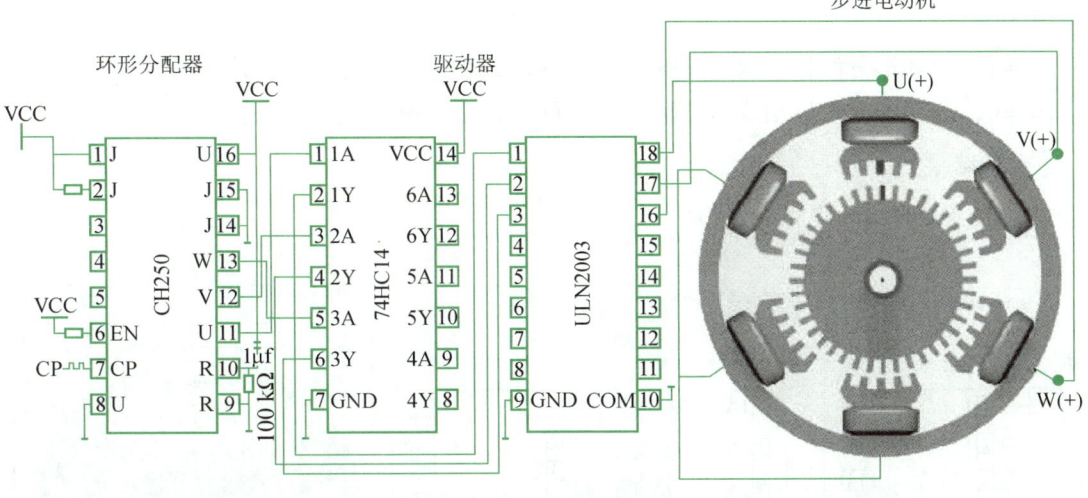

图4-36 实物接线图

2. 实验步骤

在实验时进行以下三种通电方式设置和操作。

(1) 三相三拍通电方式。

①参数设定：$K=1$，$M=3$，$Z=40$。

②连续转动：

正转（$S_1=1$），U→V→W→U→…通电方式。

反转（$S_1=0$），U→W→V→U→…通电方式。

③点动：

$S_1=1$，给环形分配器引脚（7脚）一个脉冲，步进电动机转子正转3°。

$S_1=0$，给环形分配器引脚（7脚）一个脉冲，步进电动机转子反转3°。

(2) 三相双三拍通电方式。

①参数设定：$K=1$，$M=3$，$Z=40$。

②连续转动：

正转（$S_1=1$），UV→VW→WU→UV→…通电方式。

反转（$S_1=0$），UW→WV→VU→UW→…通电方式。

③点动：

$S_1=1$，给环形分配器引脚（7脚）一个脉冲，步进电动机转子正转3°。

$S_1=0$，给环形分配器引脚（7脚）一个脉冲，步进电动机转子反转3°。

(3) 三相六拍通电方式。

①参数设定：$K=2$，$M=3$，$Z=40$。

②连续转动：

正转（$S_1=1$），U→UV→V→VW→W→WU→U→…通电方式。

反转（$S_1=0$），U→UW→W→WV→V→VU→U→…通电方式。

③点动：

$S_1=1$，给环形分配器引脚（7脚）一个脉冲，步进电动机转子正转1.5°。

$S_1=0$，给环形分配器引脚（7脚）一个脉冲，步进电动机转子反转1.5°。

【实验结果】

实验结果如图4-37所示。

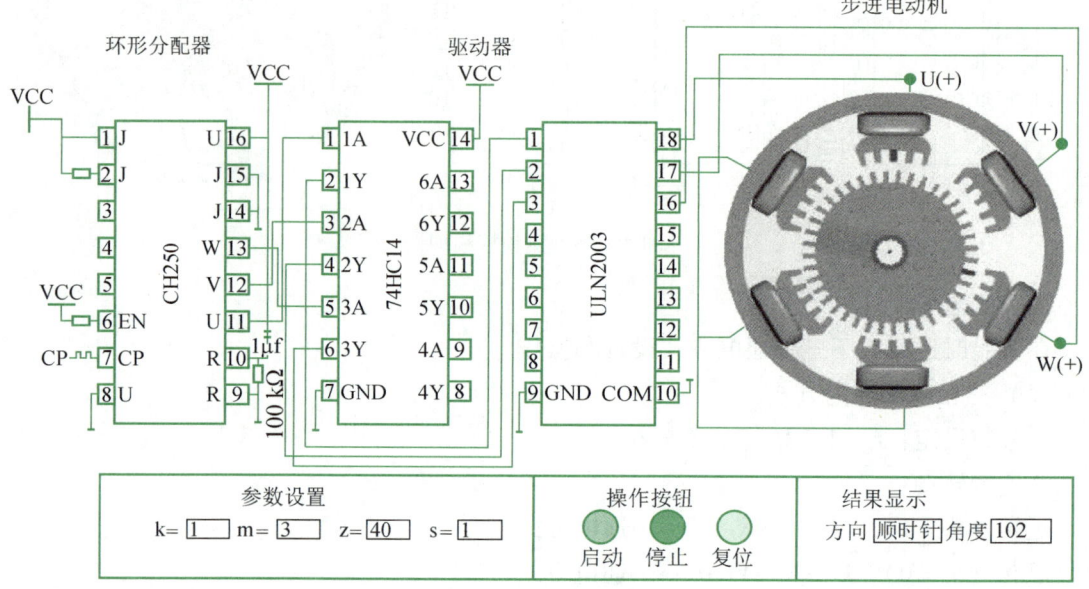

图4-37 实验结果

注：动作顺序与实验步骤一致，方向和角度框内显示正转、反转及角度值。

【结论分析】

根据实验结果分析总结在实验中遇到的问题，并思考应该如何解决。

思考题

1. 步进电动机的转向是由什么控制的？
2. 步距角的大小与哪些参数有关？

本章小结

本章主要讲述伺服驱动技术的基本理论。伺服系统是指以机械位置、速度和加速度为控制对象，在控制命令的指挥下，控制执行元件工作，使机械运动部件按照控制命令的要求运动，并具有良好的动态性能的系统。在机电一体化系统中要求伺服系统惯量小、动力大、具有良好的动态特性，体积小、质量小，具有高可靠性、高效率和高准确性，便于维修、安装和宜于计算机控制。

    本章重点讲述了在机电一体化中伺服系统中常用伺服电动机的特点、种类、性能指标及驱动与控制，包括步进电动机的驱动控制、常用直流伺服电动机的 PWM 驱动方式、交流伺服电动机的 SPWM 驱动方式，最后配以实践应用案例：自动送粉器的交流伺服传动控制设计。

本章习题

4-1　PWM 技术的原理是什么？

4-2　用单片机控制步进电动机的转速是如何实现的？

4-3　交流伺服电动机与步进电动机相比有什么特点？

第 5 章 系统控制技术

导 言

在机电一体化系统中，系统控制技术用于进行信息处理和指挥整个系统运行等。信息处理是否正确、及时，会直接影响机电一体化系统工作的质量和效率，因此，系统控制技术已成为机电一体化技术发展和变革的最关键因素。机电一体化系统中的系统控制技术主要包括计算机控制技术、可编程逻辑控制器技术和嵌入式技术等。本章主要讲述计算机控制系统的组成、特点及数字 PID 控制算法，通过分析计算机控制系统的常用类型，介绍计算机控制系统的设计原则和方法，同时介绍可编程逻辑控制器技术和嵌入式技术的组成、设计等。

学习目标

1. 掌握机电一体化系统中常用的控制方式及其特点。
2. 理解计算机控制系统的组成和常用类型。
3. 理解可编程逻辑控制器组成控制系统的方法。
4. 掌握简单可编程逻辑控制器控制系统的设计。
5. 了解嵌入式系统的特点及应用场合。

学习建议

1. 导思

在学习本章节时，学生应对以下几个问题进行思考：
(1) 闭环控制系统的优点是什么？
(2) 计算机控制系统由哪几部分组成？
(3) 可编程逻辑控制器系统设计的步骤是什么？
(4) 嵌入式系统有什么特点？

2. 导学

(1) 5.1 节主要讲述机电一体化对控制系统的基本要求，机电一体化控制系统的类型、特点与选用，其中机电一体化控制系统的类型、特点与选用是本章的重点。

（2）5.2 节主要讲述计算机控制系统的组成与特点、数字 PID 控制算法、计算机控制系统的常用类型和应用，其中计算机控制系统的组成及应用是本章的重点。

（3）5.3 节主要讲述可编程逻辑控制器概述、组成及可编程逻辑控制器的编程与实现，其中可编程逻辑控制器的编程与实现是本章的重点。

（4）5.4 节主要讲述基于可编程逻辑控制器的控制系统的设计。

（5）5.5 节主要讲述嵌入式系统概述，以及嵌入式系统的组成、设计要点及应用，其中嵌入式系统的组成及设计要点是本章的重点。

（6）5.6 节主要讲述嵌入式系统应用开发。

3. 导做

本章有机电气一体化控制系统实验，要求在实验过程中理解构建一个完整的气动与电动相结合的控制系统的基本原理和方法。

5.1 机电一体化自动控制技术概述

5.1.1 机电一体化对控制系统的基本要求

> ☞ 提示：
> 学习本小节内容时可借助多媒体等资源，掌握机电一体化对控制系统有哪些基本要求。
>
> ☞ 要点：
> 机电一体化对控制系统的基本要求。

机电一体化系统具有信息采集与信息处理的功能，若需利用系统所获得的信息实现系统的工作目标，则需要借助自动控制技术。工业控制计算机、各类微处理器、可编程逻辑控制器、数控装置等是机电一体化系统中的核心和智能要素，用于对来自传感器部分的电信号和外部输入命令进行处理、分析和存储，并做出控制决策，指挥系统实现相应的控制目标。

为了使被控制量（一般是机电一体化系统中的各种被控制机械参量）按预定的规律变化，机电一体化对控制系统的基本要求如下：

（1）稳定性。稳定性是指系统在给定外界输入或干扰作用下，能在短暂的调节后达到新的或者恢复到原有平衡状态的能力。稳定是控制系统正常工作的前提。

（2）快速性。在实际的控制系统中，不仅要求系统稳定，而且要求被控制量能迅速按照输入（或指令）信号所规定的形式变化，即要求系统具有一定的响应速度。

（3）精确性。精确性是指要求控制系统的控制精度高。控制精度是度量系统输出量能否被控制在目标值所允许的误差范围内的一个标准，它反映了动态过程后期的稳态性能，也反映了输出量跟踪输入量的能力。

在传统的控制系统设计中，被控对象不作为设计内容，设计任务只是采用控制器来调节给定的被控对象的状态。而在机电一体化控制系统设计中，控制系统与被控对象同在设计范畴内，两者应有机结合，使设计具有更广的选择余地、更大的灵活性，从而设计出性能更好的机电一体化系统。

> 主题讨论：
> 机电一体化对控制系统的基本要求有哪些？

5.1.2 机电一体化控制系统的类型、特点与选用

> 提示：
> 学习本小节内容时可借助多媒体等资源，掌握常见机电一体化控制系统的特点，在进行机电一体化控制系统设计时，要根据专用与通用、成本、开发周期等实际情况来选择相应的控制系统。

> 要点：
> 1. 机电一体化控制系统的类型与特点。
> 2. 机电一体化控制系统的选用。

1. 机电一体化控制系统的类型与特点

应用于不同被控对象的控制装置在原理和结构上往往具有很大差异，因控制装置的不同，其所构成的控制系统也往往千差万别，可以根据不同的分类原则对机电一体化控制系统进行分类。

（1）按照有无输出量的反馈分类。

按照有无输出量的反馈，机电一体化控制系统可分为开环系统、闭环系统和半闭环系统。

① 开环系统。开环系统中没有反馈回路，可以依据时间、逻辑、条件等顺序决定被控对象的运行步骤。开环系统的优点是简单、稳定、可靠。若系统的元件特性和参数值比较稳定且外界干扰较小，则开环控制能够保持一定的精度，但精度通常较低、无自动纠偏能力，具有抑制系统内部和外部各种干扰对系统输出的影响的能力。

② 闭环系统。闭环系统的优点是精度较高，对外部扰动和系统参数变化不敏感，但存在不稳定、振荡、超调等问题，从而造成系统性能分析和设计较为困难。

③ 半闭环系统。半闭环系统与闭环系统的区别在于，半闭环系统的反馈信号通过系统内部的中间信号获得。

（2）按照系统中控制器的工程实现方式分类。

按照系统中控制器的工程实现方式不同，机电一体化控制系统可分为模拟式机电控制系统和数字式机电控制系统（或基于计算机控制的机电控制系统）。

① 模拟式机电控制系统。模拟式机电控制系统中的控制器一般是以运算放大器和分立元件为基本单元所构成的模拟电路来实现控制的。其优点是实时性好，构成简单，成本低，开发难度小；其缺点是灵活性差，温漂大，不易实现复杂控制，不易监督系统的异常状态等。

② 数字式机电控制系统。数字式机电控制系统中的控制器一般采用微处理机（可以是PLC、单片机或工控微机等），并通过软件算法和接口电路实现数字式控制。其优点是精度高，灵活性强，数据处理功能强，易实现复杂控制算法，能够监督系统的异常状态并及时处理等；其缺点是实现高精度和高响应速度时成本高，设计和开发一般需要专门的开发工具和环境，在重现连续信号过程中有信息丢失，采样/保持器会产生滞后问题，以及设计方法复杂等。

（3）按照系统中的机电动力机构分类。

按照系统中机电动力机构的不同，机电一体化控制系统可分为机械式控制系统、电气式控制系统和流体式控制系统（包括液压式和气动式）等。

（4）按系统参考输入规律分类。

按系统参考输入规律的不同，机电一体化控制系统可分为参考输入是常值的恒值控制系统和参考输入是有一定变化规律的程控系统或参考输入是随机变化的随动控制系统（伺服系统）。

（5）按系统输入/输出量的数目分类。

按系统输入/输出量的数目不同，机电一体化控制系统可分为单输入单输出系统和多输入多输出系统。

① 单输入单输出系统。单输入单输出系统可用古典概型理论中的频率法和根轨迹法，以传递函数为数学工具来进行分析和设计。

② 多输入多输出系统。多输入多输出系统可用现代控制论中的时域法，以状态方程、矩阵控制工具来进行分析和设计。

（6）按控制的结构和层次分类。

按控制的结构和层次的不同，机电一体化控制系统可分为集中控制系统和集散控制系统。

① 集中控制系统。集中控制系统多用于对单个控制对象的控制。

② 集散控制系统。集散控制系统多用于对多个控制对象的控制。在由多个控制对象组成的控制系统中，各个被控对象都由各自独立的控制器组成子控制系统，同时有一个主控制器对所有子系统进行管理和监控，如柔性制造系统等。

2. 机电一体化控制系统的选用

在进行机电一体化控制系统设计时，要根据专用与通用、成本、开发周期等实际情况来选择相应的控制系统。表 5-1 给出了各种控制系统的性能比较及选用参考。

表 5－1　各种控制系统的性能比较及选用参考

项目名称	基于 PC 的控制系统	基于微处理器的控制系统	基于 PLC 的控制系统	其他控制系统
控制系统的组成	按要求选择主机与相关过程 I/O 板卡	自行开发（非标准化）	按要求选择主机与扩展模块	按要求进行选择
系统功能	可组成简单到复杂的各类控制系统	简单的处理功能和控制功能	以逻辑控制为主，也可组成模拟量控制系统	专用控制，如数控适于运动控制
速度	快	快	一般	各系统不同
可靠性	一般	差	好	好
环境适应性	一般	差	好	好
通信功能	多种通信接口，如串口、并口、USB 接口、网口	可通过外围元件自行扩展	一般具备串口，可通过通信模块扩展 USB 接口或网口	各系统不同，如现场总线控制系统具备现场总线通信能力，其他系统可按需配置不同的通信接口
软件开发	可用高级语言自行开发或选用工业组态软件进行开发	可用汇编或高级语言自行开发	以梯形图为主，也支持高级语言开发	专用语言（如 G 代码）或支持高级语言开发
人机界面	好	较差	一般（可选配触摸屏）	一般
应用场合	一般规模现场控制或较大规模控制	智能仪表、简单控制场合	一般规模现场控制	专用场合
开发周期	一般	较长	短	一般
成本	高	低	中	高

> ☞ 主题讨论：
> 如何合理地选择机电一体化控制系统？举例说明。

5.2　计算机控制技术

5.2.1　计算机控制系统的组成与特点

> ☞ 提示：
> 学习本小节内容时可借助多媒体等资源，注意计算机控制系统的组成和计算机控制系统的特点。

☞ 要点：
  1. 计算机控制系统的组成。
  2. 计算机控制系统的特点。

1. 计算机控制系统的组成

计算机控制技术是自动控制理论与计算机技术相结合的产物。目前，在机电一体化系统中，多数以微型计算机为核心构成计算机控制系统。计算机控制系统与通常的连续控制系统的主要差别是，可以实现过去连续控制系统难以实现的更为复杂的控制，如非线性控制、逻辑控制、自适应控制和自学习控制等。计算机控制系统的原理图如图 5 – 1 所示。

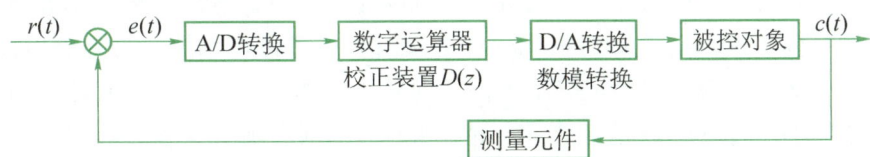

图 5 – 1　计算机控制系统的原理图

计算机控制系统由硬件和软件两大部分组成。

（1）硬件。硬件主要由计算机、接口电路、输入/输出通道及外部设备等组成，如图 5 – 2 所示。

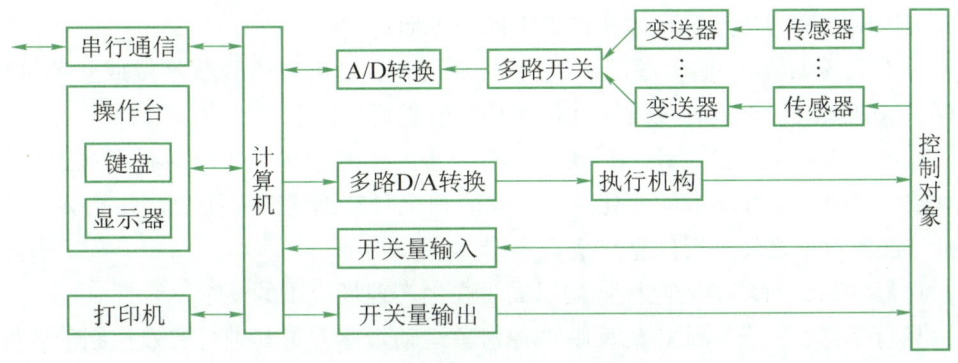

图 5 – 2　计算机控制系统的硬件组成

计算机是整个控制系统的核心。它接收从操作台传来的命令，对系统的各参数进行检测，执行数据处理、计算和逻辑判断、报警处理等，并根据计算结果通过接口发出输出命令。

接口电路与输入/输出通道是计算机与被控对象进行信息交换的桥梁。计算机输入数据或向外发送命令都是通过接口电路与输入/输出通道进行的。由于计算机只能接收数字量，而被控对象的参数既有数字量，又有模拟量，因此，需要把模拟量转换成数字量。这样，输入/输出通道可分为数字量通道和模拟量通道。

计算机控制系统中最基本的外部设备是操作台，它是人机对话的联系纽带，通过它可发出各种操作命令，显示系统的工作状态和数据，并可输入各种数据。一般操作台包括开关

（如电源开关、功能选择开关等）、功能键（如启动键、显示键、打印键等）、显示器（用于显示系统的工作状态和各种被控参数）和数据键（用于输入数据或修改系统的参数）。计算机控制系统还常配有串行通信口、打印机、液晶显示器（Liquid Crystal Displayer，LCD）终端等其他外部设备。

计算机控制系统还需要使用各种传感器把各种被测参数转变为电量信号送到计算机中，同时，也需要各种执行机构按计算机的输出命令去控制对象。

（2）软件。计算机控制系统还需要软件支持系统运行，并对系统进行管理和控制。对于计算机控制系统来说，软件可分为两大类，即实时软件和开发软件。

① 实时软件。实时软件是指在进行实际控制时使用的软件，可分为系统软件和应用软件两大类。系统软件是通用软件，一般由计算机设计者提供，专门用来使用和管理计算机。对计算机控制系统来说，最主要的系统软件为实时多任务操作系统，另外还可能使用数据库、中文系统、文件管理系统等。应用软件是面向用户本身的程序，如控制系统中各种A/D及D/A转换程序、数据采样滤波程序、计算程序及各种控制算法程序等。

② 开发软件。开发软件是指在开发、测试控制系统时使用的软件。开发软件包括各种语言处理程序（如汇编程序、编译程序）、服务程序（如装配程序、编辑程序）、调试和仿真程序等。开发软件一般仅在开发计算机控制系统时使用，当调试完成后，在实际运行时一般不使用开发软件。

2. 计算机控制系统的特点

计算机控制系统的特点主要体现在以下四个方面：

（1）具有完善的输入/输出通道，包括模拟量输入/输出通道和数字量或开关量输入/输出通道等，这是微型计算机有效发挥其控制功能的重要保证。

（2）具有实时控制功能，换句话说，具有完善的中断系统、实时时钟及高速数据通道，以保证对被控对象状态和参数的变化及一些紧急情况具有迅速响应能力，并能够实时地在微型计算机与被控对象之间进行信息交换。

（3）可靠性高，对环境适应性强，以满足在生产现场应用的要求。

（4）具有丰富、完善、能正确反映被控对象运动规律并对其进行有效控制的软件系统。

> ☞ 主题讨论：
> 计算机控制系统由哪几部分组成及各部分的作用是什么？

5.2.2 数字PID控制算法

> ☞ 提示：
> 学习本小节内容时可借助多媒体资源和工程录像，注意在选择调节器参数时应注意哪些问题，有哪些方法可以确定PID调节参数。

☞ 要点：
1. 通过凑试法确定 PID 调节参数。
2. 通过实验经验法确定 PID 调节参数。

按偏差的比例、积分和微分进行控制的调节器，是连续系统中技术成熟、应用最为广泛的一种调节器。它结构简单，参数易调整，技术人员在长期应用中已积累了丰富的经验。特别是在工业过程中，由于被控对象的精确数学模型难以建立，系统的参数又经常发生变化，运用现代控制理论进行分析、综合，即使耗费很大代价进行模型辨识，也往往不能得到预期的效果，所以人们常采用 PID 调节器，并根据经验进行在线整定。随着计算机技术的发展，PID 控制算法已能用计算机简单实现，而且由于计算机软件系统的灵活性，PID 控制算法可以得到修正从而更加完善。

模拟 PID 调节器是一种线性调节器。它将设定值 w 与实际输出值 y 进行比较，构成控制偏差 e（$e = w - y$），然后将偏差的比例（Proportion，P）、积分（Integral，I）、微分（Differential，D）通过线性组合构成控制量，如图 5-3 所示，所以简称模拟 PID 调节器。其中，比例调节起纠正偏差的作用，且其反应迅速；积分调节能消除静差，改善系统的静态特性；微分调节有利于减少超调，加快系统的过渡过程。这三个作用若配合得当，则可使调节过程快速、平稳、准确，获得较好的效果。在实际应用中，根据对象的特性和控制要求，可以灵活地改变其结构，取其中一部分环节构成控制规律，如比例调节器、比例积分调节器、比例微分调节器等。

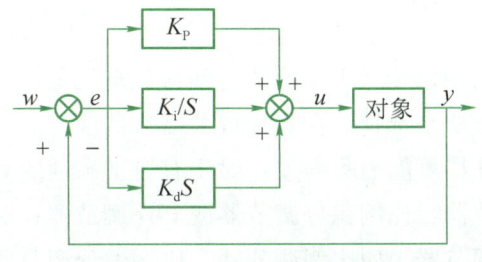

图 5-3 模拟 PID 调节器

模拟 PID 调节器的微分方程为

$$u(t) = K_P \left[e(t) + \frac{1}{T_i} \int_0^t e(t) \, dt + T_d \frac{de(t)}{dt} \right] \tag{5-1}$$

式中：$u(t)$ ——调节器的输出；

$e(t)$ ——调节器的输入，即给定量与输出量的误差；

K_P ——比例系数；

T_i ——积分时间常数；

T_d ——微分时间常数。

式（5-1）表示的调节器的输入函数及输出函数均为模拟量，计算机不能进行直接运算。为此，必须将连续形式的微分方程化成离散形式的差分方程。

取 T 为采样周期，k（$k=0,1,2,\cdots,K$）为采样序号，因为采样周期 T 相对于信号变化周期是很小的，所以可以用矩形面积法计算面积，用向后差分代替微分，则可得到

$$u(k) = K_P\left\{e(k) + \frac{T}{T_i}\sum_{j=0}^{k}e(j) + \frac{T_d}{T}[e(k) - e(k-1)]\right\} \quad (5-2)$$

式（5-2）称为 PID 位置控制算法。按式（5-2）计算 $u(k)$ 时，输出值与过去的所有状态都有关，所以计算时要占大量的内存和花费大量的时间，为此，可将式（5-2）化成递推形式，即

$$\Delta u(k) = u(k) - u(k-1) = d_0 e(k) + d_1 e(k-1) + d_2 e(k-2) \quad (5-3)$$

式中，$d_0 = K_P\left(1 + \frac{T}{T_i} + \frac{T_d}{T}\right)$，$d_1 = -K_P\left(1 + \frac{2T_d}{T}\right)$，$d_2 = K_P\frac{T_d}{T}$。

式（5-3）称为 PID 增量式控制算法，它和式（5-2）在本质上是一样的，但其具有下述优点：

① 计算机只输出控制增量，误差动作影响小。
② 在进行手动/自动切换时，控制量冲击小，能够较平滑地过渡。
③ 大大节约计算机的内存和计算时间。

在 PID 增量式控制算法的基础上，针对其应用时的各种问题，出现了许多数字 PID 控制算法的改进形式，因此，在工程应用中，应根据实际情况查阅相关文献，然后选择合适的 PID 控制算法。

数字 PID 控制的采样周期，相对于系统的时间常数来说是很短的，所以其调节参数的整定可按模拟 PID 调节器的方法来选择。在选择调节器参数前，应首先确定调节器的结构，以保证被控对象的稳定性，并尽可能消除静差：对于有自平衡性的对象来说，应选择包含积分环节的调节器，如积分调节器、比例积分调节器或 PID 调节器；对于无自平衡性的对象，则应选择不包含积分环节的调节器，如比例调节器、比例微分调节器；对某些有自平衡性的对象，可选择比例调节器或比例微分调节器，虽然这时会产生静差，但是，只要选择合适的比例系数，就可以使系统的静差保持在允许的范围内；对于具有纯滞后性质的对象，则往往应加入微分环节。

选择调节器的参数时，必须根据工程问题的具体要求综合考虑。在工业过程控制中，要求被控过程是稳定的，对给定量的变化能迅速和光滑地跟踪，超调量小，在不同干扰下系统的输出应能保持在给定值，控制变量不宜过大，在系统与环境参数发生变化时控制应保持稳定。显然，要同时满足上述要求是很困难的，所以，必须根据具体过程的要求，满足主要方面，并兼顾其他方面。

PID 调节器的设计可以用理论方法，也可通过实验方法。用理论方法设计调节器的前提

是要有被控对象的准确模型，但这在工业过程中一般较难做到，即使花了很大代价进行系统辨识，所得到的模型也只是近似的，加上系统的结构和参数都在随着时间变化，所以在近似模型基础上设计的最优控制器在实际过程中很难说是最优的，因此，工程上 PID 调节器的参数常常通过实验、凑试或实验结合经验公式来确定。

1. 通过凑试法确定 PID 调节参数

凑试法是通过模拟闭环运行观察系统的响应曲线（如阶跃响应），然后根据各调节参数对系统响应的大致影响，反复凑试参数，以达到满意的响应，从而确定 PID 调节参数。

增大比例系数 K_P，一般将加快系统的响应，在有静差的情况下，有利于减小静差。但过大的比例系数会使系统有较大的超调量，并会产生振荡，从而使稳定性变差。

增大积分时间 T_i 有利于减小超调赫尔振荡，使系统更加稳定，但系统静差的消除将随之减慢。

增大微分时间 T_d 也有利于加快系统响应，使超调量减小，稳定性增加，但系统对扰动的抑制能力将会减弱，对扰动有较敏感的响应。

在凑试时，可参考以上参数对控制过程的影响趋势，对参数实行先比例、后积分、再微分的整定步骤。

（1）首先只整定比例部分，即将比例系数由小变大，并观察相应的系统响应，直至得到反应快、超调小的响应曲线。如果系统没有静差或静差已小到允许范围内，并且响应曲线已属满意，那么只需用比例调节器即可。

（2）如果在比例调节的基础上系统的静差不能满足设计要求，则需要加入积分调节环节。整定时，首先置积分时间 T_i 为一个较大值，并将经第（1）步整定得到的比例系数略为缩小，然后减小积分时间，使系统在保持良好动态性能的情况下静差能够得到消除。在此过程中，可根据响应曲线的好坏反复改变比例系数与积分时间，以得到满意的控制过程和整定参数。

（3）若使用比例积分调节器消除了静差，但动态过程经反复调整仍不能满足要求，则可加入微分调节环节，构成比例积分微分调节器。在整定时，可先置微分时间 T_d 为零，然后在第（2）步整定的基础上增大 T_d，同时相应地改变比例系数和积分时间，逐步凑试，以获得满意的调节效果和控制参数。

应该指出的是，所谓满意的调节效果，是随不同的对象和控制要求而不同的。此外，PID 调节器的参数对控制质量的影响不是十分敏感，因而在整定中参数的选定并不是唯一的。事实上，在比例、积分、微分三部分产生的控制作用中，某部分的减小往往可由其他部分的增大来补偿，因此，用不同的整定参数完全有可能得到同样的控制效果。从应用的角度来看，只要被控过程的主要指标达到设计要求，即可选定相应的调节器参数为有效的控制参数。表 5-2 给出了一些常见被调量的 PID 调节器参数的选择范围。

表 5－2　一些常见被调量的 PID 调节器参数的选择范围

被调量	特　点	K_p	T_i/min	T_d/min
流量	对象时间常数小，并有噪声，K_p 较小，T_i 较短，不用微分	1～2.5	0.1	—
温度	对象为多容系统，滞后较大，常用微分	1.6～5	3～10	0.5～3
压力	对象为容量系统，滞后一般不大，不用微分	1.4～3.5	0.4～3	—
液位	在允许有静差时，不必用积分和微分	1.25～5	—	—

2. 通过实验经验法确定 PID 调节参数

用凑试法确定 PID 调节参数需要进行较多的模拟或现场试验。为了减少凑试次数，可利用人们在选择 PID 调节参数时已取得的经验，并根据一定的要求，事先做一些实验，以得到若干个基准参数，然后按照经验公式，由这些基准参数导出 PID 调节参数，这就是实验经验法。下面介绍其中常用的两种方法。

（1）扩充临界比例法。

这种方法适用于有自平衡性的被控对象。首先，将调节器选为纯比例调节器，形成闭环，改变比例系数，使系统对阶跃输入的响应达到临界振荡状态（稳定边缘）。其次，将这时的比例系数记为 K_r，临界振荡周期记为 T_r。最后，根据齐格勒－尼柯尔斯（Ziegler-Nichols）提供的经验公式，由这两个基准参数得到不同类型调节器的调节参数，如表 5－3 所示。

表 5－3　扩充临界比例法确定的不同类型调节器的调节参数

调节器的类型	K_p	T_i	T_d
P 调节器	$0.5K_r$	—	—
PI 调节器	$0.45K_r$	$0.85T_r$	—
PID 调节器	$0.6K_r$	$0.5T_r$	$0.12T_r$

扩充临界比例法给出了模拟 PID 调节器的参数整定。它用于数字 PID 调节器时，所提供的参数原则上也是适用的。根据控制过程准连续性的程度，可将这种方法进一步扩充。扩充时，首先要选定控制度。所谓控制度，就是以模拟调节为基准，将数字控制效果与其相比。控制效果的评价函数通常采用误差平方积分，即

$$控制度 = \frac{\int_0^2 e^2 \mathrm{d}t}{\int_0^\infty e^2 \mathrm{d}t} \tag{5-4}$$

对于模拟系统，其误差平方面积可由记录仪上的图形直接计算；对于数字系统，其误差平方面积可用计算机计算。通常，当控制度为 1.05 时，就可认为数字控制与模拟控制效果相同。

根据所算的控制度，调节器的参数与采样周期可由表 5－4 提供的经验公式给出。

表 5-4 用扩充临界比例法确定采样周期及数字 PID 调节器参数

控制度	调节器的类型	T	K_P	T_i	T_d
1.05	PI	$0.03T_r$	$0.53K_r$	$0.88T_r$	—
	PID	$0.014T_r$	$0.63K_r$	$0.49T_r$	$0.14T_r$
1.20	PI	$0.05T_r$	$0.49K_r$	$0.91T_r$	—
	PID	$0.043T_r$	$0.47K_r$	$0.47T_r$	$0.16T_r$
1.50	PI	$0.14T_r$	$0.42K_r$	$0.99T_r$	—
	PID	$0.09T_r$	$0.34K_r$	$0.43T_r$	$0.2T_r$
2.00	PI	$0.22T_r$	$0.36K_r$	$1.05T_r$	—
	PID	$0.16T_r$	$0.27K_r$	$0.4T_r$	$0.22T_r$

（2）阶跃曲线法。

这种方法适用于多容量自平衡系统。首先，它要通过实验测定系统对幅值为 u 的阶跃输入响应曲线，以确定基准参数 K_r 和 T_u，如图 5-4 所示。根据这两个基准参数及表 5-5 提供的经验公式，便可确定不同类型调节器的参数。

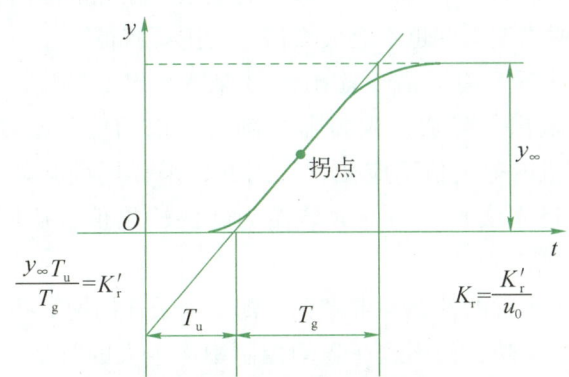

图 5-4 用阶跃曲线法确定基准参数

表 5-5 用阶跃曲线法确定数字 PID 调节器参数

调节器的类型	K	T_i	T_d
P 调节器	$1/K_r$	—	—
PI 调节器	$0.8/K_r$	$3T_u$	—
PID 调节器	$1.2/K_r$	$2T_u$	$0.42T_u$

阶跃曲线法相对于扩充临界比例法的优点如下：系统不需在闭环状态下运行，只需在开环状态下测得它的阶跃响应曲线。

以上用不同经验公式得到的调节参数，实际上只提供了调节过程衰减度为 1/4 时整定参数的大致取值范围。通常认为，1/4 的衰减度能兼顾稳定性和快速性，但如果要求更大的衰减度，则必须对参数另作调整。对 PID 调节参数的选择有各种不同的经验公式，如有针对不同特定系统的，有针对现成公式修正的，这里就不一一介绍了，有兴趣的学生可查阅有关文献。

3. 采样周期的选择

以上讨论的数字 PID 控制与一般的采样控制不同，它是一种准连续控制，是建立在用计算机对连续 PID 控制进行数字模拟的基础上的控制。这种控制方式要求采样周期与系统时间常数相比充分小。采样周期越小，数字模拟越精确，控制效果越接近连续控制。但采样周期的选择是受多方面因素影响的，下面简要讨论如何选择合适的采样周期。

从对调节品质的要求来看，似乎应将采样周期取得小些，在按连续系统 PID 调节选择整定参数时，可得到较好的控制效果，但实际上，调节质量对采样周期的要求有充分的裕度。根据香农采样定理，采样周期 T 只需要满足

$$T \leqslant \pi/\omega_{\max} \tag{5-5}$$

式中：$\omega_{\max}$——采样信号的上限角频率。

满足采样周期的采样信号通过保持环节仍可复原或近似复原为模拟信号，而不丢失任何信息。因此，香农采样定理给出了选择采样周期的上限。在此范围内，采样周期越小，就越接近连续控制，而且采样周期大些也不会失去信号的主要特征。

从执行元件的要求来看，有时需要输出信号保持一定的宽度。例如，当通过 D/A 转换带动步进电动机时，输出信号通过保持器达到所要求的控制幅度需要一定的时间。在这段时间内，要求计算机的输出值不应变化，因此，采样周期必须大于这段时间；否则，上一次计算机输出的值还未实现，马上又转换为新的输出值，从而导致执行元件不能按预期的调节规律动作。

从控制系统随动和抗干扰的性能要求来看，则要求采样周期短些。这样，给定值的改变可以迅速地通过采样得到反映，而不致在随动控制中产生大的时延。此外，对于低频扰动，采用短的采样周期可以使之迅速得到校正，并产生较小的最大偏差。对于中频干扰信号，如果采样周期选大了，干扰就有可能得不到控制和抑制。因此，如果干扰信号的最大频率是已知的，则也可根据香农采样定理来选择采样周期，以使干扰尽可能得到控制或抑制。

从计算机的工作量和每个调节回路的计算成本来看，一般要求采样周期大些。特别是当计算机用于多回路控制时，必须使每个回路的调节算法都有足够的时间完成。因此，在用计算机对动态特性不同的多个回路进行控制时，人们可充分利用计算机软件灵活的优点，对各回路分别选用相适应的采样周期，而不必强求选用统一的最小采样周期。

从计算机的精度来看，过短的采样周期是不合适的。这是因为工业控制用的微型计算机字长一般都较短，且为定点计算机，如果采样周期过短，则前后两次采样的数值之差可能因计算机精度不高而反映不出来，从而使调节作用减弱。此外，在用积分部分消除静差的调节回路中，如果采样周期 T 太小，则将会使积分部分的增益 T/T_i 过低，当偏差 e_i 小到一定限度以下时，PID 增量式控制算法中的 T_{ei}/T_i 就有可能受到计算精度限制而始终为零，积分部分

不能继续起消除残差的作用，导致这部分残差将被保留下来。因此，T 的选择必须大到使由计算机精度造成的"积分残差"减小到可以接受的程度。

从以上的分析可知，各方面因素对采样周期的要求是不同的，甚至是互相矛盾的，所以，确定采样周期时须根据具体情况和主要要求做出折中选择。

在工业过程控制中，大量被控对象都具有低通的性质。表 5-6 列出了几种常见被调量的经验采样周期。

表 5-6　几种常见被调量的经验采样周期

被调量	采样周期 T/s
流量	1
压力	5
液位	10
温度	20

☞ 主题讨论：
工程上 PID 调节器的参数常常通过哪些方法来确定？它们各自的特点是什么？

5.2.3　计算机控制系统的常用类型

☞ 提示：
学习本小节内容时可借助多媒体资源和工程录像，注意各种计算机控制系统的性能。

☞ 要点：
各种计算机控制系统的性能比较。

由于计算机的迅速发展，机电一体化系统大多用计算机作为控制器，目前常用的有基于单片机、单板机、普通计算机、工业计算机和 PLC 等多种类型的控制系统。表 5-7 所示是各种计算机控制系统的性能比较，其中，PLC 控制系统由于具有可靠性高、开发工作量小等一系列优点而被越来越多地应用于机电一体化系统中。

表 5-7　各种计算机控制系统的性能比较

	普通计算机系统		工业计算机控制系统		PLC 控制系统	
	单片机系统	PC 扩展系统	STD 总线系统	工业 PC 系统	小型 PLC 系统（256 点以内）	大型 PLC 系统
控制系统的组成	自行研制（非标准化）	配备各类功能的接口板	选购标准化的 STD 模板	整机已成系统，外部另行配置	按使用要求选购相应的产品	按使用要求选购相应的产品

续表

	普通计算机系统		工业计算机控制系统		PLC 控制系统	
	单片机系统	PC 扩展系统	STD 总线系统	工业 PC 系统	小型 PLC 系统（256 点以内）	大型 PLC 系统
系统功能	简单的逻辑控制或模拟量控制	数据处理功能强，可组成功能完整的控制系统	可组成从简单到复杂的各类测控系统	本身已具备完整的控制功能，软件丰富，执行速度快	以逻辑控制为主，也可组成模拟量控制系统	大型复杂的多点控制系统
通信功能	按需自行配置	已备一个串行口，若需较多则需另行配置	选用通信模板	产品已提供串行口	选用 RS-232C 通信模块	选取相应的模块
硬件制作工作量	多	稍多	少	少	很少	很少
程序语言	汇编语言	汇编和高级语言均可	汇编和高级语言均可	以高级语言为主	以梯形图编程为主	多种高级语言
软件工作开发量	很多	多	较多	较多	很少	较多
执行速度	快	很快	快	很快	稍慢	很快
输出带负载的能力	差	较差	较强	较强	强	强
抗电干扰的能力	较差	较差	好	好	很好	很好
可靠性	较差	较差	好	好	很好	很好
环境适应性	较差	差	较好	一般	很好	很好
应用场合	智能仪器，单机简单控制	实验室环境的信号采集及控制	一般工业现场控制	较大规模的工业现场控制	一般规模的工业现场控制	大规模的工业现场控制，可组成监控网络
价格	最低	较高	稍高	高	高	很高

☞ 主题讨论：

举例说明文中的各种计算机控制系统应用在什么场合。

5.2.4 计算机控制系统的设计

> ☞ 提示：
> 　　学习本小节内容时可借助多媒体等资源，重点是计算机控制系统的选择及设计思路。
>
> ☞ 要点：
> 　　1. 计算机控制系统的选择和权衡。
> 　　2. 计算机控制系统的设计思路。

控制系统的设计是综合运用各种知识的过程。不同产品所需要的控制功能、控制形式和动作控制方式不尽相同。由于采用计算机作为机电一体化系统或产品的控制器，因此，其控制系统的设计就是选用计算机、设计接口、控制形式和动作控制方式的问题。这不仅需要计算机控制理论、数字电路、软件设计等方面的知识，而且需要一定的生活和生产工艺知识。通常，由机电一体化系统设计人员首先提出总的设计要求，然后由各专业人员通力协作完成。

1. 计算机控制系统的选择和权衡

在计算机控制系统的设计中，首先遇到的问题有以下两方面：

（1）专用与通用的选择。

专用控制系统适合于大批量生产的机电一体化产品。在开发新产品时，如果要求具有机械与电子有机结合的紧凑结构，则只有专用控制系统才能做到。专用控制系统的设计问题，实际上就是选用适当的通用集成电路芯片来组成控制系统，以便与执行元件和检测传感器相匹配，或重新设计制作专用集成电路，把整个控制系统集成在一块或几块芯片上。对于多品种、中小批量生产的机电一体化产品来说，由于还在不断改进，其结构尚不十分稳定，特别是对现有设备进行改造时，采用通用控制系统比较合理。通用控制系统的设计，主要是合理地选择主控制计算机机型，设计与其执行元件和检测传感器之间的接口，并在此基础上编制应用软件，实质上就是通过接口设计和软件编制来使通用计算机专用化的问题。

（2）硬件与软件的权衡。

无论采用通用控制系统还是采用专用控制系统，都存在硬件和软件的权衡问题。有些功能，如运算与判断处理等，适宜用软件来实现，而在其余大多数情况下，对于某种功能来说，既可用硬件来实现，也可用软件来实现。因此，控制系统中硬件和软件的合理组成，通常要根据经济性和可靠性的标准来权衡决定。在用分立元件组成硬件的情况下，可以考虑是否采用软件；在能采用通用的大规模集成电路芯片来组成所需电路的情况下，最好采用硬件。这是因为与采用分立元件组成的电路相比，采用软件不需要焊接，并且易于修改，所以采用软件更为可靠；而利用大规模集成电路芯片组成电路，不仅价廉，而且可靠性高，处理速度快，因而采用硬件更为有利。

控制系统一般为电子系统，其环境适应能力较差，并且存在电噪声干扰的问题，如在一般车间条件下，在使用时就可能受到干扰而引起故障。另外，一般的机械操作人员不易掌握电子系统的维修技术。因此，在设计控制系统时，要想提高包括环境适应性和抗干扰能力在内的可靠性，则必须特别注意采取必要的措施。

2. 计算机控制系统的设计思路

（1）确定系统的整体控制方案。

设计时，首先应了解被控对象的控制要求。构思计算机控制系统的整体方案，通常都先从系统构成上考虑是采用开环控制还是采用闭环控制。当采用闭环控制时，第一，要考虑采用何种检测传感元件，检测精度要求如何；第二，要考虑执行元件采用何种方式，是电动、气动还是液动，比较其方案的优、缺点，择优而选；第三，要考虑是否有特殊的控制要求，对于具有高可靠性、高精度和快速性要求的系统，应采取哪些措施；第四，要考虑计算机在整个控制系统中的作用，是设定计算、直接控制还是数据处理，计算机应承担哪些任务，为完成这些任务计算机应具备哪些功能，需要哪些输入/输出通道以及需要配备哪些外围设备；第五，初步估算其成本，确定整体方案后，画出系统组成的初步框图，并附以说明，以作为下一步设计的基础和依据。

（2）确定控制算法。

在对任何一个具体的计算机控制系统进行分析、综合或设计时，首先都应建立该系统的数学模型，确定其控制算法。所谓数学模型，就是系统动态特性的数学表达式。它反映了系统输入内部状态和输出之间的数量和逻辑关系。这些关系式为计算机进行运算处理提供了依据，即由数学模型推出控制算法。所谓计算机控制，就是计算机按照规定的控制算法进行控制。因此，控制算法的正确与否将直接影响控制系统的品质，甚至决定整个系统的成败。

每个控制系统都有一个特定的控制规律。因此，每个控制系统都有一套与此控制规律相对应的控制算法。例如，机床控制中常使用的逐点比较法的控制算法和数字积分法的控制算法，直接数字控制系统中常用的 PID 调节的控制算法，位置数字伺服系统中常用的实现最少拍控制的控制算法，另外，还有各种最优控制的控制算法、随机控制和自适应控制的控制算法。在进行系统设计时，应按所设计的具体被控对象和不同的控制性能指标要求及所选用的计算机的处理能力选定一种控制算法。在选择控制算法时应注意，控制算法对系统的性能指标有直接影响，因此，应考虑所选定的算法是否能满足控制速度、控制精度和系统稳定性的要求。例如，要求快速跟随的系统可选用达到最少拍的直接控制算法，具有纯滞后的系统最好选用达林算法或施密斯补偿算法，随机控制系统应选用随机控制算法。各种控制算法都提供了一套通用的计算公式，但具体到一个被控对象上时，必须有分析地选用，在某些情况下可能还要进行某些修改和补充。例如，对某一被控对象选用 PID 调节规律数字化的方法设计数字控制器，在某些情况下对其做适当的改进，就能使系统得到更好的快速性。

当控制系统比较复杂时，控制算法也比较复杂，所以整个控制系统的实现就比较困难。为设计、调试方便，可将控制算法做某些合理的简化，忽略某些因素的影响（如非线性、小延时、小惯性等），在取得初步控制成果后，再逐步完善控制算法，直到获得最好的控制效果。

（3）选择微型计算机。

对于给定的任务，选择微型计算机的方案不是唯一的。从控制的角度出发，微型计算机应能满足具有较完善的中断系统、足够的存储容量、完备的输入/输出通道和实时时钟等要求。

① 较完善的中断系统。微型计算机控制系统必须具有实时控制性能。实时控制包含两个含义：一是系统正常运行时的实时控制能力，二是发生故障时的紧急处理能力。系统运行时往往需要修改某些参数，改变某个工作程序或指出规定的时间间隔，在输入/输出异常或出现紧急情况时应进行报警并处理，处理这些问题一般都采用中断控制方式。CPU应及时接收中断请求，暂停原来执行的程序，转而执行相应的中断服务程序，待中断处理完毕后，再返回源程序继续执行。因此，微型计算机的CPU应具有较完善的中断系统。选用的接口芯片也应具有中断工作方式，以保证控制系统能满足生产中提出的各种控制要求。

② 足够的存储容量。由于微型计算机内存容量有限，当内存容量不足以存放程序和数据时，应扩充其内存，有时还应配备适当的外存储器。系统程序和应用程序可保存在磁盘内，运行时由操作系统随时从磁盘调入内存。

③ 完备的输入/输出通道和实时时钟。输入/输出通道是外部设备和主机交换信息的通道。根据控制系统的不同，有的要求有开关量输入/输出通道，有的要求有模拟量输入/输出通道，有的要求同时有开关量输入/输出通道和模拟量输入/输出通道。另外，要实现外部设备和内存之间快速、批量交换信息的系统，还应具有直接数据通道。实时时钟在过程控制中可给出时间参数，记录下某事件发生的时刻，同时使系统按规定的时间顺序完成各种操作。

选择微型计算机除应满足上述几点要求外，从不同的被控对象角度来说，还应考虑几个特殊要求。

① 字长。微处理器的字长定义为并行数据总线的线数。字长直接影响数据的精度、寻址的能力、指令的数目和执行操作的时间。对于通常的顺序控制和程序控制，可选用1位机。对于计算精度和速度要求不高的系统，可选用4位机（如计算机、家用电器及简单控制等）；对于计算精度要求较高、处理速度较快的系统，可选用8位机（如线切割机床等普通机床的控制、温度控制等）；对于计算精度要求高、处理速度快的系统，可选用16位机甚至32位机（如控制算法复杂的生产过程控制、要求高速运行的机床控制、特别大量的数据处理等）。

② 速度。速度的选择与字长的选择可一并考虑。对于同一算法、同一精度要求，当微型计算机的字长短时，就要采用多字节运算，从而导致完成计算和控制的时间增长，所以，为了保证实时控制，就必须选用执行速度快的微型计算机。当微型计算机的字长足够保证精度要求时，不必采用多字节运算，所以机器完成计算和控制的时间就短，因此，可选用执行速度较慢的微型计算机。

通常，微处理器的速度选择可根据不同的被控对象而定。例如，对于反应缓慢的化工生产过程的控制，可选用慢速的微处理器；对于高速运行的加工机床、连轧机的实时控制等，必须选用高速的微处理器。

③ 指令。一般来说，指令条数多，针对特定操作的指令就多，这样会使程序量减少，处理速度加快。对于控制系统来说，尤其需要比较复杂的逻辑判断指令和外围设备控制指令，通常，8位微处理器都具有足够的指令种类和数量，能够满足控制要求。

选择计算机时，还应考虑成本高低、程序编制难易以及扩充输入/输出接口是否方便等因素，从而确定是选用单片机、PLC，还是选用微型计算机系统。

(4) 对系统的总体设计。

系统的总体设计主要是对系统控制方案进行具体实施步骤的设计，其主要依据是上述的整体方案初步框图、设计要求及所选用的计算机类型，然后通过设计画出系统的具体构成框图。一个正在运行的、完整的计算机控制系统，需要在计算机、被控对象和操作者之间适时、不断地交换数据信息和控制信息。在进行总体设计时，要综合考虑硬件和软件实施措施，解决三者之间可靠、适时地进行信息交换的通路和分时控制的时序安排问题，以保证系统能正常运行。设计中应主要考虑硬件功能与软件功能的分配和协调、接口设计、通道设计、操作控制台设计和可靠性设计等问题。其中，硬件功能与软件功能的分配和协调要根据经济性和可靠性标准进行权衡，可靠性设计问题主要是制定可靠性设计方案，采取可行的可靠性措施来进行解决。

① 接口设计。通常选用的微型计算机都已配备相当数量的可编程序的输入/输出通用接口，如并行接口、串行接口以及计数器/定时器等。在进行接口设计时，要合理地使用这些接口。当通用接口不够时，应进行接口的扩展。接口的扩展方案较多，要根据控制要求及能够得到何种元件和扩展接口的方便程度来确定，通常有下述三种方法可供选用。

A. 选用功能接口板。在功能接口板上有多组并（串）行数字量输入/输出通道，或多组模拟量输入/输出通道。采用选配功能插板扩展接口方案的最大优点是硬件工作量小，可靠性高，但功能插板价格较高，一般只用来组成较大的系统。

B. 选用通用接口电路。在组成一个较小的控制系统时，有时可采用通用接口电路来扩展接口。由于通用接口电路是标准化的，所以，只要了解其外部特性，掌握接口与CPU的连接方法以及对其进行编程控制的方法，就可以进行任意扩展。

C. 用集成电路自行设计接口电路。在某些情况下，不采用通用接口电路，因为采用其他中小规模集成电路扩充接口更方便、成本更低。例如，一个控制系统需要输入多组数据或开关量，可用74LS138译码器和74LS244三态缓冲器等组成输入接口，也可用74LS138译码器和74LS373锁存器等组成输出多组数据的输出接口。

接口设计包括两方面的内容：一是扩展接口；二是安排通过各接口电路输入/输出端的输入/输出信号，选定各信号输入/输出时采用的控制方式。如果要采用程序中断方式，就要考虑中断申请输入、中断优先级排队等问题；若要采用直接存储器存取方式，则需要在接口上增加直接存储器存取（Direct Memory Access，DMA）控制器。

② 通道设计。输入/输出通道是计算机与被控对象相互交换信息的部件。每个控制系统都要有输入/输出通道。一个系统中可能有开关量输入/输出通道或模拟量的输入/输出通道。在总体设计中，应确定系统应设置什么通道，每个通道由几部分组成，各部分选用什么样的元器件等。

开关量输入/输出通道也称为数字量输入/输出通道。开关量的输入通道要解决电平转换、去抖动及抗干扰等问题，开关量的输出通道要解决功率驱动等问题。开关量输入/输出通道都要通过前面设计的接口电路。

模拟量输入/输出通道比较复杂。模拟量的输入通道主要由信号处理装置（标度变换、滤波、隔离、电平转换、线性化处理等）、采样单元、采样保持器和放大器、A/D 转换器等组成。模拟量的输出通道主要由 D/A 转换器和放大器等组成。

③ 操作控制台设计。微型计算机控制系统必须便于人机联系，因此，通常需要设计一个现场操作人员使用的控制台。这个控制台一般不能用计算机所带的键盘代替，因为现场操作人员不了解计算机的硬件和软件，假若操作失误，则可能发生事故，所以一般要单独设计一个操作人员控制台。操作人员控制台一般应具备下列功能：有一组或几组数据输入键（数字键或拨码开关等），用于输入或更新给定值、修改控制器参数或其他必要的数据；有一组或几组功能键或转换开关，用于转换工作方式，启动、停止或完成某种指定的功能；有一个数字显示装置或显示屏，用于显示各状态参数及故障指示等；控制板上应有一个"急停"按钮，用于在出现事故时使系统停止运行，转入故障处理。

应当指出的是，操作人员控制台上的每一个数字信号或控制信号都与系统的工作息息相关，设计时必须明确这些转换开关、按钮、键盘、数字显示器、状态和故障指示灯等的作用和意义，仔细设计操作人员控制台的硬件及其相应的控制台管理程序，使设计的操作人员控制台既方便操作，又安全可靠，即使操作失误，也不会引起严重后果。

（5）软件设计。

计算机控制系统的软件主要分为两大类，即系统软件和应用软件。系统软件包括操作系统、诊断系统、开发系统和信息处理系统的软件。系统软件一般不需要用户设计，对用户来说，基本上只需了解其大致原理和使用方法就行了，而应用软件需要由用户自行编写，所以，软件设计主要是应用软件设计。

控制系统对应用软件的要求是实时性、针对性、灵活性和通用性。对于工业控制系统来说，由于它是实时控制系统，所以要求应用软件能够在被控对象允许的时间间隔内进行控制、运算和处理。应用软件的最大特点是具有较强的针对性，即每个应用程序都是根据一个具体系统的要求设计的，如对控制算法的选用必须具有针对性，因为这样才能保证控制系统具有较好的调节品质。为此，应采用模块式结构，尽量把共用的程序编写成具有不同功能的子程序，如算术和逻辑运算程序、A/D 和 D/A 转换程序、PID 控制算法程序等。设计者的任务主要是把这些具有一定功能的子程序进行排列组合，使其成为一个能够完成特定功能的应用程序，这样可大大简化设计步骤和设计时间。应用软件的设计方法有两种，即模块化程序设计法和结构化程序设计法。

① 模块化程序设计法。在计算机控制系统中，程序大体上可以分为数据处理和过程控制两大基本类型。数据处理程序主要是数据的采集、数字滤波、标度变换及数值计算等。过程控制程序主要是使计算机按照指定的方法（如 PID 或直接数字控制）进行计算，然后输出结果，以控制生产过程。为了完成上述任务，在进行软件设计时，通常把整个程序分成若干部分，每一部分叫作一个模块。所谓模块，实质上就是能完成一定功能且相对独立的程序段。这种程序设计方法叫作模块化程序设计法。

② 结构化程序设计法。结构化程序设计法给程序设计施加了一定的约束，它限定采用规定的结构类型和操作顺序，因此，能编写出操作顺序分明、便于查找错误和纠正错误的程序。常用的结构有直线顺序结构、条件结构、循环结构和选择结构。其特点是程序本身易于用程序框图描述，易于构成模块，操作顺序易于跟踪，便于查找错误和测试。

(6) 调试系统。

计算机控制系统设计完成以后，要对整个系统进行调试。调试的步骤如下：硬件调试→软件调试→系统调试。硬件调试包括对元器件的筛选、印制电路板制作、元器件的焊接及试验，安装完毕后要经过连续考机运行；软件调试主要是指在计算机上分别对各模块进行调试，使其正确无误，然后固化在电擦除可编程只读存储器（Electrically-Erasable Programmable Read-Only Memory，EEPROM）中；系统调试（联调）主要是指把硬件与软件组合起来进行模拟实验，确定无误后，再进行现场试验，直至正常运行。

> ☞ 主题讨论：
> 计算机控制系统的设计一般需要考虑哪几方面的内容？

5.3 PLC 技术

5.3.1 PLC 概述

> ☞ 提示：
> 学习本小节内容时可借助多媒体等资源，注意 PLC 作为一种工业控制装置，在结构、性能、功能及使用等方面有哪些独到的特点。
>
> ☞ 要点：
> 1. PLC 的定义、特点。
> 2. PLC 的分类及主要性能指标。

1. PLC 的定义

国际电工委员会（International Electrotechnical Commission，IEC）于 1987 年颁布了可编程逻辑控制器标准草案第三稿，在该草案中对 PLC（Programmable Logic Controller，可编程逻辑控制器）的定义：可编程逻辑控制器是一种数字运算操作的电子系统，专为在工业环境下应用而设计。它采用可编程序的存储器，用于其内部存储程序，执行逻辑运算、顺序控制、定时、计数和算术运算等面向用户的指令，并通过数字式和模拟式的输入和输出，控制各种类型的机械生产过程。可编程逻辑控制器及其有关设备，都应按易于与工业控制系统形成一个整体、易于扩充其功能的原则设计。PLC 区别于一般的微型计算机控制系统及传统控制装置。

2. PLC 的特点

PLC 作为一种工业控制装置，在结构、性能、功能及使用等方面有独到的特点。

（1）结构特点——模块化结构。

PLC 基本的输入/输出和特殊功能处理模块等均可按积木式组合，有利于维护和进行功能扩充。另外，PLC 的体积小，使用方便。

（2）性能特点——可靠性高，抗干扰能力强。

PLC 是专为工业控制而设计的，在设计与制造过程中均采用了屏蔽、滤波、光电隔离等有效措施，并且其采用模块式结构，当有故障时可以迅速更换。PLC 的平均无故障时间可达两万小时以上。

（3）功能特点——功能完善，适应性（通用性）强。

PLC 具有逻辑运算、定时、计数等多种功能，还能进行 A/D 转换、D/A 转换、数据处理、通信联网，并且其运行速度很快、精度高。PLC 的品种多，档次也多。许多 PLC 制成模块式，可灵活组合。

（4）使用特点——使用方便，易于维护。

PLC 体积小、质量小、便于安装；其输入端子可直接与各种开关量和传感器连接，输出端子通常也可直接与各种继电器连接；维护方便，有完善的自诊断功能和运行故障指示装置，可以迅速、方便地检查、判断出故障，缩短检修时间。

3. PLC 的分类

PLC 一般可从其结构形式、I/O 点数、功能和用途等方面进行分类。

（1）按结构形式分类。

① 整体式。整体式 PLC 将电源、CPU、I/O 接口等部件集中在一个机箱内，具有结构紧凑、体积小、价格低等特点。

② 模块式。模块式 PLC 将 PLC 的各组成部分分别制成若干个单独的模块，如 CPU 模块、I/O 模块、电源模块（有的含在 CPU 模块中）和各种功能模块。

③ 叠装式。叠装式 PLC 将整体式和模块式的特点结合起来。叠装式 PLC 的 CPU、电源、I/O 接口等也是各自独立的模块，但它们之间是靠电缆进行连接的，并且各个模块可以

一层层地叠装。这样，系统不但可以灵活配置，而且还可以做到体积小巧。

(2) 按 I/O 点数分类。

① 小型 PLC。I/O 点数在 256 以下的 PLC 为小型 PLC，其中，I/O 点数小于 64 的为超小型 PLC 或微型 PLC。

② 中型 PLC。I/O 点数为 256~2 048 的 PLC 为中型 PLC。

③ 大型 PLC。I/O 点数在 2 048 以上的 PLC 为大型 PLC，其中，I/O 点数超过 8 192 的为超大型 PLC。

按 I/O 点数分类的界限不是固定不变的，它随 PLC 的发展而变化。

(3) 按功能分类。

① 低档。低档 PLC 具有逻辑运算、定时、计数、移位及自诊断、监控等基本功能，还可以有少量模拟量输入/输出、算术运算、数据传送和比较、通信等功能。低档 PLC 主要用于逻辑控制、顺序控制或少量模拟量控制的单机系统。

② 中档。中档 PLC 除了具有低档 PLC 的功能外，还具有较强的模拟量输入/输出、算术运算、数据传送和比较、数制转换、远程 I/O、通信联网等功能。有些中档 PLC 还增设了中断、PID 控制等功能。

③ 高档。除了具有中档 PLC 的功能外，高档 PLC 还增加了带符号算术运算、矩阵运算、位逻辑运算、平方根运算及其他特殊功能函数运算、制表及表格传送等功能。高档 PLC 具有更强的通信联网功能，可用于大规模过程控制系统或构成分布式网络控制系统，实现工厂自动化。

(4) 按用途分类。

① 通用型。通用型 PLC 作为标准装置，可供各类工业控制系统选用。

② 专用型。专用型 PLC 是专门为某类控制系统设计的。由于具有专用性，所以其结构设计更为合理，控制性能更加完善。

随着 PLC 应用的逐步普及，专为家庭自动化设计的超小型 PLC 已出现。

4. PLC 的主要性能指标

(1) I/O 总点数。

I/O 总点数是衡量 PLC 输入信号和可输出信号的数量的指标。PLC 的输入/输出有开关量和模拟量两种。其中，开关量用最大 I/O 点数表示，模拟量用最大 I/O 通道数表示。

(2) 存储器容量。

存储器容量是衡量可存储用户应用程序多少的指标，通常以字或千字为单位（16 位二进制数为一个字，一个字包含两个 8 位的字节，每 1 024 个字节为 1 KB）。一般的逻辑操作指令每条占 1 个字，定时器、计数器移位操作等指令占 2 个字，而数据操作指令占 2~4 个字。

(3) 编程语言。

编程语言是 PLC 厂家为用户设计的用于实现各种控制功能的编程工具，它有多种形式，常见的是梯形图编程语言及语句表编程语言，另外还有逻辑图编程语言、布尔代数编程语言等。

（4）扫描时间。

扫描时间是执行 1 000 条指令所需要的时间，一般为 10 ms 左右，小型机的扫描时间可能大于 40 ms。

（5）内部寄存器的种类和数量。

内部寄存器的种类和数量是衡量 PLC 硬件功能的一个指标。内部寄存器主要用于存放变量的状态、中间结果和数据等，还提供大量的辅助寄存器，如定时/计数器、移位寄存器、状态寄存器等，以便用户编程使用。

（6）通信能力。

通信能力是指 PLC 与 PLC、PLC 与计算机之间的数据传送及交换能力，它是工厂自动化的必备基础。目前生产的 PLC 不论小型机还是中、大型机，都配有 1～2 个甚至更多个通信端口。

（7）智能模块。

智能模块是指具有自己的 CPU 和系统的模块。它作为 PLC 中央处理单元的下位机，不参与 PLC 的循环处理过程，但接受 PLC 的指挥，可独立完成某些特殊操作。例如，常见的智能模块有位置控制模块、温度控制模块、PID 控制模块、模糊控制模块等。

5. PLC 的应用

PLC 是以自动控制技术、微计算机技术和通信技术为基础发展起来的新一代工业控制装置。随着微处理器技术的发展，PLC 得到了迅速的发展，也得到了越来越多的应用。目前，PLC 在国内外已被广泛应用于钢铁、石油、化工、电力、建材、机械制造、汽车、轻纺、交通运输、环保及文化娱乐等各个行业。PLC 的应用领域大致可归纳为如下几类。

（1）开关量的逻辑控制。

这是 PLC 最基本、最广泛的应用领域，它取代了传统的继电器电路，实现逻辑控制、顺序控制，既可用于单台设备的控制，也可用于多机群控及自动化流水线，如注塑机、印刷机、订书机械、组合机床、磨床、包装生产线、电镀流水线等。

（2）模拟量控制。

在工业生产过程中，有许多连续变化的量，如温度、压力、流量、液位和速度等，它们都是模拟量。为了使 PLC 处理模拟量，必须实现模拟量和数字量之间的 A/D 转换及 D/A 转换。PLC 厂家都生产配套的 A/D 转换模块和 D/A 转换模块，使 PLC 用于模拟量控制。

（3）运动控制。

PLC 可以用于圆周运动或直线运动的控制。从控制机构配置来说，PLC 早期直接用于开关量 I/O 模块连接位置传感器和执行机构，现在一般使用专用的运动控制模块，如可驱动步进电动机或伺服电动机的单轴或多轴位置控制模块。世界上各主要 PLC 厂家的产品几乎都有运动控制功能，广泛用于各种机械、机床、机器人、电梯等场合。

(4)过程控制。

过程控制是指对温度、压力、流量等模拟量的闭环控制。作为工业控制计算机，PLC 能编制各种各样的控制算法程序，完成闭环控制。PID 调节是一般闭环控制系统中用得较多的调节方法。大、中型 PLC 都有 PID 模块，目前许多小型 PLC 也具有此功能模块。过程控制在冶金、化工、热处理、锅炉控制等场合有非常广泛的应用。

(5)数据处理。

现代 PLC 具有数学运算（含矩阵运算、函数运算、逻辑运算）、数据传送、数据转换、排序、查表、位操作等功能，可以完成数据的采集、分析及处理。这些数据可以与存储在存储器中的参考值比较，完成一定的控制操作，也可以利用通信功能传送到别的智能装置，或将它们打印制表。数据处理一般用于大型控制系统，如无人控制的 FMS，也可用于过程控制系统，如造纸、冶金、食品工业中的一些大型控制系统。

(6)通信及联网。

PLC 通信含 PLC 之间的通信及 PLC 与其他智能设备之间的通信。随着计算机控制的发展，工厂自动化网络发展得很快，各 PLC 厂家都十分重视 PLC 的通信功能，纷纷推出各自的网络系统。新近生产的 PLC 都具有通信接口，其通信非常方便。

> ☞ 主题讨论：
> 　　PLC 的特点是什么？一般应用在什么场合？

5.3.2　PLC 的组成

> ☞ 提示：
> 　　学习本小节内容时可借助多媒体等资源，注意 PLC 的基本结构及作用。
> ☞ 要点：
> 　　1. PLC 的基本结构。
> 　　2. PLC 各个组成部分的作用。

从广义上讲，PLC 是一种特殊的工业控制计算机，只不过比一般的计算机具有功能更强的与工业过程相连接的接口和更直接的适用于控制要求的编程语言，所以 PLC 与微型计算机控制系统十分相似。

1. PLC 的基本结构

PLC 主要由 CPU、存储器［随机存取存储器（Random Access Memory，RAM）、只读存储器（Read-Only Memory，ROM）］、输入/输出单元（I/O 接口）和电源（开关式稳压电源）、编程器组成，其结构框图如图 5-5 所示。

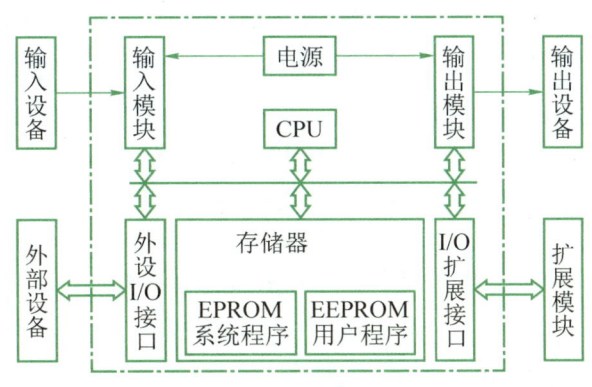

图 5-5　PLC 结构框图

2. PLC 各个组成部分的作用

（1）CPU。

CPU 是 PLC 的核心部件，是 PLC 控制系统的运算及控制中心，其按照 PLC 的系统程序所赋予的功能完成如下任务：

① 控制从编程器输入的用户程序和数据的接收与存储。

② 诊断电源、PLC 内部电路的工作故障和编程中的语法错误。

③ 用扫描的方式接收输入设备的状态（开关量信号）和数据（模拟量信号）。

④ 执行用户程序，输出控制信号。

⑤ 与外部设备或计算机通信。

（2）存储器。

存储器是用来存储系统程序、用户程序与数据的，故 PLC 的存储器有系统存储器和用户存储器两大类。系统存储器使用 EPROM（Erasable Programmable ROM，可擦可编程只读存储器），用于存放系统程序（相当于计算机的操作系统，用户不能更改）。用户存储器通常由用户程序存储器（程序区）和功能存储器（数据区）组成。

（3）I/O 接口。

PLC 的 I/O 接口是 PLC 与现场生产设备直接连接的端口。它用于接收现场的输入信号（如按钮、行程开关、传感器等的输入信号）；输出控制信号，直接或间接地控制或驱动现场生产设备（如信号灯、接触器、电磁阀等）。

（4）电源。

PLC 配有开关式稳压电源，供 PLC 内部使用。与普通电源相比，这种电源的输入电压范围宽、稳定性好、抗干扰能力强、体积小、质量小。有些机型还可向外提供 24 V DC 的稳压电源，用于对外部传感器供电。这就避免了由电源污染或使用不合格电源产品引起的故障，使系统的可靠性提高。

（5）编程器。

编程器是 PLC 最重要的外部设备。利用编程器，可编制用户程序、输入程序、检查程序、修改程序和监视 PLC 的工作状态。编程器一般分为简易型编程器和智能型编程器两种。简易型编程器常用在小型 PLC 上，只能联机编程，且往往需要将梯形图程序转化为语句表程序才能送入 PLC 中。智能型编程器又称为图形编程器，可直接输入梯形图程序。它可以联机编程，也可以脱机编程，常用于大、中型 PLC 的编程。

> ☞ 主题讨论：
> PLC 控制系统与普通计算机系统在系统的组成方面各有什么特点？

5.3.3　PLC 的编程与实现

> ☞ 提示：
> 学习本小节内容时可借助多媒体等资源，注意 PLC 的基本工作原理及梯形图的编程规则。
>
> ☞ 要点：
> 1. PLC 的基本工作原理。
> 2. 梯形图的编程规则。

1. PLC 的基本工作原理

（1）扫描工作方式。

当 PLC 投入运行后，其工作过程一般分为三个阶段，即输入采样、用户程序执行和输出刷新。上述三个阶段称为一个扫描周期。在整个运行期间，PLC 的 CPU 以一定的扫描速度重复执行上述三个阶段。

（2）PLC 执行程序的过程。

① 输入采样阶段。在输入采样阶段，PLC 以扫描方式依次读入所有输入状态和数据，并将它们存入 I/O 映象区的相应单元内。输入采样结束后，转入用户程序执行和输出刷新阶段。在这两个阶段中，即使输入状态和数据发生变化，I/O 映象区中相应单元的状态和数据也不会改变。因此，如果输入的是脉冲信号，则该脉冲信号的宽度必须大于一个扫描周期，才能保证在任何情况下，该输入均能被读入。

② 用户程序执行阶段。在用户程序执行阶段，PLC 是按由上而下的顺序依次扫描用户程序的。在扫描每一条梯形图时，首先扫描梯形图左边由各触点构成的控制线路，并按先左后右、先上后下的顺序对由触点构成的控制线路进行逻辑运算。其次根据逻辑运算的结果，刷新该逻辑线圈在系统 RAM 存储区中对应位的状态，或者刷新该输出线圈在 I/O 映象区中对应位的状态，或者确定是否要执行该梯形图所规定的特殊功能指令，这个结果在全部程序未执行完毕之前不会被送到输出端口上。

③ 输出刷新阶段。当扫描用户程序结束后，PLC 就进入输出刷新阶段。在此期间，CPU 按照 I/O 映象区内对应的状态和数据刷新所有的输出锁存电路，再经输出电路驱动相

应的外部负载，这时才是 PLC 的真正输出。

一般来说，PLC 的扫描周期包括自诊断、通信等，即一个扫描周期等于自诊断、通信、输入采样、用户程序执行、输出刷新等所有时间的总和。

2. PLC 的基本指令

以西门子 S7-200 系列 PLC 为例，该 PLC 具有丰富的指令集，按功能可分为基本逻辑指令、算术与逻辑指令、数据处理指令、程序控制指令和集成功能指令五部分。指令是程序的最小独立单位，用户程序由若干条顺序排列的指令构成。对于各种编程语言（如梯形图、语句表和控制系统流程图等），尽管其表达形式不同，但表示的内容是相同或类似的。

基本逻辑指令是 PLC 中应用最多的指令，是构成基本逻辑运算功能指令的集合，包括基本位操作、取非和空操作、置位/复位、边沿触发、逻辑堆栈、定时、计数、比较等逻辑指令。从梯形图指令的角度来说，基本逻辑指令可分为触点指令和线圈指令两大类。这里仅介绍与例 5.1 有关的部分指令。

（1）触点指令。

触点指令是用来提取触点状态或触点之间逻辑关系的指令集。触点分为常开触点和常闭触点两种形式。在梯形图中，触点之间可以自由地以串联或并联的形式存在。

触点指令代表 CPU 对存储器的读操作。常开触点和存储器的位状态一致，常闭触点和存储器的位状态相反。常开触点对应的存储器地址位为 1 状态时，触点闭合；常闭触点对应的存储器地址位为 0 状态时，触点闭合。用户程序中的同一触点可以多次被使用。S7-200 系列 PLC 部分触点指令的格式及功能如表 5-8 所示。

表 5-8 S7-200 系列 PLC 部分触点指令的格式及功能

梯形图 LAD	语句表 STL		功能	
	操作码	操作数	梯形图含义	语句表含义
bit （常开）	LD	bit	将一常开触点 bit 与母线相连接	将 bit 装入栈顶
	A	bit	将一常开触点 bit 与上一触点串联，可连续使用	将 bit 与栈顶相与后存入栈顶
	O	bit	将一常开触点 bit 与上一触点并联，可连续使用	将 bit 与栈顶相或后存入栈顶
	LD	bit	将一常开触点 bit 与母线相连接	将 bit 装入栈顶
bit （常闭）	LDN	bit	将一常闭触点 bit 与母线相连接	将 bit 取反后装入栈顶
	AN	bit	将一常闭触点 bit 与上一触点串联，可连续使用	将 bit 取反与栈顶相与后存入栈顶
	ON	bit	将一常闭触点 bit 与上一触点并联，可连续使用	将 bit 取反与栈顶相或后存入栈顶
	LDN	bit	将一常闭触点 bit 与母线相连接	将 bit 取反后装入栈顶

续表

梯形图 LAD	语句表 STL 操作码	语句表 STL 操作数	功能 梯形图含义	功能 语句表含义
⊣NOT⊢	NOT	无	串联在需要取反的逻辑运算结果之后	对该指令前面的逻辑运算结果取反

注：1. 语句表程序的触点指令由操作码和操作数组成。在语句表程序中，控制逻辑的执行通过 CPU 中的一个逻辑堆栈来实现，这个堆栈有九层深度，每层只有一位宽度，语句表程序的触点指令运算全部都在栈顶进行。

2. 表中 bit 操作数有寻址寄存器 I、Q、M、SM、T、C、V、S、L。

（2）线圈指令。

线圈指令是用来表达一段程序运行结果的指令集。线圈指令包括普通线圈指令、置位及复位线圈指令、立即线圈指令等。

线圈指令代表 CPU 对存储器的写操作，若线圈左侧的逻辑运算结果为"1"，则表示能流能够到达线圈，CPU 将该线圈所对应的存储器的位置写入"1"；若线圈左侧的逻辑运算结果为"0"，则表示能流不能够到达线圈，CPU 将该线圈所对应的存储器的位置写入"0"。在同一程序中，同一线圈一般只能使用一次。S7-200 系列 PLC 普通线圈指令的格式及功能如表 5-9 所示。

表 5-9 S7-200 系列 PLC 普通线圈指令的格式及功能

梯形图 LAD	语句表 STL 操作码	语句表 STL 操作数	功能 梯形图含义	功能 语句表含义
─(bit)─	=	bit	当能流流进线圈时，线圈所对应的操作数 bit 置 1	复制栈顶的值到指定 bit

注：1. 线圈指令 bit 操作数有寻址寄存器 I、Q、M、SM、T、C、V、S、L。

2. 线圈指令对同一元件（操作数）一般只能使用一次。

3. 梯形图的特点与编程规则

梯形图直观易懂，与继电器控制电路图相近，很容易为电气技术人员所掌握，是应用最多的一种编程语言。尽管梯形图与继电器控制电路图在结构形式、元件符号及逻辑控制功能等方面是类似的，但它们又有很多不同之处。梯形图具有自己的特点及编程规则。

（1）梯形图的特点。

① 梯形图按自上而下、从左到右的顺序排列。每个继电器线圈为一个逻辑行，即一层阶梯。每一个逻辑行起于左母线，然后是触点的连接，最后终止于继电器线圈及右母线（有些 PLC 的右母线可省略，如 S7-200 系列 PLC）。

在 S7-200 系列 PLC 的编程软件 STEP 7-Micro/WIN 中，一个或几个逻辑行构成一个网络，用 NETWORK *** 表示，其中，"NETWORK"为网络段，后面的"***"是网络段序号。为了使程序易读，可以在 NETWORK 后面输入程序标题或注释，但不参与程序执行。需要注意的是，左母线与线圈之间一定要有触点，而线圈与右母线之间不能有任何触点。

② 梯形图中的继电器不是物理继电器，每个继电器均为存储器中的一位，因此称为

"软继电器"。当存储器相应位的状态为"1"时，表示该继电器线圈得电，其常开触点闭合或常闭触点断开。也就是说，线圈通常代表逻辑"输出"结果，如指示灯、接触器、中间继电器、电磁阀等。

对 S7-200 系列 PLC 来说，还有一种输出"盒"（也称为功能框或电路块或指令盒），它代表附加指令，如定时器、计数器、移位寄存器及各种数学运算等功能指令。

因此，可以说，梯形图中的线圈是广义的，它只代表逻辑"输出"结果。

③ 梯形图是 PLC 形象化的编程手段，梯形图两端的母线并非实际电源的两端。因此，梯形图中流过的电流也不是实际的物理电流，而是"概念"电流，也称为"能流或使能"，是用户程序执行过程中满足输出条件的形象表示方式。

在梯形图中，能流只能从左到右流动，层次改变只能先上后下。PLC 总是按照梯形图排列的先后顺序（从上到下、从左到右）逐一处理。

④ 一般情况下，在梯形图中，某个编号继电器线圈只能出现一次，而继电器触点（常开或常闭）可被无限次引用。

如果在同一程序中，同一继电器的线圈被使用了两次或多次，则称为双线圈输出。对于双线圈输出，有些 PLC 将其视为语法错误，绝对不允许；有些 PLC 则将前面的输出视为无效，只有最后一次输出有效；有些 PLC 在含有跳转、步进等指令的梯形图中允许双线圈输出。

⑤ 在梯形图中，前面所有逻辑行的逻辑执行结果将立即被后面逻辑行的逻辑操作所利用。

⑥ 在梯形图中，除了输入继电器没有线圈只有触点外，其他继电器既有线圈，又有触点。

（2）梯形图的编程规则。

梯形图的设计必须满足控制要求，这是设计梯形图的前提条件。此外，在绘制梯形图时，还要遵循以下基本规则。

① 在每一个逻辑行中，串联触点多的支路应放在上方。如果将串联触点多的支路放在下方，则语句增多、程序变长，如图 5-6 所示。

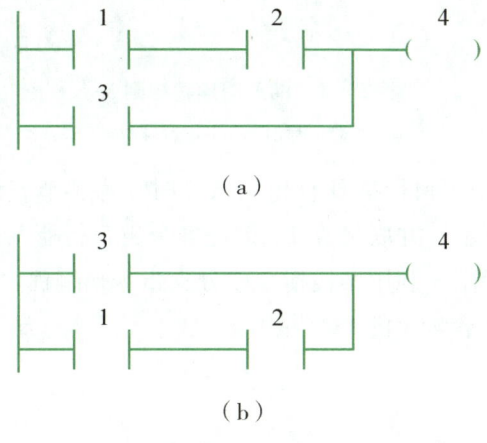

图 5-6 梯形图编程规则 1
（a）合理；（b）不合理

② 在每一个逻辑行中，并联触点多的电路应放在左方。如果将并联触点多的电路放在右方，则语句增多、程序变长，如图 5-7 所示。

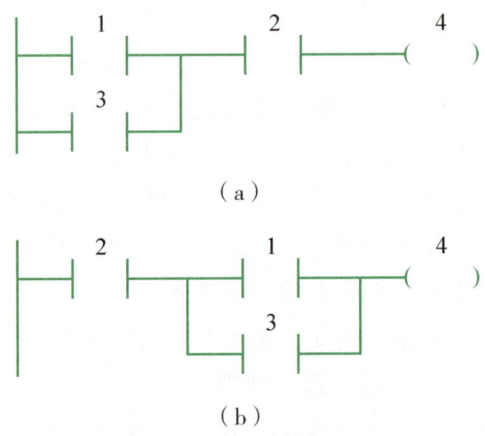

图 5-7　梯形图编程规则 2
(a) 合理；(b) 不合理

③ 在梯形图中，不允许一个触点上有双向能流通过。如图 5-8 (a) 所示，触点 5 上有双向能流通过，该梯形图不可编程。对于这样的梯形图，应根据其逻辑功能进行适当的等效变换，再将其简化为图 5-8 (b)。

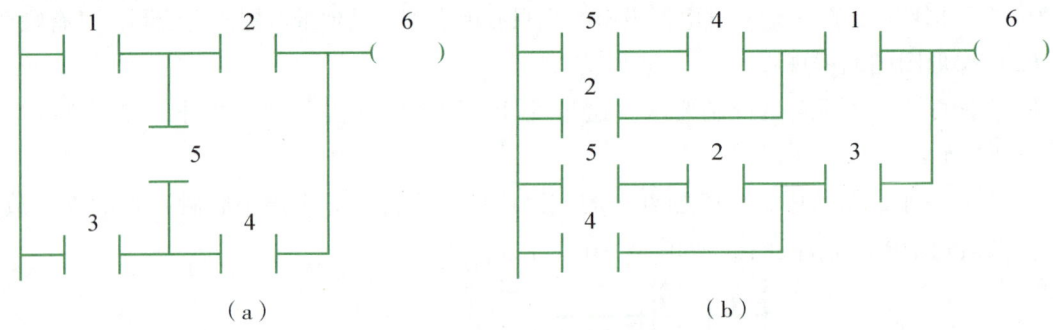

图 5-8　梯形图编程规则 3
(a) 不允许；(b) 合理

④ 在梯形图中，当多个逻辑行都具有相同条件时，为了节省语句数量，常将这些逻辑行合并，如图 5-9 (a) 所示，并联触点 1、2 是各个逻辑行所共有的相同条件，可合并成如图 5-9 (b) 所示的梯形图，利用堆栈指令或分支指令来编程。当相同条件复杂时，可节约许多存储空间，这对存储容量小的 PLC 很有意义。

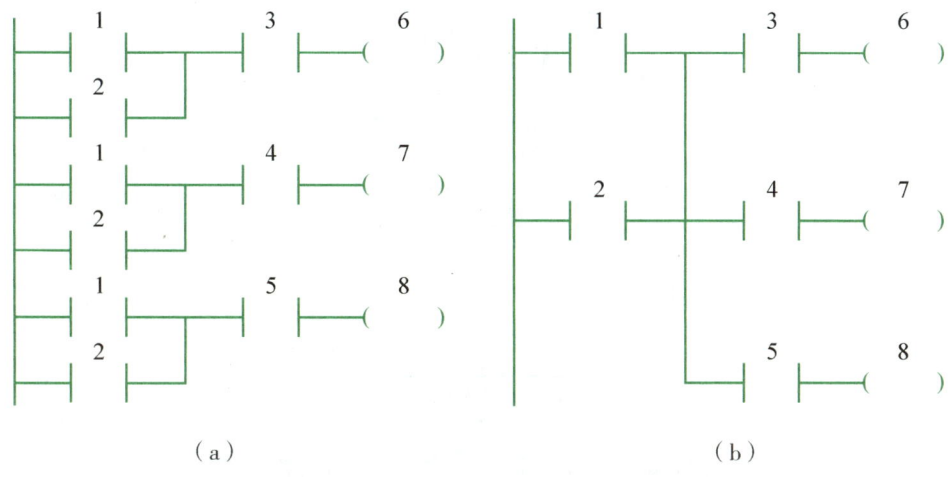

图 5-9　梯形图编程规则 4
（a）不合理；（b）合理

> ☞ 主题讨论：
> PLC 的工作方式与接触器的工作方式有什么不同？

5.4　实践应用：基于 PLC 的控制系统设计

> ☞ 提示：
> 学习本节内容时可借助多媒体等资源，注意 PLC 控制系统的设计步骤有哪些。
> ☞ 要点：
> PLC 控制系统的设计步骤。

图 5-10 所示为 PLC 控制系统设计的一般流程。

1. 分析生产工艺过程，明确系统的控制要求

分析被控对象的生产工艺过程及工作特点，了解被控对象的全部功能，理解被控对象内部的机械、液压、气动、仪表、电气几大系统之间的关系，PLC 与其他智能设备（如其他 PLC、计算机、变频器、工业电视、机器人）之间的关系，PLC 是否需要通信联网，需要显示哪些数据及采用何用显示方法等，从而确定被控对象对 PLC 控制系统的控制要求。

此外，在这一阶段，还应确定哪些信号需要输入 PLC；哪些负载由 PLC 驱动；分类统计出各输入量和输出量的性质，是数字量还是模拟量，是直流量还是交流量，以及电压的等级；考虑需要设置什么样的操作人员接口，如是否需要设置人机界面或上位计算机操作人员接口。

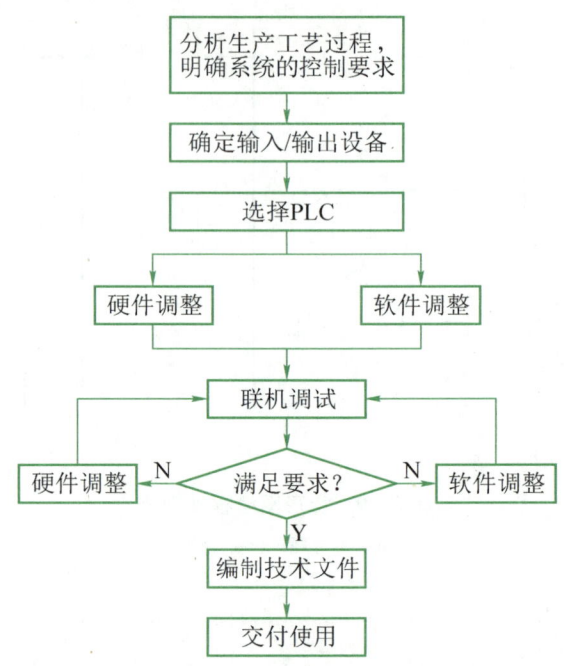

图 5-10 PLC 控制系统设计的一般流程

2. 确定输入/输出设备

根据系统的控制要求,确定系统所需的输入设备(如按钮、位置开关、转换开关等)和输出设备(如接触器、电磁阀、信号指示灯等),据此确定 PLC 的 I/O 点数。

3. 选择 PLC

PLC 的选择包括 PLC 的机型、容量、I/O 模块、电源和其他扩展模块的选择。

4. 分配 I/O 点

分配 PLC 的 I/O 点,画出 PLC 的 I/O 端子与输入/输出设备的连接图或对应表(可结合第 2 步"确定输入/输出设备"进行)。

5. 设计控制程序

控制程序设计的一般步骤如下:

(1) 对于较复杂的系统,需要绘制系统功能图(对于简单的控制系统可省去这一步)。

(2) 设计梯形图程序。

(3) 根据梯形图程序编写语句表程序清单。

(4) 对程序进行模拟调试及修改,直到满足控制要求。在调试过程中,可采用分段调试的方法,并可利用监控功能。

6. 硬件设计及现场施工

硬件设计及现场施工的步骤如下:

(1) 设计控制柜及操作面板、电器布置图及安装接线图。

(2) 设计控制系统各部分的电气互连图。

(3) 根据图纸进行现场接线,并进行检查。

7. 联机调试

联机调试是指将模拟调试通过的程序进行在线统调。开始时,先带上输出设备(接触器线圈、信号指示灯等),不带负载进行调试。调试时应利用监控功能,采用分段调试的方法进行。待各部分都调试正常后,再带上实际负载运行。如不符合要求,则要对硬件和程序进行调整。通常只需修改部分程序。

全部调试完毕后,将系统交付试运行。经过一段时间的运行,如果工作正常且程序不需要修改,则应将程序永久保存到 EEPROM 中,以防程序丢失。

8. 整理技术文件

系统交付使用后,应根据调试的最终结果整理出完整的技术文件,并提供给用户,以利于系统的维修和改进。技术文件应包括以下几方面:

(1) PLC 的外部接线图和其他电气图纸。

(2) PLC 的编程元件表,包括程序中使用的输入/输出位、存储器位和定时器、计数器、顺序控制继电器等的地址、名称、功能,以及定时器、计数器的编号等。

(3) 系统功能图、带注释的梯形图和必要的总体文字说明。

例 5.1 如图 5-11 所示是采用继电器控制的电动机单向连续运行控制电路。主电路由电源开关 Q、熔断器 FU1、交流接触器 KM 的主常开触点、热继电器 FR 的热元件和电动机 M 构成;控制电路由熔断器 FU2、启动按钮 SB1、停止按钮 SB2、交流接触器 KM 的辅助常开触点、热继电器 FR 的常闭触点和交流接触器 KM 线圈组成。

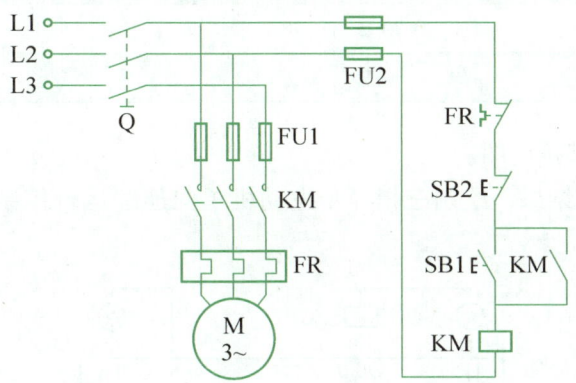

图 5-11 电动机单向连续运行控制电路

采用继电器控制的电动机单向连续运行控制电路的工作过程如下(先接通三相电源开关 Q):

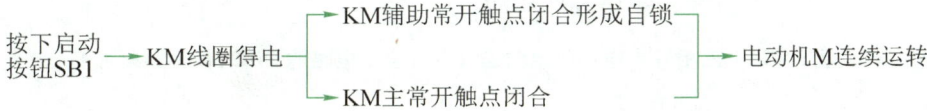

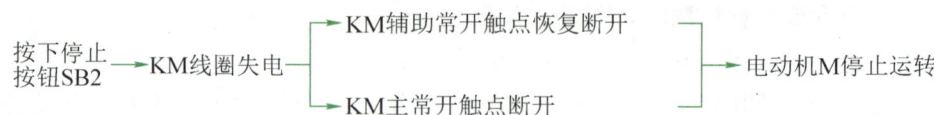

试设计 PLC 控制的三相异步电动机单向连续运行控制系统，功能要求如下：

(1) 当接通三相电源时，电动机 M 不运转。

(2) 当按下启动按钮 SB1 后，电动机 M 连续运转。

(3) 当按下停止按钮 SB2 后，电动机 M 停止运转。

(4) 电动机具有长期过载保护。

解：(1) 分析控制要求，确定输入/输出设备。

通过对采用继电器控制的电动机单向连续运行控制电路的分析，可以归纳出电路中出现了三个输入设备，即启动按钮 SB1、停止按钮 SB2 和热继电器 FR；一个输出设备，即交流接触器 KM。这是将继电器控制转换为 PLC 控制必做的准备工作。

(2) 对输入/输出设备进行 I/O 地址分配。

根据电路要求，I/O 地址分配如表 5-10 所示。

表 5-10 I/O 地址分配

输入设备			输出设备		
名 称	符号	地址	名 称	符号	地址
启动按钮	SB1	I0.1	交流接触器	KM	Q0.0
停止按钮	SB2	I0.2			
热继电器	FR	I0.3			

(3) 绘制 PLC 外部接线图。

根据 I/O 地址分配结果，绘制三相异步电动机单向连续运行控制电路的 PLC 外部接线图，如图 5-12 所示。

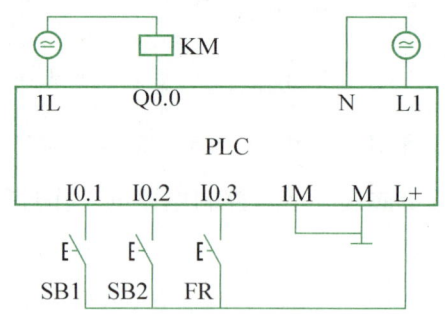

图 5-12 三相异步电动机单向连续运行控制电路的 PLC 外部接线图

(4) PLC 程序设计。

根据控制电路的要求,设计三相异步电动机单向连续运行控制电路的 PLC 控制程序,如图 5-13 所示。

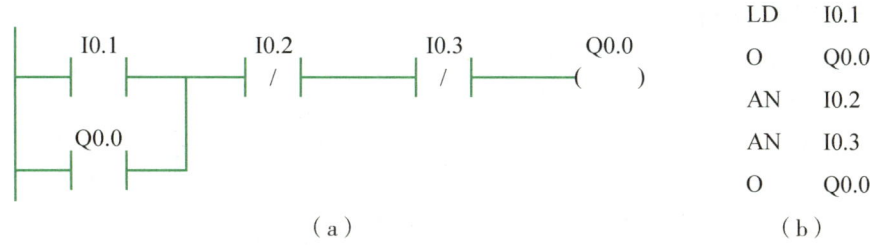

图 5-13 三相异步电动机单向连续运行控制电路的 PLC 控制程序
(a) 梯形图;(b) 语句表

(5) 安装配线。

按照图 5-12 进行配线,安装方法及要求与继电器控制电路相同。

(6) 运行调试。

① 在断电状态下,连接好 PC/PPI 电缆。

② 在作为编程器的计算机上运行 STEP 7 – Micro/WIN 编程软件,打开 PLC 的前盖,将运行模式开关拨到 "STOP" 位置,或者单击工具栏中的 "STOP" 按钮,此时 PLC 处于停止状态,可以进行程序输入或编写。

③ 执行菜单命令 "文件" → "新建",生成一个新项目;执行菜单命令 "文件" → "打开",打开一个已有的项目;执行菜单命令 "文件" → "另存为",可以修改项目名称。

④ 执行菜单命令 "PLC" → "类型",设置 PLC 型号。

⑤ 设置通信参数。

⑥ 编写控制程序。

⑦ 单击工具栏的 "编译" 按钮或 "全部编译" 按钮来编译输入的程序。

⑧ 下载程序文件到 PLC。

⑨ 将运行模式选择开关拨到 "RUN" 位置,或者单击工具栏的 "RUN" 按钮,使 PLC 进入运行模式。

⑩ 按下启动按钮 SB1,观察电动机是否启动;按下停止按钮 SB2,观察电动机是否能够停止运转;再次启动按钮 SB1,如果系统能够重新启动运行,并能在按下停止按钮 SB2 后停止运转,则程序调试结束。

☞ 主题讨论:
选择 PLC 时需要注意哪些问题?

5.5 嵌入式技术

5.5.1 嵌入式系统概述

> ☞ 提示：
> 学习本小节内容时可借助多媒体等资源，注意嵌入式系统与计算机系统相比较有哪些特点。
>
> ☞ 要点：
> 嵌入式系统的特点。

嵌入式系统本身是一个相对模糊的定义。人们很少会意识到他们往往随身携带了好几个嵌入式系统——MP4、手机或者智能卡，而且他们在与汽车、电梯、厨房设备、电视、录像机及娱乐系统的嵌入式系统交互时也往往对此毫无察觉。嵌入式系统早期主要应用于军事和航空、航天等领域，以后逐步广泛地应用于工业控制、仪器仪表、汽车电子、通信和家用消费品类等领域。正是"看不见"这一特性将嵌入式计算机与通用计算机区分开来。

目前存在多种嵌入式系统的定义，有的是从嵌入式系统的应用进行定义的，有的是从嵌入式系统的组成进行定义的，也有的是从其他方面进行定义的。下面给出两种比较常见的定义。

第一种，根据国际电气电子工程师学会（Institute of Electrical and Electronics Engineers，IEEE）的定义，嵌入式系统是"用于控制、监视或者辅助操作机器和设备的装置（原文为 devices used to control, monitor, or assist the operation of equipment, machinery or plants）"。可以看出，此定义是从应用上考虑的，嵌入式系统是软件和硬件的综合体，还可以涵盖机电等附属装置。

第二种，嵌入式系统是以应用为中心，以计算机技术为基础，软、硬件可裁减，满足应用系统对功能、可靠性、成本、体积和功耗等各项指标有严格要求的专用计算机系统。一般可以认为，凡是带有微处理器的专用软、硬件系统都可以称为嵌入式系统。嵌入式系统采用"量体裁衣"的方式把所需的功能嵌入各种应用系统中，它融合了计算机软、硬件技术，通信技术和半导体微电子技术，是信息技术（Information Technology，IT）的最终产品。

与通用型计算机系统相比，嵌入式系统具有以下特点：

1. 面向特定应用

嵌入式 CPU 与通用型 CPU 的最大不同之处就是，嵌入式 CPU 大多工作在为特定用户群设计的系统中，通常都具有功耗低、体积小、集成度高等特点，能够把通用型 CPU 中许多由板卡完成的任务集成在芯片内部，从而有利于嵌入式系统趋于小型化，移动能力大大增强，与网络的耦合也越来越紧密。

2. 高度密集

嵌入式系统是将计算机技术、半导体技术和电子技术与各个行业的具体应用相结合后的产物，是一门综合技术学科。由于空间和各种资源相对不足，所以嵌入式系统的硬件和软件都必须高效率地设计，量体裁衣、去除冗余，力争在同样的硅片面积上实现更高的性能，这样才能在具体应用中对处理器的选择更具有竞争力。

3. 生命周期长

因为嵌入式系统和具体应用有机地结合在一起，它的升级换代也是和具体产品同步进行的，所以，嵌入式系统产品一旦进入市场，就具有较长的生命周期。因此，在进行嵌入式系统设计时，应该充分考虑系统的安全性、可靠性和软、硬件的可升级性。

4. 程序固化

为了提高执行速度和系统的可靠性，嵌入式系统中的软件一般都固化在存储器芯片或嵌入式处理器中，而不是存储于磁盘等载体中，这一点与通用计算机系统有本质的区别。

> ☞ 主题讨论：
> 　　嵌入式系统与计算机系统相比有哪些特点？

5.5.2　嵌入式系统的组成

> ☞ 提示：
> 　　学习本小节内容时可借助多媒体等资源，注意嵌入式系统的组成及嵌入式处理器的特点。
> ☞ 要点：
> 　　嵌入式处理器的特点。

嵌入式系统包括硬件和软件两部分，其组成如图 5-14 所示。硬件部分包括处理器或微处理器、存储器（RAM、ROM）及外设器件等。软件部分包括操作系统（Operating System，OS）和应用程序：操作系统要求具有实时和多任务操作等特征，控制着应用程序编程与硬件的交互作用，而应用程序控制着操作系统的运作和行为，有时设计人员把这两种软件组合在一起。

1. 嵌入式处理器

嵌入式处理器是控制系统运行的硬件单元，是嵌入式系统的核心。早在 20 世纪 70~80 年代就已经有嵌入式处理器应用于工业控制等领域。第一款嵌入式处理器是 Intel 公司在 1971 年推出的 4004，紧接着在 1976 年 Intel 公司推出了 8048，摩托罗拉（Motorola）公司同时推出了 68HC05，Zilog 公司推出了 Z80 系列。这些早期的单片机均含有 256 字节的 RAM、4 KB 的 ROM、四个 8 位并行接口、一个全双工串行口和两个 16 位定时器。在 20 世纪 80 年

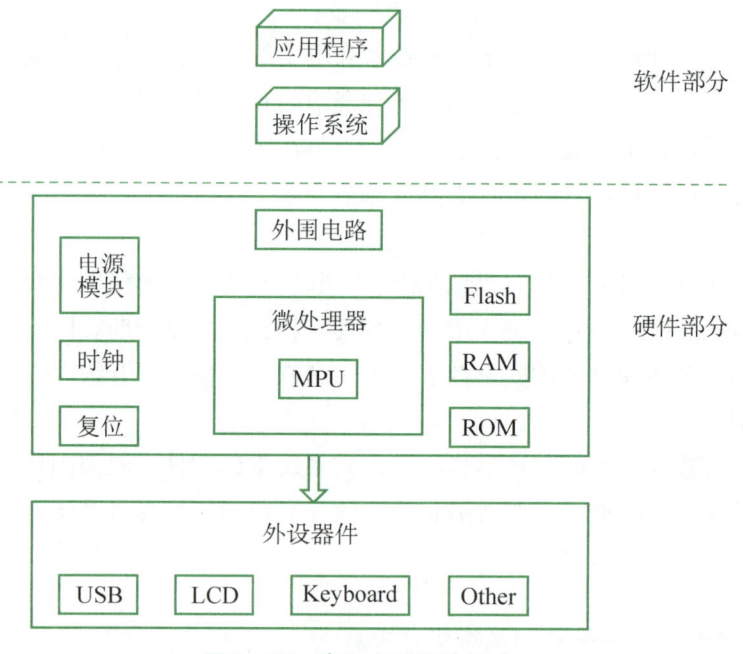

图 5-14 嵌入式系统的组成

代初，Intel 公司进一步完善了 8048，在它的基础上研制成功了 8051。嵌入式处理器一般具有以下特点：

① 对实时多任务有很强的支持能力，能完成多任务，并且有较短的中断响应时间，从而将内部代码和实时内核的执行时间降到最低限度。

② 具有功能很强的存储区保护功能。这是由于嵌入式系统的软件结构已模块化，为了避免在软件模块之间出现错误的交叉作用，需要设计强大的存储区保护功能，同时也有利于软件诊断。

③ 可扩展的处理器结构，能非常迅速地拓展开发出满足应用的、高性能的嵌入式处理器。

④ 嵌入式处理器功耗必须很低，尤其是用于便携式的无线及移动计算和通信设备中靠电池供电的嵌入式系统更是如此，有的需要的功耗只有 mW 甚至 μW 级。

据不完全统计，全世界嵌入式处理器的品种总量已经超过 1 000 种，当前有 4 位、8 位、16 位、32 位、64 位的嵌入式处理器，其主要可以分成以下几类：

（1）嵌入式微处理器。

嵌入式微处理器的基础是通用计算机中的 CPU。为了满足嵌入式应用的特殊要求，嵌入式微处理器虽然在功能上和标准微处理器基本一样，但嵌入式微处理器具有体积小、质量小、成本低、可靠性高的优点。目前，嵌入式微处理器主要有 Am186/88、386EX、SC-400、Power PC、68000、MIPS 和 ARM 系列等。

（2）嵌入式微控制器。

嵌入式微控制器又称为单片机，就是将整个计算机系统集成到一块芯片中。嵌入式微控制器一般以某种微处理器内核为核心，芯片内部集成 ROM/EPROM、RAM、总线、定时/计数器、WatchDog、I/O 接口、A/D 或 D/A 转换器等必要的外围设备。和嵌入式微处理器相比，嵌入式微控制器的最大特点是单片化，体积大大减小，从而使功耗和成本下降，可靠性提高。微控制器是目前嵌入式系统的主流，微控制器的外围设备资源一般比较丰富，因此称为微控制器。具有代表性的通用系列嵌入式微控制器包括 8051、MCS – 96/196/296、MC68HC05 等，还有许多半通用系列，如支持 USB 接口的 MCU 8XC930、C540、C541 等。

（3）嵌入式数字信号处理器。

嵌入式数字信号处理器对系统结构和指令进行了特殊设计，使其适合于执行数字信号处理算法，编译效率较高，指令执行速度也较高。在嵌入式系统中，数字滤波、快速傅里叶变换（Fast Fourier Transformation，FFT）、谱分析等算法的应用越来越广泛，这些算法一般运算量较大，特别是矢量运算、指针线性寻址等操作较多，这些正是 DSP（Digital Signal Processor，数字信号处理器）的长处。比较有代表性的嵌入式数字信号处理器产品是德州仪器（Texas Instruments）的 TMS320 系列和摩托罗拉的 DSP56000 系列。

（4）嵌入式片上系统。

随着电子设计自动化的推广和超大规模集成电路设计的普及化，以及半导体工艺的迅速发展，在一个硅片上能够实现一个复杂的系统，这就是片上系统（System On Chip，SOC）。这样，除个别无法集成的器件以外，整个嵌入式系统的大部分均可集成到一块或几块芯片中，不仅使应用系统的电路板变得很简洁，而且对于减小体积和功耗、提高可靠性非常有利。

2. 嵌入式外围设备

目前常用的嵌入式外围设备按功能不同，可分为存储设备、通信设备和显示设备。存储设备有随机存取存储器（RAM）、静态随机存取存储器（Static Random Access Memory，SRAM）、动态随机存取存储器（Dynamic Random Access Memory，DRAM）和非易失型内存（ROM、EPROM、EEPROM、FLASH）。在嵌入式领域中目前存在的所有计算机通信接口除蓝牙外都有其广泛的应用。应用最为广泛的接口设备包括串行通信接口（RS – 232）、通用串行总线（Universal Serial Bus，USB）接口、以太网（Ethernet）接口、串行外围设备接口（Serial Peripheral Interface，SPI）、红外线接口和现场总线接口等。而常用的显示设备有阴极射线管（Cathode Ray Tube，CRT）显示器、液晶显示器（Liquid Crystal Display，LCD）和触摸板等。

3. 嵌入式操作系统

在嵌入式系统的大型开发应用中，为了方便嵌入式应用软件的设计开发，常常需要移植一个嵌入式操作系统来完成内存分配、中断处理、任务间通信和定时器响应，以及提供多任务处理等功能，但是嵌入式操作系统同时占用了宝贵的嵌入式资源。目前，大多数嵌入式开发还是在单片机上直接进行的，而没有采用嵌入式操作系统，但是单片机程序中仍然需要一个主程序负责调度各个任务。一般在大型嵌入式系统或需要多任务的场合才考虑使用嵌入式操作系统。

实时操作系统（Real-Time Operating System，RTOS）是嵌入式操作系统的主要形式，RTOS 是针对不同处理器优化设计的高效率实时多任务内核。嵌入式系统的实时性需要实时操作系统调度一切可利用的资源来完成实时控制任务，着眼于提高计算机系统的使用效率，满足对时间的限制和要求。具体来说，RTOS 是一段嵌入在目标代码中的程序，在系统复位后首先被执行，相当于用户的主程序，其他的应用程序都建立在 RTOS 之上。RTOS 还是一个标准的内核，将 CPU、终端、I/O 端口、定时器等资源都包装起来，留给用户一个标准的应用程序编程接口，并根据各个任务的优先级，合理地在不同任务之间分配 CPU 时间。RTOS 可以面对几十个系列的嵌入式处理器提供类同的 API（Application Program Interface，应用程序接口），为基于 RTOS 开发与设备无关的应用程序提供基础。

当今世界上的嵌入式操作系统种类繁多，其可分为商用型和免费型。商用型的嵌入式操作系统功能强大，可靠性高，价格昂贵，有良好的售后服务和技术支持；而免费型的嵌入式操作系统源代码公开，开放性好，可免费使用。1981 年，实时系统公司（Ready Systems）开发了世界上第一个商业嵌入式实时内核——VTRX32，它具有许多传统操作系统的特征，以及任务管理、任务间通信、同步与相互排斥、中断支持、内存管理等功能。随后，出现了如集成系统组织（Integrated System Incorporation，ISI）的 PSOS、IMG 公司的 VxWorks、QNX 公司的 QNX、Palm OS、WinCE、嵌入式 Linux、ina、uCOS、Nucleus，以及国内的 Hopen、Delta OS 等嵌入式操作系统。

4. 嵌入式应用软件

嵌入式应用软件是针对特定应用领域，基于某一固定的硬件平台，用来达到用户预期目标的计算机软件。嵌入式应用软件和普通应用软件有一定的区别，它不仅要求准确性、安全性和稳定性等方面能满足实际应用的需要，而且要求尽可能地进行优化，以减少对系统资源的消耗，降低硬件成本。

> ☞ 主题讨论：
> 嵌入式微处理器与嵌入式微控制器相比较有什么不同点？

5.5.3 嵌入式系统的设计要点

> ☞ 提示：
> 学习本小节内容时可借助多媒体等资源，掌握嵌入式系统设计时需要注意的因素。
>
> ☞ 要点：
> 1. 嵌入式系统的设计要求。
> 2. 嵌入式系统的设计方法。
> 3. 硬件平台的选择。

1. 嵌入式系统的设计要求

嵌入式系统受限于功能和具体的应用环境，如对外部事件必须保证在规定的时间内进行响应，有体积、质量、功率和成本等方面的限制，需要令人满意的安全性和可靠性等。所以，在进行嵌入式系统设计时需要重点考虑以下几个因素。

（1）实时性强。由于嵌入式系统面向特定的用户，不仅要求得到正确的处理结果，而且对得到结果的时间延迟有明确的限制，如信号处理系统、紧急任务处理系统等都是实时性要求很强的系统，因此，设计时必须充分考虑系统的实时性要求。

（2）可靠性高。嵌入式系统是嵌入其他设备上完成某些特定的任务或功能的系统，严重的误操作、部件损坏等都可能造成系统瘫痪，因此要求系统本身具有较高的可靠性。

（3）功耗低。嵌入式系统面向应用的特点决定了嵌入式系统必须在一定的条件下满足便携的要求，这就对整个系统的功耗提出了要求。只有功耗低的嵌入式系统才能更加方便、持久地应用于需要电池供电的设备领域，如移动通信设备、便携式设备等。

（4）环境适应能力强。嵌入式系统的工作环境往往是不可控的、难预测的，有时还比较恶劣，特别是强热源、冲击源、强光源、电磁场等，都会对系统产生影响。因此，在设计嵌入式系统时，应当充分考虑如何减小甚至消除各种各样可以预料或不可预料的干扰。

（5）系统成本低。成本对于任何一个系统来说都是一个关键因素，嵌入式系统也不例外，因此，在设计嵌入式系统时，应当在满足系统要求的前提下尽可能地降低成本，这样，系统才更加具有市场竞争力。

（6）嵌入式软件开发的标准化。嵌入式系统的应用程序可以没有操作系统而直接在芯片上运行，但对于复杂的大型嵌入式系统，为了合理地调度多任务，利用系统资源、系统函数以及与专家库函数的接口，用户必须首先自行选配嵌入式实时操作系统开发平台，这样才能保证程序执行的实时性和可靠性，减少开发时间，保障软件质量。

（7）具有嵌入式系统的开发工具和环境。嵌入式系统设计完成后，必须有一套开发工具和环境才能进行开发，对系统的程序和功能进行修改。这些工具和环境一般包括基于通用计算机的软硬件设备、各种逻辑分析仪及混合信号示波器等。开发时往往有主机和目标机的概念，主机用于程序的开发，目标机是程序的最终执行机，主机与目标机需要进行通信与交互。

2. 嵌入式系统的设计方法

传统的嵌入式系统的设计方法是将系统划分为硬件和软件两个独立的部分，然后由硬件工程师和软件工程按照拟订的设计流程分别完成。这种设计方法一般首先考虑的是硬件部分和软件部分的设计，然后改善硬件和软件各自的性能，但随着系统复杂程度的增加，以及产品更新换代的加快，硬件和软件后期的集成与测试周期延长，成本提高。上述传统的设计方法割裂了软件和硬件的开发过程。针对这一缺陷，近年来提出了一种软硬件协同设计的设计思想。典型的软硬件协同设计方法如图 5-15 所示。

软硬件协同设计首先应用独立于任何硬件和软件的功能性规格方法对系统进行描述，采

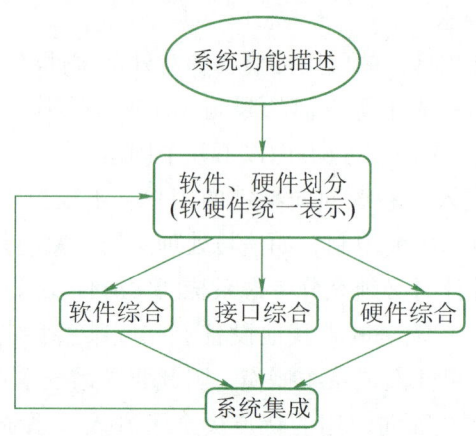

图 5-15 典型的软硬件协同设计方法

用统一的规格语言（VHDL、GSP）进行设计，其作用是对软、硬件进行统一表示，以便于功能的划分和综合；其次，在此基础上对软、硬件进行划分，即对软、硬件的功能模块进行分配。软硬件协同设计的过程可归纳如下：

（1）需求分析和描述。
（2）设计建模。
（3）软件、硬件划分。
（4）软硬件协同设计。
（5）软件、硬件实现和综合。
（6）软硬件协同测试和验证。

软硬件协同设计方法的使用，使软件工程师和硬件工程师一起工作成为可能。通过软硬件协同设计，特别是协同验证技术，软件工程师能够尽早地在真实的硬件上测试，而硬件工程师也能够尽早地在原型设计周期中验证他们的设计，从而使软件和硬件在集成阶段出现的问题能够被尽早地发现并消除。

3. 硬件平台的选择

嵌入式系统开发硬件平台的选择主要是微处理器芯片的选择。目前市场上常见的嵌入式微处理器主要有 AMR、PowerCP、DPS 等，它们在各自的领域都取得了巨大的成功。但是，随着微电子技术的发展，系统设计工程师更倾向于自己设计专用集成电路（Application Specific Integrated Circuit，ASIC）芯片，而且希望在实验室就能设计出合适的 ASIC 芯片。大规模 PLC 和硬件描述语言等电子设计自动化（Electronic Design Automation，EDA）技术的发展满足了电子技术应用的这种需求。

现场可编程门阵列（Field Programmable Gate Array，FPGA）能够将大量逻辑功能集成于单芯片之中，用户可以反复地编程、擦除、使用或者在外围电路不变的情况下通过在线可编程技术实现不同的功能。同 ASIC 芯片相比，现场可编程逻辑器件具有更多的灵活性，既适用于小批量产品开发，也可以用于大批量产品的前期开发。随着集成电路工艺的不断提高，单一芯片内部可以容纳几百万个晶体管。FPGA 的集成度越来越高，可以在 FPGA 内部嵌入一定数量的存储器，这些存储器可以实现 SRAM、ROM、FIFO（First in First out，先进先出）功能，用于存储信号处理过程中的各种系数、中间数据，或者用于实现某些复杂算法。FPGA 中的倍频技术使得 FPGA 内部时钟频率比外部输入时钟频率更高，可实现高带宽、高速度实时信号处理。另外，随着 EDA 工具和技术的发展，FPGA 开发软件功能日益强大，用户可以方便地进行设计输入、编译、综合优化、仿真、布局和布线。同时，FPGA 厂商和第三方供应商为 FPGA 开发提供了丰富的函数库和参数模块库，使得 FPGA 的应用更加广泛、方便。

4. 嵌入式操作系统的选择

早期的嵌入式系统很多都不采用操作系统，而使用一个简单的循环控制程序对外界的控制请求进行处理。在嵌入式系统越来越复杂、应用范围越来越广泛时，每添加一项功能，都有可能需要对整个系统进行重新设计，因此，操作系统成为现代嵌入式系统的必备平台。

在现代嵌入式系统中，软件的核心就是嵌入式操作系统。嵌入式操作系统可为整个嵌入式系统提供统一的基本操作系统特性和软件资源支持，同时又能满足目标系统的特定运行性能要求，而且能达到隔离与系统结构无关的应用层软件的目的。因此，嵌入式操作系统除了具备任务调度和管理、系统资源管理等功能外，还要满足针对多应用的运行平台的特定要求，如系统资源限制、实时性和可靠性等。

在嵌入式系统开发中，嵌入式操作系统是实现各种系统功能的关键，也是计算机技术最活跃的研究方向之一。不同的应用对嵌入式操作系统有不同的要求，并且随着计算机技术的发展，这些要求也在不断变化。通常，应用系统对嵌入式操作系统的基本要求是体积小、运行速度快、可靠，具有良好的实时性、可移植性和可裁减性。嵌入式操作系统的选择主要应从以下几方面考虑：

（1）是否支持所用的硬件平台。在确定嵌入式系统硬件平台之后，应选择支持该硬件平台的操作系统。目前，大多数嵌入式操作系统都具备支持多种处理器的能力。

（2）可移植性。可移植性即操作系统的相关性。在进行嵌入式操作系统开发时，可移植性是必须慎重考虑的问题。良好的可移植性可以使操作系统在不同系统、不同平台上运行。

（3）开发工具的支持程度。选择嵌入式操作系统时必须考虑相关的开发工具。仿真器、编译器和连接器等都会不同程度地影响操作系统。选择能与操作系统协同工作的在线仿真器，将使系统开发更加方便。

5. 常见的嵌入式操作系统

（1）Windows CE。Windows CE 是从整体上为有限资源的平台设计的多线程、完整优先权、多任务的操作系统，它的模块化设计允许它对各种设备进行定制。但是 Windows CE 占用存储空间大、非实时、效率低下，而且 Windows CE 采用版税制，产品成本较高。

（2）Palm OS。Palm OS 市场应用方向为手持式移动设备，在个人数字助理（Personal

Digital Assistant，PDA）市场上独占霸主地位。

（3）Uclinux。Uclinux 是一个以整体式结构为基础的、多任务、多进程的操作系统。它是对 Linux 进行小型化裁减后，应用于嵌入式系统领域的操作系统，具有源代码开放、内核完全开放、稳定性高和无许可证费用的优点。Uclinux 采用层次式结构，具有强大的网络功能，拥有丰富的软件开发工具，可支持绝大多数微处理器芯片。Uclinux 内核采用模块化设计，开发人员在设计内核时可把这些内核模块作为可选的选项，当编译系统内核时再指定，然后根据实际需要选择功能支持模块和删除不需要的功能模块。通过对 Uclinux 内核的重新配置，可减小系统运行所需要的内核空间，从而缩减资源使用量。

> 主题讨论：
> 近年来，嵌入式系统在开发过程中提出了什么设计思想？

5.5.4　嵌入式系统的应用

> 提示：
> 学习本小节内容时可借助多媒体等资源，需要注意嵌入式系统应用领域的特点。
>
> 要点：
> 嵌入式系统的应用。

嵌入式系统的应用前景是非常广阔的，人们将会无时无处不接触到嵌入式产品，从家里的洗衣机、电冰箱，到作为交通工具的自行车、小汽车，再到办公室里的远程会议系统，等等。在家、办公室和公共场所中，人们可能会使用数十片甚至更多这样的嵌入式无线电芯片，将一些电子信息设备甚至电气设备构成无线网络；在车上、旅途中，人们利用这样的嵌入式无线电芯片可以实现远程办公、远程遥控，真正实现把网络随身携带的愿望。下面介绍几种具体的应用。

（1）汽车电子领域。随着汽车产业的飞速发展，汽车电子领域近年来也有了较快的发展，电子导航系统有了广泛应用。在智能温度调控、MCU（Multipoint Control Unit，多点控制器）系统、车内娱乐系统、智能驾驶及整车自检等方面，嵌入式系统发挥了它在汽车智能系统中的作用。目前，嵌入式系统已在车联网领域大显身手。例如，利用车联网终端系统准确地为智能物流系统提供物流货车的实时数据信息，实时解析并上报服务器，为车载大数据提供基础。

（2）消费类电子产品领域。消费类电子产品的销量早就超过了个人计算机若干倍，并且还在以每年 10% 左右的速度增长。消费类电子产品主要包括便携音频视频播放器、数码相机、掌上游戏机等。目前，消费类电子产品已形成一定的规模，并且已经相对成熟。对于消费类电子产品，真正体现嵌入式特点的是在系统设计上经常要考虑性价比的折中，如何设计出让消费者觉得划算的产品是比较重要的。

（3）工业控制领域。在工业过程控制、数字机床、电力系统、电网安全、电网设备监测、石油化工系统中，嵌入式系统作为控制、监视或辅助设备，负责软、硬件资源的分配、任务调度，控制、协调并发活动等。目前已经有大量的8位、16位、32位、64位嵌入式微控制器在应用中，就传统的工业控制产品而言，低端型采用的往往是8位单片机。随着技术的发展，32位、64位的处理器逐渐成为工业控制设备的主流。

（4）智慧家庭。

随着嵌入式系统在物联网中的广泛运用，智能家居控制系统对住宅内的家用电器、照明灯光进行智能控制，实现家庭安全防范，并结合其他系统为住户提供一个温馨舒适、安全节能、先进高尚的家居环境，让住户充分享受到现代科技给生活带来的方便与精彩。

（5）智慧医疗。

它通过打造健康档案区域医疗信息平台，利用最先进的物联网技术，实现患者与医务人员、医疗机构、医疗设备之间的互动，逐步达到信息化。嵌入式技术是未来智慧医疗的核心，其实质是通过将传感器技术、无线通信技术、数据处理技术、网络技术、视频检测识别技术等综合应用于整个医疗管理体系中进行信息交换和通讯，以实现智能化识别、定位、追踪、监控和管理的一种网络技术，从而建立起实时、准确、高效的医疗控制和管理系统。

> ☞ 主题讨论：
> 举例说明嵌入式系统在生活中的应用。

5.6 实践应用：嵌入式系统应用开发

> ☞ 提示：
> 学习本节内容时可借助多媒体等资源，掌握利用嵌入式系统控制交流伺服电动机的位置。
> ☞ 要点：
> 位置伺服控制系统的硬件结构。

机电一体化系统中的位置伺服控制系统是以足够高的位置控制精度、位置跟踪精度和足够快的跟踪速度作为其主要控制目标的。位置伺服控制系统由于其高速度、高精度的特性，对控制系统的软件、硬件都提出了更高的要求，但传统的单片机处理器所构成的控制系统已经远远不能满足控制要求。随着智能功率集成电路和嵌入式处理器的发展，伺服系统模块化和数字化以及长期以来建立起来的一些复杂控制算法才得以实现，并且更好地满足了伺服系统定位精度、跟踪精度和跟踪速度的要求。

本实践应用提出了一种应用嵌入式数字信号处理器（Digital Signal Processor，DSP）的交流位置伺服控制系统。DSP 具有极强的数字计算能力，通过 DSP 可以运用很多新型的控制算法进行伺服控制，实现"软件化"的全数字伺服驱动器，有效地提高了伺服系统的动态和静态品质，如频率特性、移动速度、跟随精度和定位精度等，同时使得用户根据负载状况（如惯量、间隙、摩擦力等）调整参数更为方便，从而避免了一些模拟回路所产生的漂移等不稳定因素。

1. 位置伺服控制系统的硬件结构

TMS320F2812 DSP 具有强大的高速运算能力，其片内集成了丰富的电动机控制外围部件和电路，简化了控制电路的硬件设计，提高了系统的可靠性，减小了伺服系统的体积，降低了成本。TMS320F2812 先进的内部总线结构及指令执行的高速性，极大地提高了系统的实时性和控制精度，使得位置伺服的复杂算法得以实现。整个控制系统主要可分为五部分：

① 电源转换电路及复位电路。
② 存储器扩展电路及译码电路。
③ 模拟量输出电路。
④ 数字量输入/输出电路。
⑤ USB 通信接口电路。

位置伺服控制系统的硬件结构如图 5-16 所示。

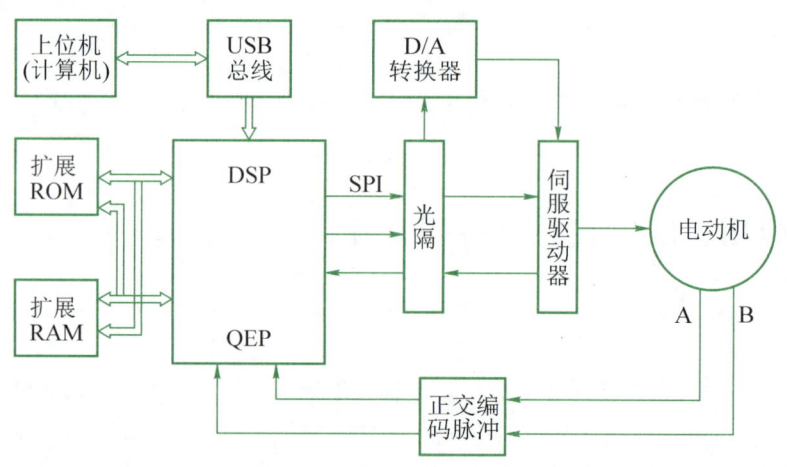

图 5-16　位置伺服控制系统的硬件结构

由于采用的被控对象是交流伺服电动机，所以位置伺服控制系统必须通过伺服驱动器对交流伺服电动机进行驱动。驱动器的位置反馈检测元件直接将电动机角度和位移的模拟信号转换为三路脉冲数字信号，利用 DSP 中事件管理器（Event Manager，EV）模块的正交编码脉冲电路对其反馈的数字信号进行检测，每个 EV 模块中的正交编码脉冲电路的方向检测逻辑决定了两个序列中哪一个是先导序列，接着以它产生的方向信号作为通用定时器的计数方向输入，然后通过定时器进行增计数或减计数来进行速度方向的确定。

对于高性能的运动控制器,应该采用高分辨率的 D/A 转换器。为了保证模拟量控制信号的精度,并考虑模拟量信号在线上传输所引起的漂移和电压压降,运动控制器和伺服驱动器之间的模拟控制接口信号至少应该在 12 位以上的精度,因此,此处采用了 PCM56U D/A 转换器。它是一个串行输入的 16 位单片集成电路,采用双电源供电,供电范围从 ±5 V 到 ±12 V。PCM56U 的数据输入来自 DSP,利用 DSP 的串行外设接口模块(SP1)发送波特率为 2 MB 的串行数据至 PCM56U D/A 转换器,从而实现对伺服驱动器的控制。

在传统的控制系统中,大部分采用 RS232、RS485 实现上位机与控制器的通信,但这种通信方式速度慢、误码率高,因此,在位置伺服控制系统中采用 USB 实现上位机通信,用 USB2.0 芯片 ISP1581 进行 USB 通信。ISP1581 内部含有两种总线结构配置,即通用处理器工作模式和断开总线工作模式,由上电时 BUS_CONF 输入管脚的电平进行确定,高电平时为通用处理器工作模式,低电平时为断开总线工作模式。由于断开总线工作模式采用的是 8 位本地微处理器总线(多路复用地址/数据),而 DSP 的地址线和数据线是分开的,因此,此处采用通用处理器工作模式,DSP 采用 16 位地址总线的低 8 位,将 ISP1581 的数据总线和 DSP 的 16 位数据总线直接相连。

2. 位置伺服控制系统的软件结构

DSP 中的伺服控制可以在德州仪器(Texas Instruments,TI)公司提供的代码调试器(Code Composer Studio,CCS)编译环境下采用 C 语言编写和调试,这样可极大地提高嵌入式系统的开发速度。位置伺服控制系统的软件结构如图 5-17 所示。

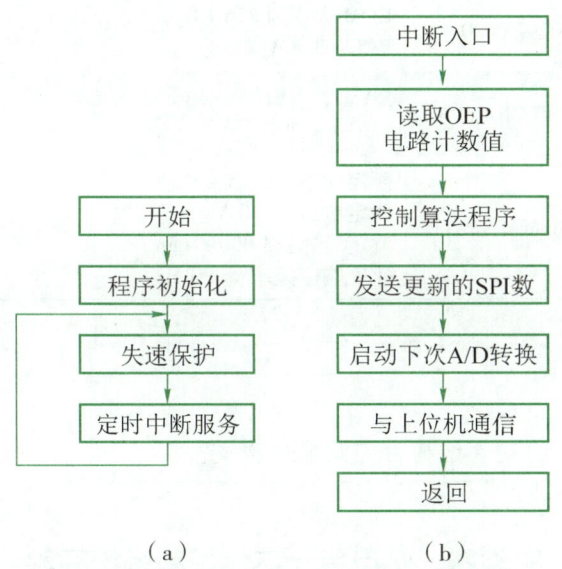

图 5-17 位置伺服控制系统的软件结构
(a) 主程序;(b) 中断服务程序

控制软件总体上由主程序和中断服务程序两部分组成。主程序主要完成 DSP 硬件及软件变量的初始化和中断使能等功能。中断采用 EVA 模块中的 GPTimer1 下溢中断来启动中断程序，在中断服务程序中处理与上位机的通信，读取正交编码脉冲电路（Quadrature Encoder Pulse，QEP）的计数和执行控制算法程序，从而实现对交流伺服电动机的位置伺服控制。

3. 位置伺服控制系统部分元件选型

如图 5-16 所示，位置伺服控制系统的硬件结构主要由 DSP、伺服驱动器、D/A 转换器等组成，该系统的元件选型如表 5-11 所示。

表 5-11 位置伺服控制系统部分元件选型

序号	名称	型号	部分参数
1	DSP	TMS320F2812	电源电压：3.3 V。 32 位 CPU 定时器。 ADC 分辨率：12 位
2	伺服驱动器	MSDA083A1A	接口电源：DC12～24 V，500 mA 以上，13 路光耦隔离输入，7 路开路集电极输出。 基本控制模式：位置控制模式、速度控制模式、转矩控制模式。 定位精度：±1 脉冲
3	D/A 转换器	PCM56U	工作电压：±5～±12 V。 D/A 通道数：1。 输出幅度：±3 V
4	USB 总线	ISP1581	高速 DMA 接口。 工作电压：3.3 V 或 5 V。 操作温度：-40 ℃～+85 ℃
5	扩展 ROM	AM29LV400-55	ROM 大小为 256 KB×16。 VCC：3.3 V
6	扩展 RAM	CY7C1041V33	RAM 大小为 256 KB×16。 VCC：3.3 V
7	伺服电动机	MSMA082A1E	额定功率：0.75 kW。 额定电压：220 V。 额定转速：3 000 r/min。 速度响应频率：990 Hz

☞ 主题讨论：

位置伺服控制系统的硬件结构由哪几部分构成？

实验四 机电气一体化控制系统实验

【实验目的】

1. 熟悉和了解气动控制的基本控制设备，如气压表、电磁阀、阀岛和各种气缸。
2. 熟悉 PLC 的基本控制原理、控制端子基本接线、功能配置与基本参数的设定。

3. 掌握 PLC 程序的编制方法和基本命令的使用。

4. 编写 PLC 实例控制程序，实现机械手的控制，在实验过程中理解构建一个完整的气动与电动相结合的控制系统的基本原理和方法。

【实验设备】

1. 控制柜（包括 PLC、变频器、控制按钮、状态显示灯、各种外接端子、专业连接导线）。

2. 气动元件，包括气管、气压表、电磁阀、阀岛、气缸。

3. PLC 与计算机专用电缆。

4. 计算机。

5. PLC 编程软件。

6. 由气缸和型材搭建的机械手。

7. 气缸磁感应开关。

【实验原理】

1. 实验原理图

实验原理图如图 5-18 所示。

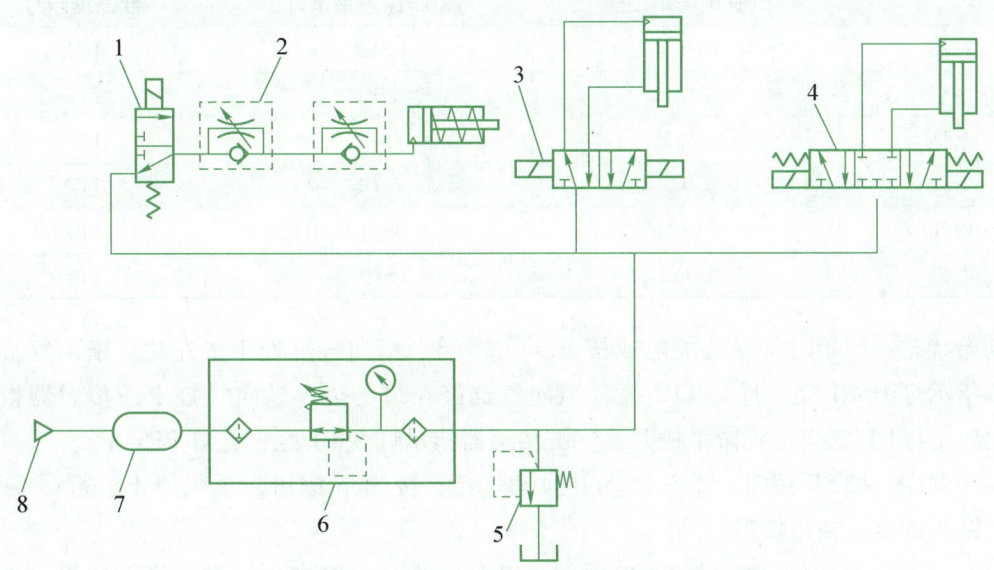

1—二位三通阀；2—单向节流阀；3—二位五通阀；4—三位五通阀；
5—溢流阀；6—气动三大件；7—储气罐；8—气压源。

图 5-18 实验原理图

【实验内容】

1. 气动系统接线图

气动系统接线图如图 5-19 所示。

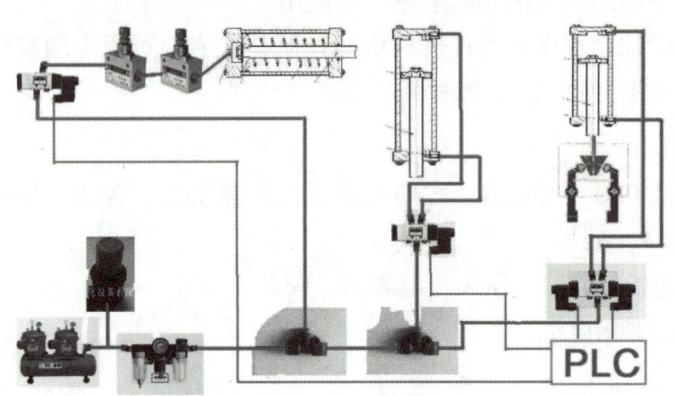

图 5-19 气动系统接线图

2. 实验步骤

系统的启动按钮为 SB，停止按钮为 Stop，复位按钮为 Reset，系统动作状态与指示灯等如表 5-12 所示。

表 5-12 系统动作状态与指示灯

状 态	气缸控制电磁阀	气缸传感器指示灯	状态指示灯
右移	RHEM	HSE2	LP1
左移	LHEM	HSE1	LP2
上移	UVEM	VSE2	LP3
下移	DVEM	VSE1	LP4
松开	SVEM	SSE1	LP5
夹紧	JVEM	SSE2	LP6

初始状态：初始时（系统加电或按 Reset 按钮），横向气缸处于最左边，横向气缸左边传感器指示灯 HSE1 亮，且灯 LP2 亮；纵向气缸停在最上边，纵向气缸上边传感器指示灯 VSE2 亮，且灯 LP3 亮；机械手松开，气缸传感器指示灯 SSE1 亮，且灯 LP5 亮。

动作顺序：按 SB 按钮，系统启动并自动运行；按 Stop 按钮，系统停止运行；按 Reset 按钮，系统恢复至初始位置。

（1）下移。纵向气缸控制向下电磁阀 DVEM 上电，气缸向下运动，灯 LP3 灭，当到达位置后，纵向气缸下边传感器指示灯 VSE1 亮，且灯 LP4 亮。

（2）夹紧。机械手夹紧气缸控制电磁阀 JVEM 上电，气缸向下运动，灯 LP5 灭，当到达位置后，夹紧气缸下边传感器指示灯 SSE2 亮，且灯 LP6 亮。

（3）上移。纵向气缸控制向上电磁阀 UVEM 上电，向下电磁阀 DVEM 失电，灯 LP4 灭，气缸向上运动，当纵向气缸到达最上边时，纵向气缸上边传感器指示灯 VSE2 亮，且灯 LP3 亮。

(4) 右移。横向气缸控制电磁阀右位 RHEM 上电,左位 LHEM 失电,气缸向右边运动,灯 LP2 灭,当到达位置后,横向气缸右传感器指示灯 HSE2 亮,且灯 LP1 亮。

(5) 下移。纵向气缸控制向下电磁阀 DVEM 上电,气缸向下运动,灯 LP3 灭,当到达位置后,纵向气缸下边传感器指示灯 VSE1 亮,且灯 LP4 亮。

(6) 松开。机械手松开气缸控制电磁阀 SVEM 上电,夹紧气缸控制电磁阀 JVEM 失电,气缸向上运动,灯 LP6 灭,当到达位置后,松开气缸上边传感器指示灯 SSE1 亮,且灯 LP5 亮。

(7) 上移。纵向气缸控制向上电磁阀 UVEM 上电,向下电磁阀 DVEM 失电,灯 LP4 灭,气缸向上运动,当纵向气缸到达最上边时,纵向气缸上边传感器指示灯 VSE2 亮,且灯 LP3 亮。

(8) 左移。横向气缸控制电磁阀左位 LHEM 上电,右位 RHEM 失电,气缸向左边运动,灯 LP1 灭,当到达位置后,横向气缸左边传感器指示灯 HSE1 亮,且灯 LP2 亮。

机械手的动作流程图如图 5-20 所示。

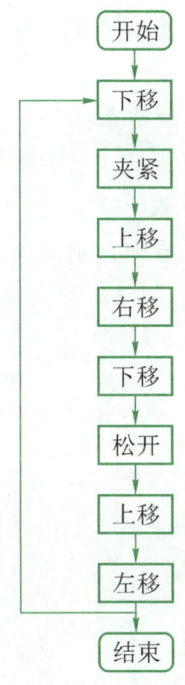

图 5-20 机械手的动作流程图

【实验结果】

机械手通过气动系统来控制,能够实现机械手运动的平稳性和快速性,能完成对物料的搬运和升降动作。

【结论分析】

根据实验结果,分析并总结在实验中遇到的问题及其解决途径。

思考题

1. 指出机械手应用气动和电动相结合的控制特点是什么？
2. 为什么本机械手的机械结构选择直角坐标型？

本章小结

系统控制技术是机电一体化的重要组成部分。机电一体化的自动控制技术就是按照给定的目标，依靠调节能量的输入，改变机电一体化系统的行为或性能的方法和技术。本章阐述了机电一体化自动控制技术的类型、特点与选用，计算机控制系统的组成与特点、常用类型与设计，PLC 的编程与实现，嵌入式系统的设计要点等内容，并举例说明了可编程逻辑控制器、嵌入式系统的实践应用。

本章习题

5-1 简述计算机控制系统的组成和特点。

5-2 简述 PLC 的结构及工作原理。

5-3 简述 PLC 控制系统的设计步骤。

5-4 简述 PLC 与工业微型计算机有何区别。

5-5 简述嵌入式系统的组成。

第 6 章

典型机电一体化产品——工业机器人

导　言

本章主要介绍当前工业领域中典型的机电一体化产品——工业机器人，主要分为工业机器人概述、串联机器人概述、并联机器人概述、工业搬运机器人概述四部分，还设有关节型机械手夹取物体控制实验。学生可以从机电如何结合方面来分析这几种典型工业机器人系统的组成、控制方式及应用等知识。

学习目标

1. 掌握工业机器人的组成和分类。
2. 掌握串联机器人、并联机器人、工业搬运机器人三种典型工业机器人的工作原理。
3. 理解工业机器人的定义、控制方式等知识。
4. 了解几种典型工业机器人的编程方式。

学习建议

1. 导思

在学习本章节时，学生应从机电如何结合方面来分析这几种典型的工业机器人系统，对以下几个问题进行思考：

（1）一个较完善的工业机器人系统的组成应该包括哪些部分？

（2）一般工业机器人控制采用几级计算机控制？各级主要由哪些部分组成？其功能是什么？

（3）常用串联机器人——SCARA 机器人的运动过程是怎样的？

2. 导学

（1）6.1 节主要讲述工业机器人的定义、发展历程和组成以及工业机器人的分类、控制方式。

（2）6.2 节主要讲述串联机器人的技术参数、结构，并以 SCARA 机器人为例来进行介绍。

（3）6.3 节主要讲述并联机器人机构的组成、分类，并以 DELTA 机构为例来进行介绍。

(4) 6.4 节主要介绍工业搬运机器人的种类、控制系统及应用。

3. 导做

本章还包括一个仿真实验：关节型机械手夹取物体控制实验。借助该实验，学生能够熟悉串联关节机械手控制系统的连接过程及夹取物体的动作过程。

6.1 工业机器人概述

6.1.1 工业机器人的定义、发展历程和组成

> ☞ 提示：
> 学习本小节内容时可借助多媒体等资源，注意工业机器人的定义，以及一个较完善的工业机器人系统的组成。
>
> ☞ 要点：
> 1. 工业机器人的定义。
> 2. 一个较完善的工业机器人系统的组成。

1. 工业机器人的定义

机器人是一个在三维空间中具有较多自由度并能实现诸多拟人动作和功能的机器，而工业机器人（Industrial Robot，IR）是在工业生产上应用的机器人，是一种具有高度灵活性的自动化机器，一种复杂的机电一体化设备。

美国机器人工业协会（Robotic Industries Association，RIA）[1] 提出的工业机器人的定义为"机器人是一种用于移动各种材料、零件、工具或专用装置，通过程序动作来执行各种任务，并具有编程能力的多功能操作机"。可见，这里的机器人是指工业机器人。日本工业机器人协会（Japan Industrial Robot Association，JIRA）[2] 提出的工业机器人定义为"工业机器人是一种装备有记忆装置和末端执行装置的、能够完成各种移动来代替人类劳动的通用机器"。国际标准化组织（International Organization for Standardization，ISO）曾于 1987 年对工业机器人进行了定义，即"工业机器人是一种自动的、位置可控的、具有编程能力的多功能机械手，这种机械手具有几个轴，能够借助于可编程序操作来处理各种材料、零件、工具和专用装置，以执行种种任务"。

我国国家标准 GB/T 12643—2013 将工业机器人定义为"一种能自动控制、可重复编程、多功能、多自由度的操作机，能搬运材料、工件或操持工具，用以完成各种作业"。由

---

[1] 编辑注：现为 Association for Advancing Automation。
[2] 编辑注：现为 Japan Robot Association。

此可见，工业机器人的基本工作原理是，通过操作机上各运动构件的运动，自动地实现手部作业的动作功能及技术要求。

一台数控机床有若干个独立的坐标轴运动，也可再编程，完成不同任务的加工作业。因此，工业机器人和数控机床在运动控制和可编程上是很相似的。尽管复杂一些的数控机床也能把装载有工件的托盘移动到机床床身上，从而实现工件的搬运和定位，但是工业机器人通常在抓握、操纵、定位对象物时比数控机床更灵巧，在诸多工业生产领域具有更广泛的用途。

综上所述，工业机器人具有以下几个显著的特点：

（1）可以再编程。生产自动化的进一步发展是柔性自动化。工业机器人可随其工作环境变化的需要而再编程，因此，它在小批量、多品种、具有均衡高效率的柔性制造过程中能发挥很好的功用，是 FMS 的一个重要组成部分。

（2）拟人化。工业机器人在机械结构上有类似人类的大臂、小臂、手腕、手爪等部分，在控制上有"电脑"。此外，智能化工业机器人还有许多类似人类的"生物传感器"，如皮肤型接触传感器、力传感器、负载传感器、视觉传感器、声学传感器、语言传感器等。传感器提高了工业机器人对周围环境的自适应能力。

（3）通用性。除了专门设计的专用工业机器人外，一般工业机器人在执行不同的作业任务时还具有较好的通用性，如更换工业机器人手部末端执行器（手爪、工具等）便可执行不同的作业任务。

（4）机电一体化。工业机器人技术所涉及的学科相当广泛，但是归纳起来，它是机械学和微电子学的结合——机电一体化技术。第三代工业机器人不仅具有获取外部环境信息的各种传感器，而且具有记忆、语言理解、图像识别、推理判断等人工智能，这些都和微电子技术的应用，特别是计算机技术的应用密切相关。因此，工业机器人技术的发展必将带动其他技术的发展，工业机器人技术的发展和应用水平也可以反映一个国家科学技术中工业技术的发展和水平。

2. 工业机器人的发展历程

通常认为工业机器人的发展经历了三代。

（1）第一代机器人。

20 世纪 50~60 年代，随着机构理论和伺服理论的发展，机器人进入了实用阶段。1954 年，美国的德沃尔（Devol）发明了"通用机器人"；1962 年，美国机械铸造公司（American Machine and Foundry Company，AMFC）生产的柱坐标型 Versatran 机器人，可进行点位和轨迹控制，这是世界上第一种应用于工业生产的机器人。

20 世纪 70 年代，随着计算机技术、现代控制技术、传感技术、人工智能技术的发展，机器人也得到了迅速的发展。1974 年，辛辛那提·米拉克龙（Cincinnati Milacron）公司成功研发了多关节机器人；1979 年，尤尼梅申（Unimation）公司又推出了 PUMA 机器人，它是一种多关节、全电动机驱动、多 CPU 二级控制的机器人，采用 VAL 专用语言，可配视觉、触觉、力觉传感器,在当时是技术最先进的工业机器人。现在的工业机器人在结构上大体都以此为基础。这一时期的机器人属于"示教再现"(Teach-in/Playback)型机器人,只具有记忆和存储能力,按相应程序重复作业,对周围环境基本没有感知与反馈控制能力。

(2)第二代机器人。

进入 20 世纪 80 年代,随着传感技术,包括视觉传感器、非视觉传感器(力觉、触觉、接近觉等)及信息处理技术的发展,出现了第二代机器人——有感觉的机器人。它能够获得作业环境和作业对象的部分相关信息,进行一定的实时处理,引导机器人进行作业。第二代机器人已进入了使用阶段,在工业生产中得到了广泛应用。

(3)第三代机器人。

第三代机器人是目前正在研究的"智能机器人",它不仅具有比第二代机器人更加完善的环境感知能力,而且具有逻辑思维、判断和决策能力,可根据作业要求与环境信息自主地进行工作。这一代工业机器人目前仍处在实验室研制阶段。

3. 工业机器人的组成

工业机器人是一个机电一体化设备。从控制观点来看,一个较完善的工业机器人系统可以分成四部分,即执行机构、驱动传动装置、控制装置和传感器,如图 6-1 所示。

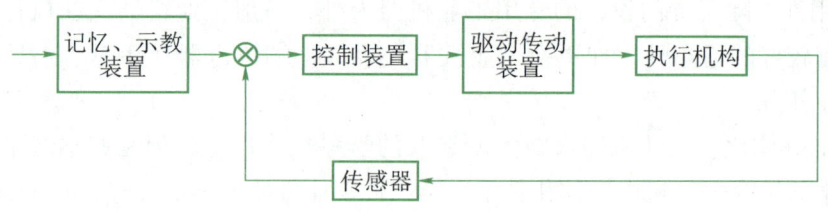

图 6-1 工业机器人系统组成

(1)执行机构。

执行机构是机器人完成作业的机械实体,具有和手臂相似的动作功能。它是可在空间抓放物体或进行其他操作的机械装置,通常由末端机构、手腕、手臂及机座等组成。

(2)驱动传动装置。

驱动传动装置由驱动器、减速器和内部检测元件等组成,用来为执行机构各运动构件提供动力和运动。驱动传动装置可以是液压传动、气动传动、电动传动装置,或者是把它们结合起来应用的综合系统;可以直接驱动或者通过同步带、链条、轮系、谐波齿轮等机械传动机构进行间接驱动。

(3)控制装置。

控制装置是机器人的核心,包括机器人主控制器和关节伺服控制器两部分,其主要任务是根据机器人的作业指令程序及从传感器反馈回来的信号支配机器人的执行机构去完成规定的运动和功能。若工业机器人不具备信息反馈特征,则为开环控制系统;若工业机器人具备信息反馈特征,则为闭环控制系统。根据控制原理的不同,控制系统可分为程序控制系统、适应性控制系统和人工智能控制系统;根据运动形式的不同,控制系统可分为点位控制系统和连续轨迹控制系统。

(4) 传感器。

传感器作为感知系统,主要由内部传感器模块和外部传感器模块组成,获取内部和外部环境中有意义的信息。内部传感器模块负责收集机器人内部信息,如各个关节和连杆的信息。外部传感器负责获取外部环境信息,包括视觉传感器、触觉传感器等。智能化传感器的使用提高了机器人的机动性、适应性和智能化的水准。

> ☞ 主题讨论:
> 当前工业机器人的驱动传动装置常采用何种传动方式?

6.1.2 工业机器人的分类、控制方式

> ☞ 提示:
> 学习本小节内容时可借助多媒体等资源,重点掌握工业机器人的分类,熟悉工业机器人常见的控制方式。
>
> ☞ 要点:
> 工业机器人的分类。

1. 工业机器人的分类

(1) 按机械结构类型分类。

机器人的机械结构部分可以看作由一些连杆和关节组装成的。根据连杆和关节组装的坐标形式不同,工业机器人可分为五种:

① 直角坐标式机器人。直角坐标式机器人具有三个移动(Prismatic,P)关节,能使手臂沿直角坐标系的 x,y,z 三个坐标轴做直线移动,如图6-2(a)所示。

② 圆柱坐标式机器人。圆柱坐标式机器人具有一个转动(Rotational,R)关节和两个移动关节,具有三个自由度:腰转、升降、手臂伸缩,构成圆柱形状的工作范围,如图6-2(b)所示。

③ 球坐标式机器人。球坐标式机器人具有两个转动关节和一个移动关节,具有三个自由度:腰转、俯仰、手臂伸缩,构成球形的工作范围,如图6-2(c)所示。

④ 关节坐标式机器人。关节坐标式机器人具有三个转动关节,其中两个关节轴线是平行的,具有三个自由度:腰转、肩关节、肘关节,构成较为复杂的工作范围,如图6-2(d)所示。

⑤ 平面关节式机器人。平面关节式机器人可以看成关节坐标式机器人的特例,它只有平行的肩关节和肘关节,关节轴线共面,如图6-2(e)所示。它是一种装配机器人(Assembly Robot),在垂直平面有很好的刚度,在水平面有很好的柔顺性,在装配行业获得了很

好的应用。

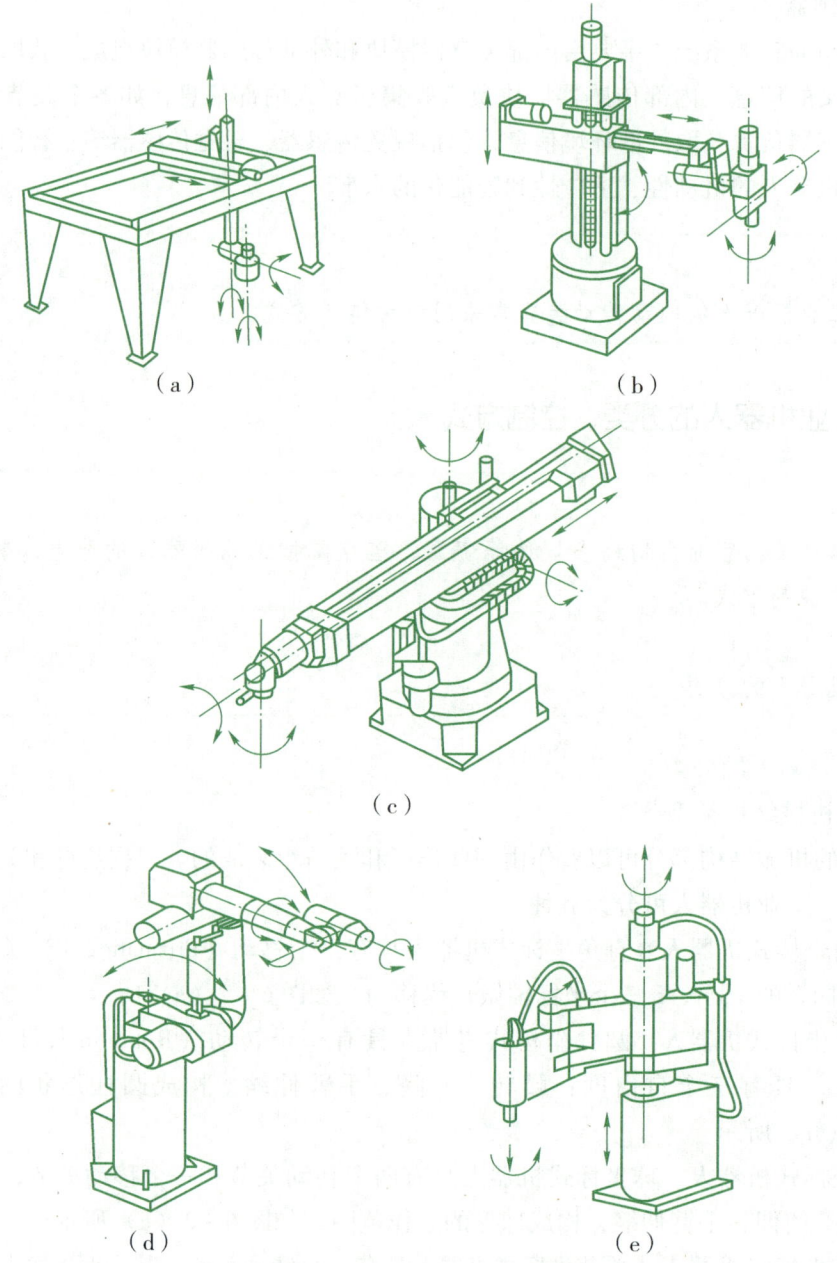

图6-2 机器人按机械结构类型分类
(a) 直角坐标式机器人;(b) 圆柱坐标式机器人;(c) 球坐标式机器人;
(d) 关节坐标式机器人;(e) 平面关节式机器人

(2) 按驱动方式分类。

① 气力驱动式机器人。气力驱动式机器人是指机器人以压缩空气来驱动执行机构。这

种驱动方式的优点是空气来源方便，动作迅速，结构简单，造价低；缺点是空气具有可压缩性，致使工作速度的稳定性较差。

② 液力驱动式机器人。相对于气力驱动式机器人，液力驱动式机器人具有较大的抓举能力，可高达上百千克。液力驱动式机器人结构紧凑，传动平稳且动作灵敏，但对密封的要求较高，且不宜在高温或低温的场合工作，要求的制造精度较高，成本较高。

③ 电力驱动式机器人。目前越来越多的机器人采用电力驱动，这不仅是因为可供选择的电动机品种众多，更是因为可以运用多种灵活的控制方法。

④ 新型驱动方式机器人。伴随着工业机器人技术的发展，出现了利用新的工作原理制造的新型驱动器，如静电驱动器、压电驱动器、形状记忆合金驱动器、人工肌肉驱动器等。

（3）按几何结构分类。

按几何结构不同，工业机器人可分为开环机构和闭环机构两大类：以开环机构为机器人机构原型的叫串联机器人，以闭环机构为机器人原型的叫并联机器人。图6-3所示为几种常见的串联机器人。六自由度并联机构（Parallel Mechanism，PM）是高夫（Grough）在1949年设计出来的。20世纪90年代，这种机构被应用于飞行模拟器上，并被命名为Stewart机构，后来作为机器人机构使用，称为并联机器人。

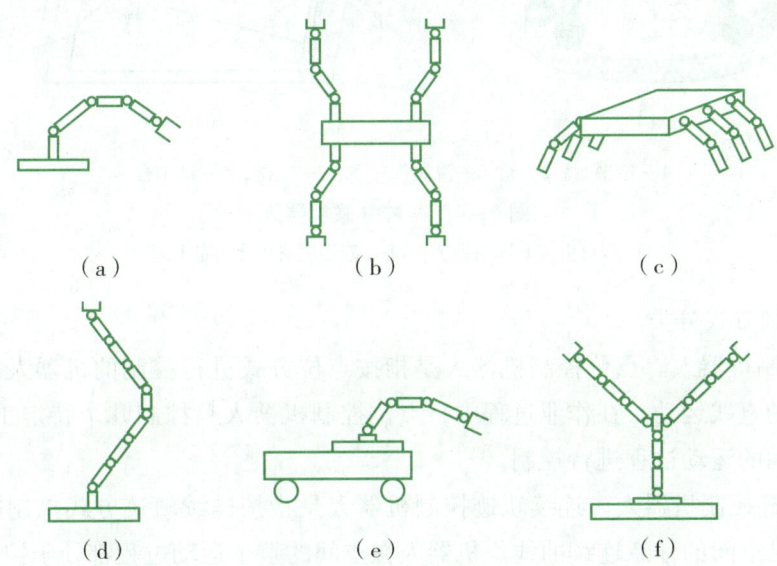

图6-3 几种常见的串联机器人

(a) 单臂机器人；(b) 多臂机器人；(c) 多腿行走机器人；(d) 柔软臂机器人；
(e) 轮式行走机器人；(f) 双臂机器人

图6-4（a）所示为六自由度并联机器人。从结构上来看，它是用六根支杆将上、下两个平台连接而成的。这六根支杆都可以独立地自由伸缩，它分别用球铰和虎克铰与上、下平台连接，若将下平台作为基础，则上平台可获得六个独立的运动，即有六个自由度，在三维空间中可以做任意方向的移动和绕任意方向的轴线转动。

图6-4（b）所示为一种新型三自由度并联机器人，其动平台通过三个不完全相同的支链与定平台相连接。具体叙述如下：并联机构由定平台1和动平台6以及连接动平台和定平台的三个支链3、5、7组成，从而构成一个闭环系统。其中，支链3和支链7具有相同的运动链，各包括一个定长杆、一个滑块、连接动平台的球铰链和连接滑块的转动副；支链5与支链3、支链7不同，其含有一个定长杆、一个滑块及连接动平台和滑块的虎克铰；三个滑块2、4、8与定平台通过移动副相连接。并联机器人是一类全新的机器人，其机构问题属于空间多自由度、多环机构学理论的新分支。并联机器人与串联机器人相比，没有那么大的活动空间，动平台也远远不如串联机器人的手部灵活，但并联机器人具有刚度大等优点，有特殊的应用领域，与串联机器人形成互补关系，是机器人的一种拓展。

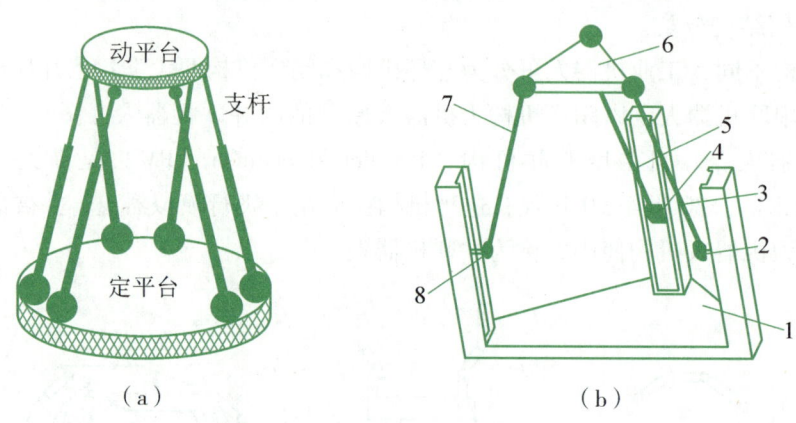

1—定平台；2、4、8—滑块；3、5、7—支链；6—动平台。

图6-4　两种并联机器人

（a）六自由度并联机器人；（b）新型三自由度并联机器人

（4）按控制方式分类。

① 点位控制机器人。点位控制机器人是指按点位方式进行控制的机器人，其运动为空间点到点之间的直线运动。在作业过程中，点位控制机器人只控制几个特定工作点的位置，不对点与点之间的运动过程进行控制。

② 连续轨迹控制机器人。连续轨迹控制机器人是指按连续轨迹方式控制的机器人，其运动轨迹可以是空间的任意连续曲线。机器人在空间的整个运动过程都处于控制之下，使得手部位置可沿任意形状的空间曲线运动，而手部的姿态也可以通过腕关节的运动得以控制，这对于焊接和喷涂作业是十分有利的。

（5）按用途和作业类别分类。

按用途和作业类别不同，工业机器人分为焊接机器人、冲压机器人、浇注机器人、装配机器人、喷漆机器人、搬运机器人、切削加工机器人、检测机器人、采掘机器人、水下机器人等。

2. 工业机器人的控制方式

工业机器人的工作原理比较复杂。简单地说，工业机器人的原理就是模仿人的各种肢体动作、思维方式和控制决策能力。从控制的角度来看，工业机器人可以通过如下四种方式来达到这一目标。

（1）示教再现方式。

它通过"示教盒"或"手把手"两种方式教机械手如何动作，控制器将示教过程记忆下来，然后工业机器人就按照记忆周而复始地重复示教动作，如喷涂机器人的示教再现方式。目前最为常用的就是示教再现方式。示教再现可按示教—存储—再现—操作四个步进行。

① 示教。示教方式有两种：直接示教和间接示教。

A. 直接示教——手把手。操作人员直接带动工业机器人的手臂依次通过预定的轨迹，这时，顺序、位置和时间三种信息可以做到综合示教。当再现时，依次读出存储的信息，重复示教的动作过程。

B. 间接示教——示教盒控制。操作人员通过操作示教盒上的按键，编制工业机器人的动作顺序、确定位置、设定速度或限时，三种信息的示教一般是分离进行的。在计算机控制下，用特定的语言编制示教程序，这实际上是一种间接示教方式，位置信息往往需通过示教盒设定。

② 存储。在必要的期限内保存示教信息。

③ 再现。根据需要，读出存储的示教信息向工业机器人发出重复动作的命令。

④ 操作。根据再现时所发出的一条条指令，驱使工业机器人的各个自由度产生相应的动作，最终使工业机器人手爪从空间一点移动到另一点。

（2）可编程控制方式。

工作人员事先根据工业机器人的工作任务和运动轨迹编制控制程序，然后将控制程序输入工业机器人的控制器，启动控制程序，工业机器人就按照程序所规定的动作一步步地去完成。如果任务变更，只要修改或重新编写控制程序即可，非常灵活、方便。大多数工业机器人都是按照"示教再现"方式和"可编程控制"方式工作的。

（3）遥控方式。

用有线遥控器或无线遥控器可以控制工业机器人在人难以到达的或危险的场所完成某项任务，如防暴排险机器人、军用机器人、在有核辐射和化学污染环境工作的工业机器人等。

（4）自主控制方式。

它是工业机器人控制中最高级、最复杂的控制方式，要求工业机器人在复杂的非结构化环境中具有识别环境能力和自主决策能力，即要具有人的某些智能行为。

☞ 主题讨论：

当前工业机器人的分类方式还有哪些？

6.2 串联机器人概述

6.2.1 串联机器人的技术参数

> ☞ 提示：
> 学习本小节内容时可借助多媒体等资源，注意串联机器人的技术参数。
> ☞ 要点：
> 1. 串联机器人的技术参数。
> 2. 自由度的概念。

目前，将一系列连杆通过转动关节或移动关节串联，即以开环机构为机器人机构原型的称为串联机器人，其主要技术参数如下。

1. 自由度

自由度是指机器人具有的独立运动的数目，一般不包括末端操作器的自由度（如手爪的开合）。在三维空间中描述一个物体的位姿（位置和姿态）需要六个自由度，其中三个用于确定位置（x，y，z），另外三个用于确定姿态［绕（x，y，z）的旋转］。工业机器人的自由度是根据其用途设计的，可能小于六个自由度，也可能大于六个自由度。

2. 关节

串联机器人的机械结构部分可以看作由一些连杆通过关节组装起来的，由关节完成连杆之间的相对运动，如图 6-5 所示。关节通常有两种，即转动关节和移动关节。转动关节是电驱动器驱动的，主要由步进电动机或伺服电动机驱动。移动关节主要由气缸、液压缸或者线性电驱动器驱动。

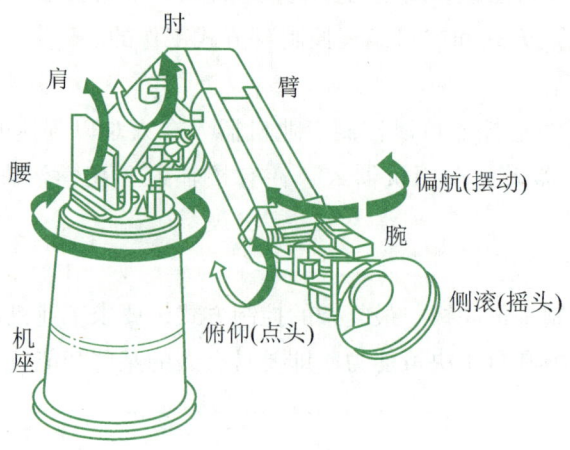

图 6-5 串联机器人的机械结构部分

3. 精度

精度包括定位精度和重复定位精度。定位精度是指机器人手部实际到达的位置与目标位置之间的差异，主要依存于机械误差、控制算法误差与分辨率系统误差。重复定位精度是指机器人手部重复定位于同一个目标位置的能力（用标准偏差表示）。

4. 工作空间

工作空间是指工业机器人正常运行时，其手腕参考点在空间所能达到的区域，用来衡量机器人工作范围的大小。由于末端执行器的形状和尺寸是多种多样的，为了真实反映机器人的特征参数，工作范围是指不安装末端执行器时的工作区域。

工作范围的形状和大小是十分重要的，机器人在执行某作业时可能会因存在手部不能到达的作业死区（Dead Zone）而不能完成任务。

5. 最大工作速度

不同厂家对工业机器人最大工作速度的规定也不同。有的厂家将最大工作速度定义为工业机器人主要自由度上最大的稳定速度，有的厂家将最大工作速度定义为手臂末端最大的合成速度，通常在技术参数中加以说明。

6. 承载能力

承载能力是指工业机器人在工作范围内任何位姿上所能承受的最大重量。承载能力不仅决定于负载的质量，而且与机器人的运行速度和加速度有关。机器人的承载能力与其自身重量相比往往非常小。

> ☞ 主题讨论：
> 工业机器人的技术参数还有哪些？

6.2.2 串联机器人的结构

> ☞ 提示：
> 学习本小节内容时可借助多媒体和工程录像等资源，了解串联机器人的控制装置、驱动装置、执行机构的结构形式。
>
> ☞ 要点：
> 1. 串联机器人控制装置的结构。
> 2. 串联机器人常用的传动机构。

根据 6.1.1 小节的内容可知，一个完整的工业机器人系统可以分成四个主要部分，即执行机构、驱动传动装置、控制装置和传感器。串联机器人亦是如此，这里主要介绍串联机器人的控制装置、驱动传动装置和执行机构的结构。

1. 串联机器人控制装置的结构

串联机器人控制装置的结构按其控制方式可分为三种。

（1）集中控制式结构。该结构用一台计算机实现全部控制功能，结构简单，成本低，但实时性差，难以扩展。

（2）主从控制式结构。主从控制方式是指采用主、从两级处理器实现系统的全部控制功能的控制方式。主 CPU 实现管理、坐标变换、轨迹生成和系统自诊断等，从 CPU 实现所有关节的动作控制。主从控制方式系统的实时性较好，适于高精度、高速度控制，目前在工业自动控制场合中应用广泛，但其系统扩展性较差，维修困难。

（3）分散控制式结构。分散控制方式按系统的性质和控制方式不同，将系统控制分成几个模块，每一个模块各有不同的控制任务和控制策略，各模块之间既可以是主从关系，也可以是平等关系。这种方式实时性好，易实现高速、高精度控制，易扩展，可实现智能控制，是目前较为流行的控制方式。

2. 串联机器人驱动传动装置的结构

（1）驱动传动装置的构成。

在串联机器人机械系统中，驱动器通过联轴器带动传动装置（一般为减速器），再通过关节轴带动杆件运动。串联机器人一般有两种运动关节，即转动关节和移（直）动关节。

为了进行位置和速度控制，驱动传动装置中还包括位置和速度检测元件。检测元件类型很多，但都要求有合适的精度、连接方式及有利于控制的输出方式。对于伺服电动机驱动，检测元件常与电动机直接相连，如图 6-6 所示；对于液压驱动，则常通过联轴器或销轴与被驱动的杆件相连，如图 6-7 所示。

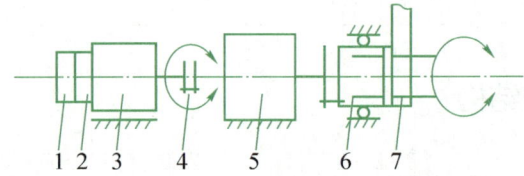

1—码盘；2—测速机；3—电动机；4—联轴器；5—传动装置；6—动关节；7—杆。

图 6-6 伺服电动机驱动的检测元件的连接方式

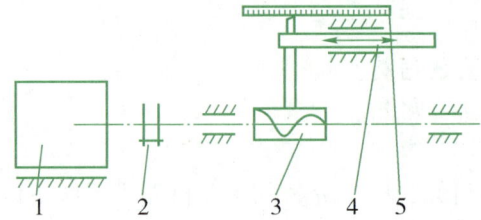

1—电动机；2—联轴器；3—螺旋副；4—移动关节；5—电位器（或光栅尺）。

图 6-7 液压驱动的检测元件的连接方式

（2）驱动器的类型和特点。

① 电动驱动器。电动驱动器的能源简单，速度变化范围大，效率高，速度和位置精度都很高，但它们多与减速器相连，直接驱动比较困难。电动驱动器又可分为直流（Direct Current，DC）伺服电动机驱动、交流（Alternating Current，AC）伺服电动机驱动和步进电动机驱动。直流伺服电动机有很多优点，但它的电刷易磨损，且易形成火花。随着技术的进步，近年来，交流伺服电动机正逐渐取代直流伺服电动机成为工业机器人的主要驱动器。步进电动机驱动多为开环控制，控制简单，但功率不大，多用于低精度、小功率的工业机器人系统。

② 液压驱动器。液压驱动器的优点是功率大，可省去减速装置而直接与被驱动的杆件相连，结构紧凑，刚度好，响应快，伺服驱动具有较高的精度，但需要增设液压源，易产生液体泄漏，不适合高、低温场合，故液压驱动目前多用于特大功率的工业机器人系统。

③ 气动驱动器。气动驱动器结构简单，动作灵敏，具有缓冲作用，但与液压驱动器相比，其功率较小，刚度差，噪声大，速度不易控制，所以多用于精度不高的点位控制机器人系统。

驱动器的选择应以作业要求、生产环境为先决条件，以价格高低、技术水平为评价标准。一般来说，目前负荷为 100 kg 以下的工业机器人，可优先考虑电动驱动器；只需点位控制且功率较小者，可采用气动驱动器；在负荷较大或机器人周围已有液压源的场合，可采用液压驱动器。

对于驱动器来说，最重要的是要求启动力矩大，调速范围宽，惯量小，尺寸小，同时还要有性能好的与之配套的数字控制系统。

（3）串联机器人的常用传动机构。

串联机器人对传动机构的基本要求：结构紧凑，即同比体积最小、质量最小；传动刚度大，即承受扭矩时角度变形要小，以提高整机的固有频率，降低整机的低频振动；回差小，即由正转到反转时空行程要小，以得到较高的位置控制精度；寿命长、价格低。

串联机器人几乎使用了目前出现的绝大多数传动机构，其中最常用的为谐波齿轮传动、RV 齿轮传动（详见第 2 章）和滚动螺旋传动。

① 谐波齿轮传动。

如图 6-8 所示，其原理在第 2 章已有叙述。串联机器人中主要应用了谐波齿轮传动的下列特点：

A. 传动比大，单级为 50~300，双级可达 60 000。

B. 传动平稳，承载能力强，传递单位扭矩的体积和质量小，在相同的工作条件下，体积可减小 20%~50%。

C. 齿面磨损小而均匀，传动效率高。当结构合理、润滑良好时，对传动比为 100 的传动，效率可达 0.85。

D. 传动精度高，在制造精度相同的情况下，谐波齿轮传动的精度可比普通齿轮传动高一级。若齿面经过很好的研磨,则谐波齿轮传动的传动精度要比普通齿轮传动高4倍。

E. 回差小,精密谐波齿轮传动的回差一般可小于3′,甚至可以实现无回差传动。

图6-8 机器人用谐波齿轮

② RV齿轮传动。

工业机器人常应用RV齿轮传动装置,它是由一级行星轮系再串联一级摆线针轮减速器组合而成的,如图6-9所示,其原理在第2章已有叙述。

图6-9 RV齿轮传动装置

工业机器人中应用了RV齿轮传动,主要因为其具有下列特点:与谐波齿轮传动相比,RV齿轮传动除了同样具有速比大、同轴线传动、结构紧凑、效率高等特点外,最显著的特点是刚性好,传动刚度较谐波齿轮传动要大2~6倍,质量却只增加了1~3倍。

该传动装置特别适用于操作机上的第一级旋转关节(腰关节),这时自重是坐落在底座上的,充分发挥了高刚度作用,可以大大提高整机的固有频率,降低振动,而且在频繁加、减速的运动过程中可以提高响应速度并降低能量消耗。

③ 滚动螺旋传动。

工业机器人也常应用滚动螺旋传动,主要是考虑滚动螺旋传动具有提高运动精度、加快响应速度、降低回程误差等特点。滚动螺旋传动是在具有螺旋槽的丝杠与螺母之间放入适当的滚珠,使丝杠与螺母之间由滑动摩擦变为滚动摩擦的一种螺旋传动,如图6-10所示。滚珠在工作过程中顺着螺旋槽(滚道)滚动,因此必须设置滚珠的返回通道才能循环使用。为了消除回差(空回),将螺母分成两段,以垫片、双螺母或齿差调整两段螺母的相对轴向位置,从而消除间隙和施加预紧力,使得在有额定轴间负荷时也能使回差为零。其中用得最多的是双螺母式滚动螺旋传动装置,而齿差式滚动螺旋传动装置最为可靠。

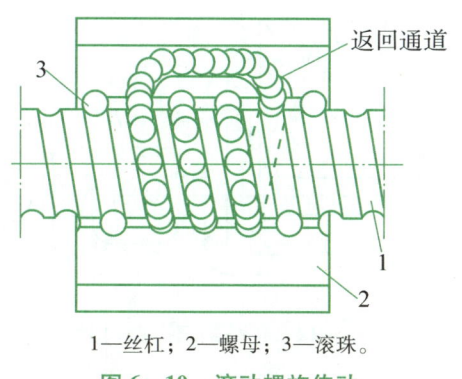

1—丝杠；2—螺母；3—滚珠。

图 6-10 滚动螺旋传动

3. 串联机器人执行机构的结构

串联机器人的执行机构一般由机座、手臂、手腕、末端执行器和移动装置组成。下面对其主要结构进行介绍。

（1）手臂和机座。

串联机器人的手臂由动力关节和连接杆件构成，用以支承和调整手腕和末端执行器的位置。电动机驱动的圆柱坐标式机器人的手臂和机座结构如图 6-11 所示。

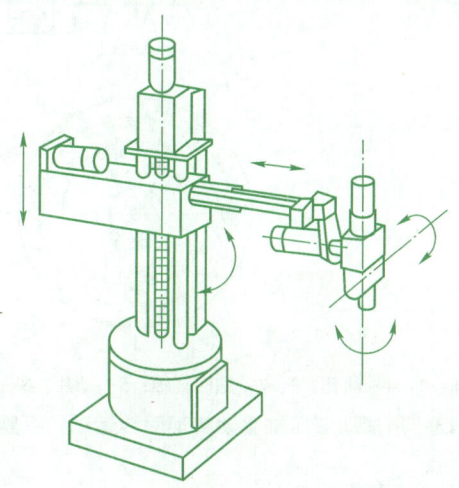

图 6-11 圆柱坐标式机器人的手臂和机座结构

（2）手腕。

手腕是连接手臂和末端执行器的部件，其功能是实现了末端执行器在作业空间三个位置坐标的基础上，来实现末端执行器在作业空间的三个姿态坐标，即实现三个自由度，如图 6-12 所示。

用摆动液压缸驱动实现回转运动的手腕结构如图 6-13 所示。

（3）末端执行器。

根据用途和结构的不同，串联机器人末端执行器可以分为机械式夹持器、吸附式末端执

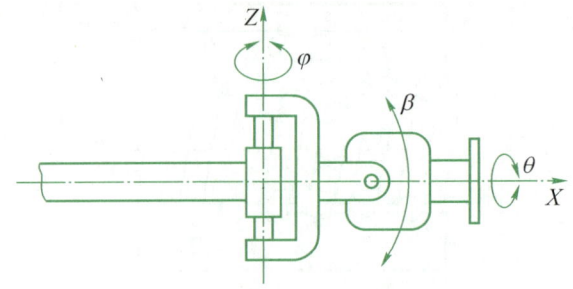

图 6-12　手腕的三个自由度

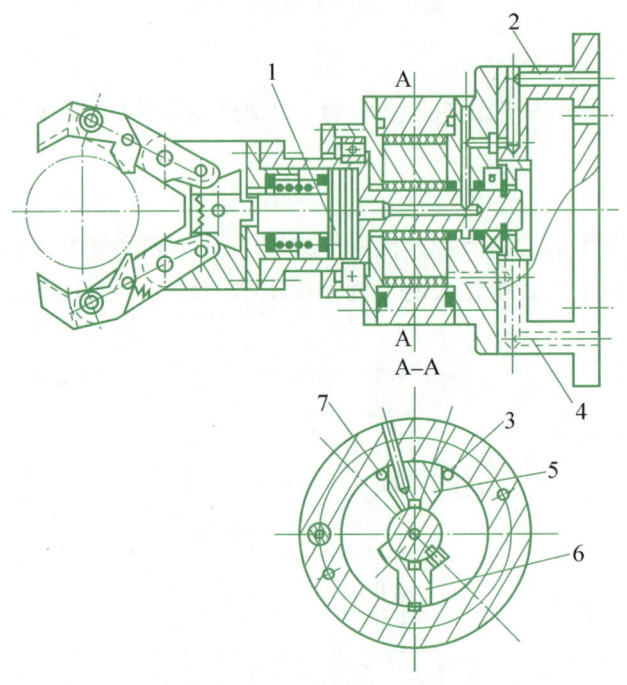

1—推杆；2、4—油孔；3、7—腕回转轴；5—动片；6—定片。

图 6-13　用摆动液压缸驱动实现回转运动的手腕结构

行器和专用工具三类。这里只介绍前两类。

① 机械式夹持器。串联机器人中应用的机械式夹持器多为双指手爪式，按其手爪的运动方式不同，手爪可分为平移型手爪和回转型手爪，回转型手爪又分为单支点回转型和双支点回转型。按夹持方式不同，机械式夹持器可分为外夹式夹持器和内撑式夹持器；按驱动方式不同，机械式夹持器可以分为电动夹持器、液压夹持器和气动夹持器；机械式夹持器按其形式主要有楔块杠杆式回转型夹持器、滑槽杠杆式回转型夹持器（如图 6-14 所示）、连杆杠杆式回转型夹持器、齿轮齿条平行连杆式平移型夹持器、左右型丝杆平移型夹持器和内撑连杆杠杆式夹持器。

② 吸附式末端执行器。吸附式末端执行器（又称为吸盘）有气吸式和磁吸式两种，它

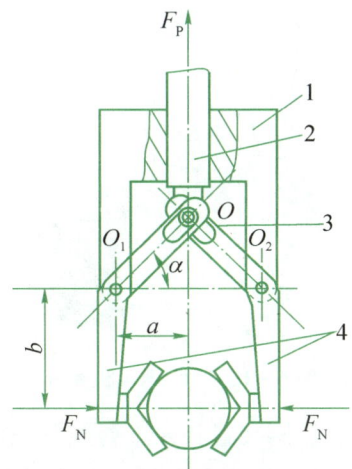

1—支架；2—杆；3—圆柱销；4—杠杆。

图 6-14 滑槽杠杆式回转型夹持器

们分别是利用吸盘内负压产生的吸力或磁力来吸住并移动物体的。

> ☞ 主题讨论：
> 串联机器人末端执行器的类型还有哪些？

6.2.3 常用串联机器人——SCARA 机器人介绍

> ☞ 提示：
> 学习本小节内容时可借助多媒体和工程录像等资源，了解典型串联机器人——SCARA 机构的结构形式。
> ☞ 要点：
> SCARA 机器人的结构形式。

选择顺应性装配机器手臂（Selective Compliance Assembly Robot Arm，SCARA）是一种平面关节型工业机器人，如图 6-15 所示。它有两个回转关节，其轴线相互平行，在平面内进行定位和定向。另外一个关节是移动关节，用于完成末端执行器垂直于平面的运动。手腕参考点的位置是由两个回转关节的角位移 φ_1 和 φ_2 及移动关节的位移 z 决定的，即 $p = f(\varphi_1, \varphi_2, z)$。这类机器人结构轻便，响应快，如 Adept1 型 SCARA 机器人的运动速度可达 10 m/s，比一般关节型机器人快数倍。它最适用于平面定位、垂直方向进行装配作业。

1. SCARA 机器人的结构

SCARA 机器人属于一种平面关节型工业机器人，与一般串联机器人的结构一样，也主

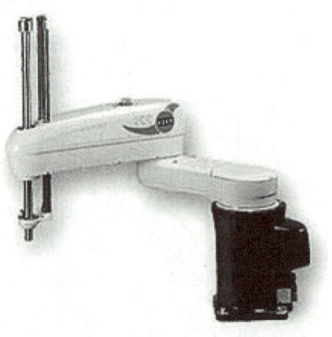

图 6-15 SCARA 机器人

要包括执行机构、驱动传动装置、控制装置和人工智能系统四部分。

（1）执行机构。执行机构由臂、关节和末端执行器构成，是机器人完成作业的实体，具有和人手臂相似的功能，可在空间抓放物体或进行其他操作。

（2）驱动传动装置。驱动传动装置由驱动器、减速器、检测元件等组成。

（3）控制装置。控制装置包括检测（如传感器）和控制（如计算机）两部分，可用来控制驱动传动装置，检测其运动参数是否符合规定要求，并进行反馈控制。

（4）人工智能系统。人工智能系统主要由两部分组成：一部分是感觉系统（硬件），主要靠各类传感器来实现其感觉功能；另一部分是决策、规划系统（软件），包括逻辑判断、模式识别和规划操作程序等功能。

2. SCARA 机器人的应用

SCARA 机器人在 x、y 轴方向上具有顺应性，而在 z 轴方向上具有良好的刚度，此特性特别适合于装配工作，如将一个圆头针插入一个圆孔，故 SCARA 机器人首先大量用于装配印刷电路板和电子零部件。SCARA 机器人的另一个特点是其串接的两杆结构类似于人的手臂，可以伸进有限空间中进行作业然后收回，适合于搬动和取放物件，如集成电路板等。

目前，SCARA 机器人还广泛应用于塑料工业、汽车工业、电子产品工业、药品工业和食品工业等领域。它的主要职能是搬取零件和装配工作。SCARA 机器人的第一个轴和第二个轴具有转动特性，第三个轴和第四个轴可以根据工作需要的不同，制造成相应多种不同的形态，并且一个具有转动特性，另一个具有线性移动的特性。由于其具有特定的形状，所以其工作范围类似于一个扇形区域。

SCARA 机器人可以被制造成各种尺寸，最常见的工作半径为 100～1 000 mm，此类 SCARA 机器人的净载重量为 1～200 kg。

☞ 主题讨论：

SCARA 机器人的结构形式。

6.3 并联机器人概述

6.3.1 并联机构的组成、分类

> ☞ 提示：
> 学习本小节内容时可借助多媒体和工程录像等资源，注意并联机构的概念、分类，以及一个完善的并联机构的组成。
>
> ☞ 要点：
> 1. 并联机构的分类。
> 2. 一个完善的并联机构的组成。

1. 并联机构的组成

并联机构是一组由两个或两个以上的分支机构通过运动副，按一定的方式连接而成的闭环机构。它的特点是所有分支机构可以同时接受驱动器输入，而最终共同给出输出。组成并联机构的运动副可分为简单运动副和复杂运动副两大类。常见的简单运动副有旋转副（Revolute Pair，RP）、滑移副（Prismatic Pair，PP）、圆柱副（Cylinder Pair，CP）、螺旋副（Helix Pair，HP）、球面副（Spherical Pair，SP）和球销副（Ball-and-Spigot Pair，BSP）等。为了设计出具有已知运动特性的支链而提出的复杂运动副有万向铰（Universal Pair，UP）或虎克铰、纯平动万向铰 U^*（Pure-Translation Universal Joint，PTUJ）等。

人们对并联机构的研究最早可追溯到 19 世纪。1949 年，高夫采用并联机构制作了轮胎检测装置；1965 年，英国高级工程师斯图尔特（Stewart）发表了名为"一种具有六个自由度的平台装置（A Platform with Six Degrees of Freedom）"的论文，引起了广泛的关注，从而奠定了他在空间并联机构中的地位，相应的平台称为 Stewart 平台，如图 6-16 所示。Stewart 平台机构由上、下平台及六根支杆构成，这六根支杆可以独立地上、下伸缩，它们分别由球铰和虎克铰与上、下平台连接。将下平台固定，则上平台就可进行六个自由度的独立运动，在三维空间可以做任意方向的移动和绕任意方向、位置的轴线转动。

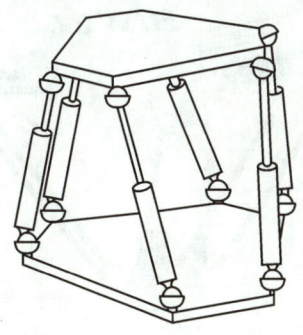

图 6-16 Stewart 平台机构

2. 并联机构的分类

并联机构是一种闭环机构,其动平台或称末端执行器通过至少两个独立的运动链与机架(定平台)相连,末端执行器具有运动的自由度;运动链都由唯一的移动副或转动副驱动。

根据上面的定义,并联机器人机构可具有二至六个自由度。从已经问世的并联机构来看,其中二自由度的占 10.5%,三自由度和六自由度的各占 40%,四自由度的占 6%,五自由度的占 3.5%。二自由度的并联机构在并联领域自由度最少,主要应用于在空间内定位平面内点,如图 6-17 所示。三自由度的并联机构种类较多,形式较复杂,有平面三自由度并联机构和空间三自由度并联机构,如图 6-18 所示。四自由度和五自由度的并联机构很少,其中一个原因在于人们还没有找到一种途径能把空间三个移动、三个转动的自由度分解开来;另一个原因是从结构对称的角度出发,四自由度和五自由度的并联机构很难得到。四自由度的并联机构大多不是完全并联机构,现有的五自由度并联机构结构复杂,如韩国的五自由并联机构具有双层结构(两个并连机构的组合)。六自由度的并联机构是并联机器人机构中的一个大类,是国内外学者研究最多的并联机构,并获得了广泛应用。从完全并联的角度出发,这类机构必须具有六个运动链,如 Stewart 机构。但在现有的并联机构中,也有一种具有三个运动链的六自由度的并联机构,如在三个分支的每个分支上附加一个五杆机构作为驱动机构的六自由度的并联机构。

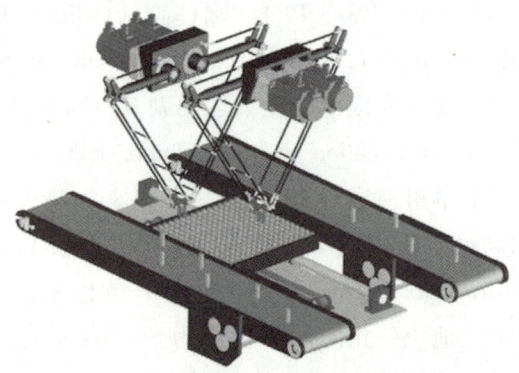

图 6-17 二自由度并联机构——Diamond

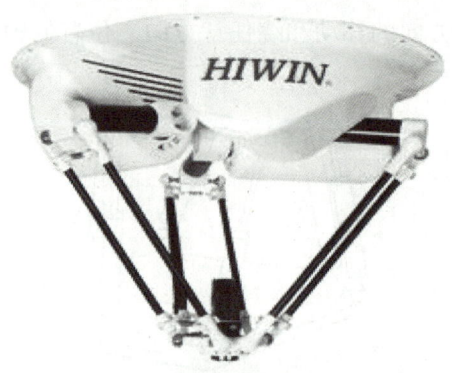

图 6-18 三自由度并联机构——Delta

目前，并联机构的自由度计算多采用 Kutzbach Grubler 公式，即

$$M = d(n - g - 1) + \sum f_i \tag{6-1}$$

式中：M——机构的自由度；

d——机构的阶数，对于平面机构、球面机构，$d=3$；对于空间机构，$d=6$；

n——机构的杆件数，包括机架；

g——运动副数；

f_i——第 i 个运动副的自由度数。

例如，Stewart 机构的自由度数为

$$M = 6 \times (14 - 18 - 1) + (1 \times 6 + 2 \times 6 + 3 \times 6) = 6$$

式中，杆件数为 14，一个支杆因中间有移动副分割，故每个支杆的杆件数应计为 2，上、下平台的杆件数共为 2；机构运动副数共为 18，其中，一自由度运动副移动副 6 个，二自由度运动副万向铰 6 个，三自由度运动副球铰 6 个。

> ☞ 主题讨论：
> 　　三自由度并联机构——Delta 的结构形式。

6.3.2　常用并联机构——Delta 机构介绍

> ☞ 提示：
> 　　学习本小节内容时可借助多媒体和工程录像等资源，了解常用并联机构——Delta 机构的结构及用途。
> ☞ 要点：
> 　　Delta 机构的结构形式。

Delta 机构是并联机构的一种，属于少自由度空间并联机构，于 1985 年首次由瑞士洛桑工学院的雷蒙德·克拉维（Reymond Clavel）博士提出，由于该机构的上、下两个平台均呈三角形状而得名。

Delta 机构是由三组摆动杆机构连接静平台和动平台的空间机构，其机构示意图如图 6-19 所示。它由两个正三角形平台组成，上面的平台是固定的，称为静平台；下面的平台是运动的，称为动平台。静平台的三条边通过三条完全相同的支杆分别连接到动平台的三条边上。每条支杆中有一个由两个虎克铰与杆件组成的平行四边形从动杆组，该杆组与主动臂相连，主动臂与静平台之间通过转动副连接。每条支杆都含有三个转动副和两个虎克铰，这种机构采用外转动副驱动和平行四边形杆组结构，可实现末端执行器的高速三维平动，其中，与静平台相连接的三个转动副为实验台的驱动副，每条支杆上相对应的杆长是相等的。根据结构类型可知，基于 Delta 机构的并联实验台在运动过程中动平台相对于静平台可以实

现三维平动。

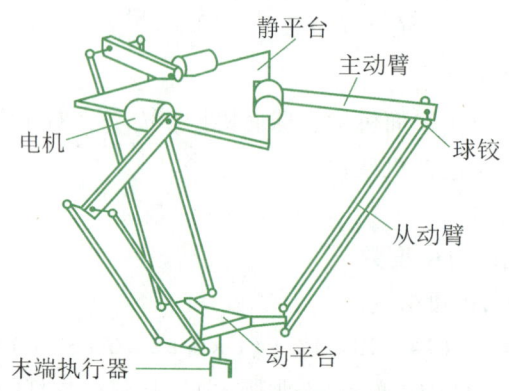

图 6-19 Delta 机构示意图

目前，Delta 机构由于具有机械结构简单、运动部件质量轻、动平台速度快等特点，被广泛应用。例如，它可以用于食品、制药、电子等轻工业中进行包装或取放（Pick-and-Place）操作等。瑞士巧克力制造商飞瑞尔巧克力公司（Chocolat Frey）将 Delta 机构用于巧克力包装生产线（如图 6-20 所示），获得了巨额的商业利润。该包装生产线由博世（Bosch）的包装技术公司（Sigpack Systems AG）提供。在这条生产线上，八个 Delta 机构从一连串的横向进给传送带上抓起巧克力，并把它们放进泡沫塑料盒里，然后把泡沫塑料盒放到纸箱里，从而减少了飞瑞尔巧克力公司工厂里的手工作业量。

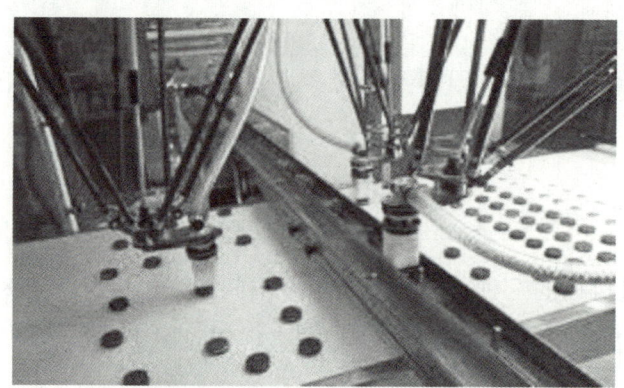

图 6-20 巧克力包装生产线

☞ 主题讨论：
Delta 机构动力学模型的建立。

6.4　工业搬运机器人概述

6.4.1　工业搬运机器人的种类

> ☞ 提示：
> 　　学习本小节内容时可借助多媒体和工程录像等资源，掌握常用的工业搬运机器人的种类。
> ☞ 要点：
> 　　工业搬运机器人的种类。

1. 机床上下料搬运机器人

当前零件在加工过程中，除了切削加工本身外，还有大量的装卸、搬运、装配等作业，工业搬运机器人就是为实现这些工序的自动化而产生的。

目前，在机床加工行业中要求加工精度高、批量加工速度快，从而要求生产线自动化程度有很大的提升。首先就是针对机床方面进行全方位自动化处理，使人力从中解放出来。直角坐标式机器人目前在机床行业内正被大量使用，包括数控车床上下料机器人、数控冲床上下料机器人、数控加工中心上下料机器人等。在加工轮毂等大型零件时，负载重量可达几十千克，其外形也大多是盘类件。这类加工件数量多，机床几乎要 24 h 运行。欧美等发达国家和地区早已采用机械手来自动上料和下料。根据加工零件的形状及加工工艺的不同，可采用不同的手爪类型、尺寸及抓取系统。而完成抓取、搬运和取走过程的运动机构就是大型直角坐标式机器人，它们通常包括一个水平运动轴（x 轴）和上下运动轴（z 轴）。立式加工中心上下料机器人根据被加工零件不同的形状或质量，所采用的手爪形状及结构也不同。

2. 物料搬运机器人

物料搬运机器人在实际的工作中就是一个机械手。机械手因其积极作用而正日益为人们所认识：其一，它能部分代替人工操作；其二，它能按照生产工艺的要求，遵循一定的程序、时间和位置来完成工件的传送和装卸；其三，它能操作必要的机具进行焊接和装配，从而大大地改善了工人的劳动条件，显著地提高了劳动生产率，加快了实现工业生产机械化和自动化的步伐。

目前，工业搬运机器人受到很多国家的重视，而且他们投入大量的人力、物力来对其研究和应用。尤其是在高温、高压、粉尘、噪声及带有放射性和污染的场合，工业搬运机器人的应用更为广泛。

> ☞ 主题讨论：
> 　　工业搬运机器人的种类还有哪些？

6.4.2 工业搬运机器人的控制系统

> ☞ 提示：
> 　　学习本小节内容时可借助多媒体和工程录像等资源，掌握工业搬运机器人控制系统的特点、分类与结构。
> ☞ 要点：
> 　　1. 工业搬运机器人控制系统的类型；
> 　　2. 工业搬运机器人控制系统的结构。

1. 工业搬运机器人控制系统的特点和基本要求

（1）工业搬运机器人控制系统的特点。

工业搬运机器人控制技术是在传统机械系统控制技术的基础上发展起来的，因此，两者之间并无根本不同，但工业搬运机器人控制系统也有许多特殊之处，其特点如下：

① 工业搬运机器人有若干个关节，典型工业搬运机器人有五至六个关节，每个关节都由一个伺服系统控制，多个关节的运动要求各个伺服系统协同工作。

② 工业搬运机器人的工作任务是要求操作机的手部进行空间点位运动或连续轨迹运动，对工业搬运机器人的运动控制，需要进行复杂的坐标变换运算及矩阵函数的逆运算。

③ 工业搬运机器人的数学模型是一个多变量、非线性和变参数的复杂模型，各个变量之间还存在耦合，因此，工业搬运机器人的控制中经常使用前馈、补偿、解耦和自适应等复杂控制技术。

④ 较高级的工业搬运机器人要求对环境条件、控制指令进行测定和分析，采用计算机建立庞大的信息库，用人工智能的方法进行控制、决策、管理和操作，按照给定的要求，自动选择最佳控制规律。

（2）工业搬运机器人控制系统的基本要求。

① 实现对工业搬运机器人位姿、速度、加速度等的控制功能。对于连续轨迹运动的工业搬运机器人，其还必须具有轨迹的规划与控制功能。

② 方便的人—机交互功能。操作人员采用直接指令代码对工业搬运机器人进行作业指示，使工业搬运机器人具有作业知识的记忆、修正和工作程序的跳转功能。

③ 具有对外部环境（包括作业条件）的检测和感觉功能。为了使工业搬运机器人具有对外部状态变化的适应能力，工业搬运机器人控制系统应能对诸如视觉、力觉、触觉等有关信息进行检测、识别、判断、理解等。

④ 具有诊断、故障监视等功能。

2. 工业搬运机器人控制系统的分类

工业搬运机器人控制系统的选择，是由工业搬运机器人所执行的任务决定的，对不同类型的工业搬运机器人已经发展了不同的控制综合方法。工业搬运机器人控制系统的分类没有统一的标准。例如，按运动坐标控制的方式来分，工业搬运机器人控制系统有关节空间运动控制系统、直角坐标空间运动控制系统；按轨迹控制方式来分，有点位控制系统、连续轨迹控制系统；按速度控制方式来分，有速度控制系统、加速度控制系统和力控制系统；按发展阶段来分，有程序控制系统、适应性控制系统和人工智能控制系统。这里主要介绍按发展阶段进行的分类。

（1）程序控制系统。

目前工业用的绝大多数第一代机器人都属于程序控制机器人，其程序控制系统的结构简图如图 6-21 所示，包括程序装置、信息处理器和放大执行装置。信息处理器对来自程序装置的信息进行变换，放大执行装置则对工业搬运机器人的传动装置进行作用。

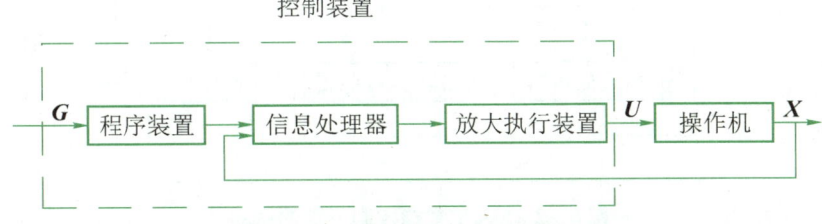

图 6-21　程序控制系统的结构简图

输出变量 X 为一个矢量，表示操作机的运动状态，一般为操作机各关节的转角或位移。控制作用 U 由控制装置加于操作机的输入端，也是一个矢量。给定作用 G 是输出量 X 的目标值，即 X 要求变化的规律，通常是以程序形式给出的时间函数，G 的给定可以通过计算工业搬运机器人的运动轨迹来编制程序实现，也可以通过示教法来编制程序实现。这就是程序控制系统的主要特点，即系统的控制程序是在工业搬运机器人进行作业之前确定的，或者说，工业搬运机器人是按预定的程序工作的。

（2）适应性控制系统。

适应性控制系统多用于第二代工业搬运机器人，即具有知觉的工业搬运机器人，它具有力觉、触觉或视觉等功能。在这类控制系统中，一般不事先给定运动轨迹，由系统根据外界环境的瞬时状态实现控制，而外界环境状态用相应的传感器来检测。适应性控制系统的系统框图如图 6-22 所示。

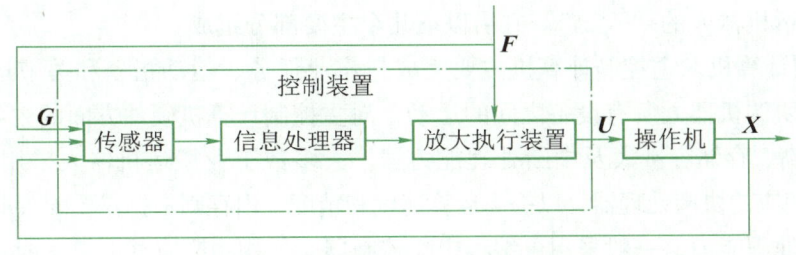

图 6-22　适应性控制系统的系统框图

在图 6-22 中，**F** 是外部作用矢量，代表外部环境的变化；给定作用 **G** 是工业搬运机器人的目标值，它并不是简单地由程序给出的，而是存在于环境中，控制系统根据操作机与目标之间的坐标差值进行控制。显然，这类系统要比程序控制系统复杂得多。

（3）人工智能控制系统。

人工智能控制系统是目前最高级、最完善的控制系统，在外界环境变化不定的条件下，为了保证所要求的品质，控制系统的结构和参数能自动改变，其框图如图 6-23 所示。

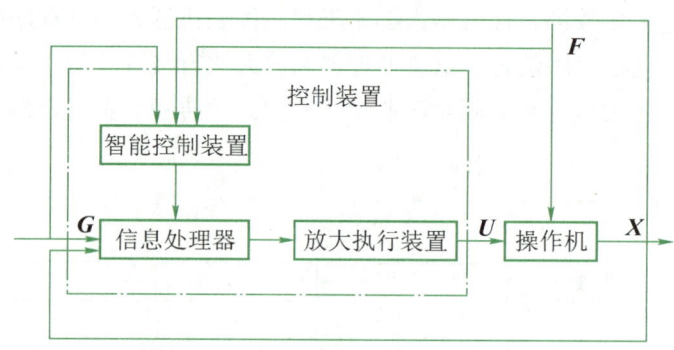

图 6-23　人工智能控制系统的框图

人工智能控制系统具有检测所需新信息的能力，并能通过学习和积累经验不断完善计划。该系统在某种程度上模拟了人的智力活动过程，具有人工智能控制系统的工业搬运机器人为第三代工业搬运机器人，即自治式工业搬运机器人。

3. 工业搬运机器人控制系统的结构

目前大部分工业搬运机器人都采用二级计算机控制：第一级为主控制级，第二级为伺服控制级。主控制级由主控制计算机及示教盒等外围设备组成，主要用于接收作业指令，协调关节运动，控制运动轨迹，完成作业操作。伺服控制级为一组伺服控制系统，其主体也为计算机，每一伺服控制系统对应一定的关节，用于接收主控制计算机向各关节发出的位置、速度等运动指令信号，以实时控制操作机各关节的运行。

（1）主控制级。

主控制级的主要功能是建立操作和工业搬运机器人之间的信息通道，传递作业指令和参数，反馈工作状态，完成作业所需的各种计算，建立与伺服控制级之间的接口。总之，主控制级是工业搬运机器人的"大脑"。它由以下几个主要部分组成。

① 主控制计算机。主控制计算机主要完成与作业任务、运动指令和关节运动要求相关的全部运算，协调机器人所有设备之间的运动。对主控制计算机硬件方面的主要要求是运算速度快和精度高、存储容量大及中断处理能力强。大多数工业搬运机器人采用 16 位以上的 CPU，并配以相应的协调处理器，以提高运算速度和精度。内存则根据需要配置 16 KB～1 MB。为了提高中断处理能力，一般采用可编程中断控制器，使用中断方式能够实时进行对工业搬运机器人运行控制的监控。

② 主控制软件。工业搬运机器人的主控制软件是工业搬运机器人控制系统的重要组成

部分，其功能主要包括指令的分析解释、运动的规划（根据运动轨迹规划出沿轨迹的运动参数）、插值计算（按直线、圆弧或多项插值，求得适当密度的中间点）和坐标变换。

③ 外围设备。主控制级除具有显示器、控制键盘、软/硬盘驱动器、打印机等一般外围设备外，还具有示教盒。示教盒是第一代工业机器人——示教再现工业搬运机器人的重要外围设备。

要使工业搬运机器人具有完成预定作业任务的功能，须预先将要完成的作业教给工业搬运机器人，这一操作过程称为示教。将示教内容记忆下来，称为存储。使工业搬运机器人按照存储的示教内容进行动作，称为再现。工业搬运机器人的动作就是通过"示教—存储—再现"的过程来实现的。

示教的方式主要有两种，即间接示教方式和直接示教方式。

A. 间接示教方式。间接示教方式是一种人工数据输入编程的方法。将数值、图形等与作业有关的指令信息采用离线编程的方法，利用工业搬运机器人编程语言离线编制控制程序，经键盘、图像读取装置等输入设备输入计算机。离线编程方法具有不占用工业搬运机器人工作时间、可利用标准的子程序和 CAD 数据库的资料加快编程速度、能预先进行程序优化和仿真检验等优点。

B. 直接示教方式。直接示教方式是一种在线示教编程方式。它又可分为两种形式：一种是手把手示教编程方式；另一种是示教盒示教编程方式，如图 6-24 所示。手把手示教编程方式就是由操作人员直接手把着工业搬运机器人的示教手柄，使工业搬运机器人的手部完成预定作业要求的全部运动（路径和姿态），与此同时，计算机按一定的采样间隔测出运动过程的全部数据，并记入存储器。在再现过程中，控制系统以相同的时间间隔顺序地取出程序中各点的数据，从而使操作机重复示教时所完成的作业动作。这种编程方法操作简便，能在较短的时间内完成复杂的轨迹编程，但编程点的位置准确度较差。对于环境恶劣的操作现场，可采用机械模拟装置进行示教。

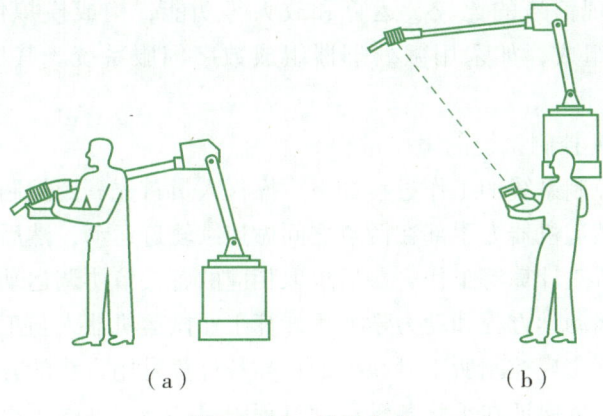

图 6-24 示教方式

(a) 手把手示教；(b) 示教盒示教

示教盒示教编程方式是利用示教盒进行编程的，如图 6-25 所示。利用装在示教盒上的按钮可以驱动机器人按需要的顺序进行操作。在示教盒中，每一个关节都有一对按钮，分别控制该关节在两个方向上的运动，有时还提供附加的最大允许速度控制。

图 6-25 工业机器人示教盒

示教盒一般用于对大型机器人或危险作业条件下的机器人示教，但这种方法仍然难以获得高的控制精度，也难以与其他设备同步，且不易与传感器信息相配合。

（2）伺服控制级。

伺服控制级是由一组伺服控制系统组成的，每一个伺服控制系统分别驱动操作机的一个关节。关节运动参数来自主控制级的输出。伺服控制级的主要组成部分有伺服驱动器和伺服控制器。

① 伺服驱动器。伺服驱动器通常由伺服电动机、位置传感器、速度传感器和制动器组成。伺服电动机的输出轴直接与操作机关节轴相连接，以完成对关节运动的控制和关节位置与速度的检测。

② 伺服控制器。伺服控制器的基本部件是比较器、误差放大器和运算器。输入信号除参考信号外，还有各种反馈信号。伺服控制器可以由模拟器件组成，主要用集成运算放大器和阻容网络实现信号的比较、运算和放大等功能，构成模拟伺服系统。伺服控制器也可以由数字器件组成，如采用微处理器组成数字伺服系统。其比较、运算和放大等功能由软件完成。

4. 工业搬运机器人控制系统的工作过程

工业搬运机器人控制系统的工作过程如下：操作人员首先利用控制键盘或示教盒输入作业要求，如要求工业搬运机器人手部在两点之间做连续轨迹运动，然后主控制计算机完成坐标变换、插补计算、矫正计算等工作，最后求取相应的各关节协调运动参数。坐标变换即用坐标变换原理，根据运动学方程和动力学方程计算工业搬运机器人与工件的关系、相对位置和绝对位置关系，这是实现控制所不可缺少的；插补计算是用直线的方式解决示教点之间的过渡问题；矫正计算是为保证在手腕各轴运动过程中保持与工件的距离和姿态不变对手腕各轴的运动误差补偿量的计算。运动参数输出到伺服控制级作为各关节伺服控制系统的给定信号，实现各关节的确定运动。控制操作机完成两点间的连续轨迹运动，操作人员可直接监视操作机的运动,也可以从显示控制屏上得到有关的信息。这一过程反映了操作人员、主控制级、伺服控制级和操作机之间的关系。

> ☞ 主题讨论:
> 　　常用工业搬运机器人控制系统的实现方式。

6.4.3　工业搬运机器人的应用

> ☞ 提示:
> 　　学习本小节内容时可借助多媒体和工程录像等资源,了解工业搬运机器人的应用领域。
> ☞ 要点:
> 　　工业搬运机器人的应用领域。

国内外工业搬运机器人主要应用于以下领域:

1. 热加工领域

热加工涉及高温环境以及危险的体力劳动,所以实现自动化具有非常重要的意义。为了提高工作效率和确保工人的人身安全,尤其是对于大件搬运和人力所不能胜任的作业,更需要工业搬运机器人来完成。

2. 冷加工领域

在冷加工领域,工业搬运机器人主要用于柴油机配件及轴类、盘类和箱体类等零件单机加工时的上下料和刀具安装等,进而在程序控制、数字控制等机床上应用,成为设备的一个组成部分。近年来,工业搬运机器人开始在加工生产线、自动线上应用,成为机床、设备上下工序连接的重要手段。

3. 安装维修领域

安装维修领域是繁重体力劳动较多的领域之一,工业搬运机器人在该领域得到了广泛应用。目前,国内铁路工厂、机务段等部门已采用工业搬运机器人拆装三通阀、钩舌,分解制动缸,装卸轴箱,组装轮对,清除石棉等,降低了劳动强度,提高了拆修装的效率。近年来,人们还研制了一种客车车内喷漆通用工业搬运机器人,可用于对客车内部进行连续喷漆,改善了劳动条件,提高了喷漆的质量和效率。

> ☞ 主题讨论:
> 　　工业搬运机器人的其他应用领域。

学习活动

1. 学习活动概况

国际机器人联合会发布的报告显示，2019 年全球工厂中运转的机器人总数达到 270 万台，比前一年增长 12%。其中，中国工厂中的机器人为 78.3 万台，比前一年增长 21%。2019 年工业机器人在中国的销量约为 14.05 万台，虽较 2018 年和 2017 年有所减少，仍是五年前销量的两倍以上。目前市场上已经出现的像新松、博实、新时达等一批国产机器人企业已经掌握了零部件和本体的研发技术，具备了一定的竞争力。

在学完本章内容后，为了更好地将理论知识与实践应用相结合，引导学生自行构思一种智能摇篮机器人的设计方案。

2. 学习活动内容

实践活动开始时，教师组织学生展开相关机器人设计资料的查阅，并进行积极的讨论。在讨论过程中，注意提醒学生要抓住该类型机器人设计的核心问题，即该智能摇篮机器人主要能够实现的功能及实现方式，以及它的基本工作原理、主要的功能模块。

（1）学习本章内容，知道常见工业机器人的类型、结构、控制原理、驱动方式等。

（2）分组讨论，确定该智能摇篮机器人设计的核心问题。

（3）上网查阅资料，确定该类型机器人主要能够实现的功能及实现方式，以及它的工作原理、功能模块等。

（4）完成详细的智能摇篮机器人的设计说明书。

3. 讲评

本次学习活动以智能摇篮机器人的设计为例，使学生了解了该类型机器人涉及单片机控制、传感检测、伺服传动等相关技术，确定了整个设计思路：基于单片机控制器模块通过音量测量模块，检测婴儿哭声，然后由伺服驱动模块驱动手臂抓取、摇动摇篮，并由发音模块适时播放音乐。当婴儿安然入睡时，停止摇动及音乐播放。

通过本次学习活动，学生能够对工程实际应用中典型机器人的功能、结构、控制原理、驱动方式等有更为直观的认知。

实验五　关节型机械手夹取物体控制实验

【实验目的】

1. 通过对串联关节机械手各组成部件的演示，掌握关节型机械手的运行过程。
2. 熟悉串联关节型机械手控制系统的连接过程。
3. 熟悉串联关节型机械手夹取物体的动作过程。

【实验设备】

TowerPro MG995 舵机 3 个、TowerPro SG5010 舵机 2 个、塑料连接件若干、圆形底座 1 个、圆柱形夹取物 1 个、捷龙 D3009 舵机伺服控制器 1 个、系统电源 1 个（9 V，600 mA）、舵机电源 1 个（5 V，3 A）、BASIC Stamp2 微控制器 1 个、计算机 1 台。

【实验原理】

串联关节型机械手的结构示意图如图 6-26 所示，其接线原理图如图 6-27 所示。

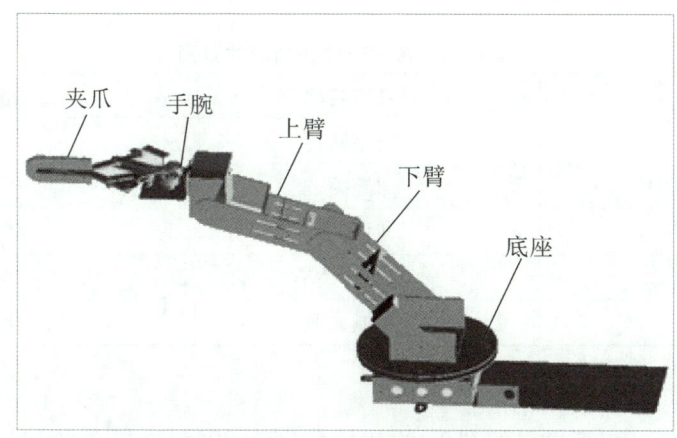

图 6-26　串联关节型机械手的结构示意图

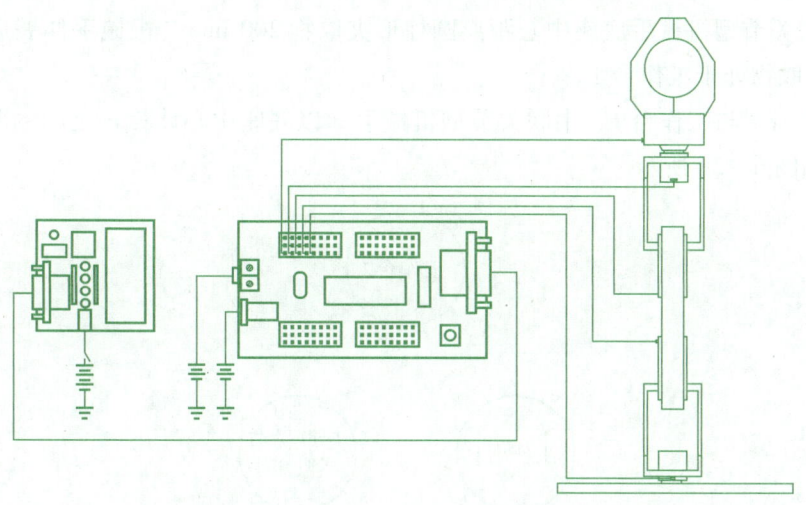

图 6-27　串联关节型机械手的接线原理图

【实验内容】

1. 实验参数

（1）底座回转、仰俯关节、肘关节共采用三个 TowerPro MG995 舵机。

（2）无负载速度：0.17 s/60°（4.8 V）。

（3）最大扭矩：13 kg·cm。

（4）工作电压：4.8~7.2 V。

（5）腕回转关节、夹取共采用两个 TowerPro SG5010 舵机。

（6）无负载速度：0.20 s/60°（4.8 V）。

（7）最大扭矩：4.5 kg·cm。

（8）工作电压：4.8~6.0 V。

（9）各关节旋转角度的活动范围如表6-1所示。

表6-1 各关节旋转角度的范围

关节号码	关节名称	角度范围
0	底座回转	0°~180°
1	仰俯关节	0°~110°
2	肘关节	45°~135°
3	腕回转关节	0°~180°
4	夹抓夹取	0°~180°

2. 实验步骤

（1）设定各关节（夹抓关节除外）的初始角度为90°，夹抓关节初始角度为0°，各关节处于初始位置。

（2）串联关节型机械手底座中心距离圆柱形夹取物 200 mm（机械手伸展后，总长约为350 mm），夹取物处于工作台1。

（3）工作台2与工作台1、串联关节型机械手（以底座中心计算）之间的距离呈等边三角形关系，如图6-28所示。

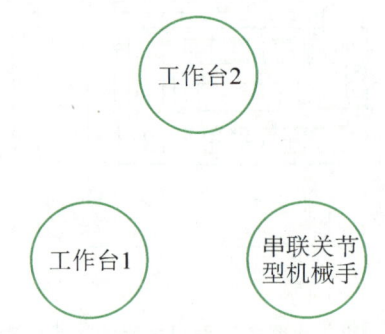

图6-28 串联关节型机械手与工作台1、2位置示意图

3. 实验程序

略，见本课程的网站资源。

【实验结果】

（1）输入底座的旋转角度（-90°）、仰俯关节旋转角度（-50°）、肘关节旋转角度

(-30°)、腕回转关节旋转角度（0°）和夹抓夹取关节旋转角度（70°），从工作台1夹取物体成功。

（2）输入肘关节旋转角度（10°）、底座旋转角度（60°）、肘关节旋转角度（-10°）和夹取关节旋转角度（-70°），物体移动到工作台2上。

（3）回零操作，串联关节型机械手返回初始位置。

【结论分析】

根据实验结果，分析并总结在实验中遇到的问题及其解决途径。

思考题

当某关节改变初始角度时，其他关节应如何处理？

本章小结

工业机器人是典型的机电一体化产品，从简单到复杂的各种工业机器人都有，未来工业机器人将得到越来越广泛的应用。本章主要从结构、类型、控制系统等不同侧面，着重介绍了串联机器人、并联机器人、工业搬运机器人三种常用的工业机器人系统，安排了工业机器人领域中最常见的一种类型——串联关节型机械手的夹取物体控制实验。

本章习题

6-1 工业机器人主要由哪几部分组成？它们分别起什么作用？

6-2 按机械结构类型、控制方式、几何结构、驱动方式的不同，工业机器人各分为哪些种类？

6-3 工业机器人的主要组成部分有哪些？工业机器人的自由度取决于什么？

6-4 并联机器人机构的种类有哪些？

6-5 一般工业机器人采用几级计算机控制？各为什么级？各级主要由哪些部分组成？其功能分别是什么？

第 7 章

典型机电一体化系统——FMS

导 言

随着社会的进步和生活水平的提高，社会对产品多样化、低制造成本及短制造周期等需求日趋迫切，传统的制造技术已不能满足市场对多品种、小批量、更具特色及符合顾客个人要求样式和功能的产品的需求。20世纪90年代后，随着微电子技术、计算机技术、通信技术、机械与控制设备的发展，制造业自动化进入了一个崭新的时代，技术日臻成熟。柔性制造技术已成为各工业化国家机械制造自动化的研制发展重点。本章主要介绍FMS（Flexible Manufacturing System，柔性制造系统）概述、FMS中的加工工作站控制技术、FMS中加工工作站的装配等内容。

学习目标

1. 掌握FMS的定义及分类。
2. 掌握FMS的组成及功能特征。
3. 理解FMS中的加工系统技术。
4. 了解FMS中加工工作站的装配。

学习建议

1. 导思

在学习本章节时，学生应对以下几个问题进行思考：

（1）什么是FMS？

（2）FMS按照系统规模不同可以分为哪几类？它们各有什么特点？

（3）THMSRX-2型柔性制造系统由哪几个单元构成？

2. 导学

（1）7.1节主要讲述FMS的定义、功能及特点，FMS的发展和FMS的分类，其中FMS的定义及分类是本章的重点。

（2）7.2 节主要讲述 FMS 的组成及功能特征、FMS 中的加工系统技术，其中 FMS 中的加工系统技术是本章的重点。

（3）7.3 节主要讲述 FMS 中加工工作站的装配。

7.1 FMS 概述

7.1.1 FMS 的定义、功能及特点

> ☞ 提示：
> 学习本小节内容时可借助多媒体等资源，了解 FMS 的功能和优点。
>
> ☞ 要点：
> FMS 的定义、功能和优点。

1. FMS 的定义

由于 FMS 正在发展中，目前尚无统一的定义，但综合一些相关文献可以认为，FMS 是指可变的、自动化程度较高的制造系统，它主要包括若干台数控机床和加工中心（或其他直接参加产品零部件生产的自动化设备），用一套自动物料（包括工件和刀具）搬运系统连接起来，由分布式多级计算机系统进行综合管理与控制，以适应柔性的高效率零件加工（或零部件生产）过程。

系统的柔性通常主要指对产品的柔性，即系统为不同的产品和产品变化进行设置，以达到高的设备利用率，减少加工过程中零件的中间存储，对于顾客的需求具有快速响应的能力。

2. FMS 的功能

（1）能自动控制和管理零件的加工过程，包括制造质量的自动控制、故障的自动诊断和处理、制造信息的自动采集和处理。

（2）通过简单的软件系统变更，能制造出某一零件族的多种零件。

（3）自动控制和管理物料（包括工件与刀具）的运输和存储过程。

（4）能解决多机床下零件的混流加工问题，且无须增加额外费用。

（5）具有优化的调度管理功能，无须过多的人工介入，能做到无人加工。

3. FMS 的优点

（1）设备利用率高。一组机床编入 FMS 后的产量，一般可达这组机床在单机作业时的 3 倍。FMS 能获得高效率的原因，一是计算机把每个零件都安排了加工机床，一旦机床空闲，即刻将零件送上加工，同时将相应的数控加工程序输入这台机床；二是送上机床的零件早已被装夹在托盘上（装夹工作在单独的装卸站进行），因而机床不用等待零件的装夹。

（2）减少设备投资。由于设备的利用率高，所以 FMS 能以较少的设备来完成同样的工作量。把车间采用的多台加工设备换成 FMS，其投资一般可减少 2/3。

（3）减少直接工时费用。机床是在计算机控制下进行工作的，不需要人工去操纵，唯一用人的工位是装卸站，因此减少了工时费用。

（4）减少工序中在制品量，缩短生产准备时间。和一般加工系统相比，FMS 在减少工序间零件库存数量上有良好的效果，有的减少了 80%，这是因为缩短了等待加工时间。

（5）改进生产要求，有快速应变能力。FMS 有其内在的灵活性，能适应由于市场需求变化和工程设计变更所出现的变动，进行多品种生产，而且能在不明显打乱正常生产计划的情况下，插入备件和急件制造任务。

（6）有维持生产的能力。许多 FMS 被设计成当一台或几台机床发生故障时仍能降级运转的系统，即采用了加工能力有冗余度的设计，并使物料传送系统有自行绕过故障机床的能力。

（7）产品质量高。FMS 减少了零件装夹次数，一个零件可以少上几种机床加工，而且 FMS 设计了更好的专用夹具，更加注意机床和零件的定位，有利于提高零件的质量。

（8）提高运行的灵活性。运行的灵活性是提高生产率的另一个因素。有些 FMS 能够在无人照看的情况下进行第二班和第三班的生产。

（9）增加产量的灵活性。车间平面布局规划合理，需要增加产量时，可以增加机床，以满足扩大生产能力的需要。

4. 发展 FMS 的难点

尽管 FMS 有许多优点，但是工业实践业已证实发展 FMS 也有一些困难，或者说，FMS 还存在缺点。正是这些困难或缺点，使得许多企业对 FMS 缺乏信心，望而却步，不敢做出采用这种新技术的决策。也正是这些难点，促进了 FMS 技术观点的变化与进步。发展 FMS 的难点主要表现在以下几方面：

（1）投资高昂。FMS 价格昂贵，视 FMS 构成规模的大小，一般需要 500～7 000 万美元的投资，这还不包括支持 FMS 运行环境建设的费用。这对于财源有限的中小型企业来说是难以承受的，即使技术与经济承受能力较强的大公司和大企业，采用 FMS 也有很大的风险，决策者须有足够的勇气和胆略。

（2）周期长。FMS 系统技术复杂，开发、研制、调试一套 FMS 系统需要较长的周期，从提出开发一个系统的概念到具体实现，往往需要 5～6 年，有时甚至更长。若要完全满足用户的要求，则需更长的时间。典型的 FMS，仅调试周期通常就需要半年，有的甚至一年后还不一定能完全正常运行。调试一套大型 FMS 可能需要 18 个月，而使系统在良好的性能状态下运行可能再需要 18 个月。对于企业来说，如果一项新的技术投资在 3～5 年内得不到良好的回报，往往会导致他们失去信心。

（3）高技术支持需求。企业建立 FMS 需要相当高的技术知识支持力度，必须拥有熟悉这一领域的人才（领域专家和科技队伍），建成后维持系统正常运行也需要一支具备高级技能的队伍。

（4）有限的"柔性"。FMS 尽管具有高柔性，但是这种柔性仍然限于特定的范围，如加工箱体零件的 FMS 不能用于加工旋转体、冲压件等。同样是加工箱体零件的 FMS，用于加工变速箱体零件的 FMS 不一定适合于加工发动机气缸体。因此，一个 FMS 系统建成后，改变加工对象（一种固有柔性）是比较困难的。

5. FMS 柔性的表现

（1）机床的柔性。FMS 中的机床通过配置相应的刀具、夹具、数控程序等，即可加工给定零件族中的零件。

（2）加工柔性。FMS 能以多种流程加工一组类型、材料不同的零件。

（3）产品的柔性。FMS 能够经济、迅速地转变生产的产品。

（4）零件流动路线柔性。FMS 在加工零件过程中出现局部故障时，能重新选择工件路径并继续加工。

（5）产量的柔性。FMS 能适应不同产量并具有好的操作效益。

（6）扩展的柔性。FMS 能够在需要时容易地、模块化地扩展系统。

（7）操作柔性。FMS 能对每一种零件改变工序顺序。

（8）生产柔性。FMS 能生产各类零件。

FMS 的适用范围很广，它既能解决单件小批量生产的自动化问题，也能适应大批量、多品种生产的自动化问题。它把高柔性、高质量、高效率统一和结合起来，在当前具有较强的生命力。

> 主题讨论：
> FMS 有哪些优点？

7.1.2 FMS 的发展

> 提示：
> 学习本小节内容时可借助多媒体等资源，了解 FMS 的发展阶段。
>
> 要点：
> FMS 的发展阶段。

1967 年，英国莫林斯公司首次根据威廉姆森（Williamson）提出的 FMS 基本概念，研制了"系统 24"。它的主要设备是 6 台模块化结构的多工序数控机床，目标是在无人看管的条件下，实现昼夜 24 h 连续加工，但最终由于经济和技术上的困难而未能全部建成。

同年，美国的怀特·森斯特兰公司建成 Omniline I 系统，它由 8 台加工中心和 2 台多轴钻床组成，工件被装在托盘上的夹具中，按固定顺序以一定节拍在各机床间传送和加工。这种柔性自动化设备适用于少品种、大批量生产，在形式上与传统的自动生产线相似，所以也叫柔性自动线。日本、苏联、德国等也都在20世纪60年代末至20世纪70年代初先后开展了FMS的研制工作。

1976年，日本发那科（FANUC）公司展出了由加工中心和工业机器人组成的柔性制造单元（Flexible Manufacturing Cell，FMC），为发展FMS提供了重要的设备形式。FMC一般由1~2台数控机床与物料传送装置组成，有独立的工件储存站和单元控制系统，能在机床上自动装卸工件，甚至自动检测工件，可实现有限工序的连续生产，适于多品种小批量生产应用。

20世纪70年代末期，FMS在技术上和数量上都有较大发展，20世纪80年代初期已进入实用阶段，其中以由3~5台设备组成的FMS为最多，但也有规模更庞大的系统投入使用。

1982年，日本发那科公司建成自动化电动机加工车间，由60个柔性制造单元（包括50个工业机器人）和1个立体仓库组成，另有2台自动引导台车传送毛坯和工件。此外，还有1个无人化电动机装配车间，它们都能连续24 h运转。这种自动化和无人化车间是向实现计算机集成的自动化工厂迈出的重要一步。

柔性制造系统的发展趋势大致有两个方面。一方面是与计算机辅助设计和辅助制造系统相结合，利用原有产品系列的典型工艺资料，组合设计不同模块，构成各种不同形式的具有物料流和信息流的模块化柔性制造系统。另一方面是实现从产品决策、产品设计、生产到销售的整个生产过程自动化，特别是管理层次自动化的计算机集成制造系统。在计算机集成制造系统中，柔性制造系统只是它的一个组成部分。

> ☞ 主题讨论：
> FMS未来的发展趋势。

7.1.3 FMS的分类

> ☞ 提示：
> 学习本小节内容时可借助多媒体等资源，了解FMS的分类。
> ☞ 要点：
> FMS的类型。

按照系统规模不同，FMS（或称广义的FMS）可以分为以下四类。

1. 柔性制造单元

柔性制造单元（FMC）也称为柔性制造模块（Flexible Manufacturing Module，FMM），由单台数控机床或加工中心与工件自动装卸装置组成。它是实现单工序加工的可变加工单元，是最简单的FMS。图7-1所示为机器人搬运式FMC。

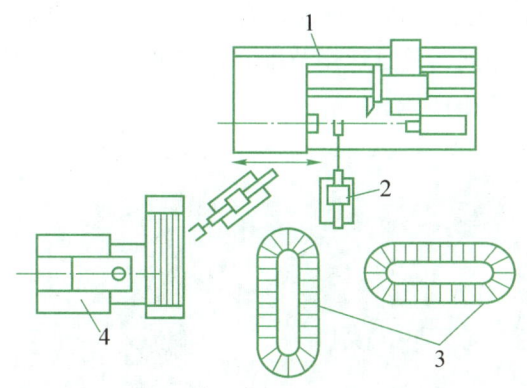

1—车削中心；2—机器人；3—交换工作台；4—加工中心。

图 7-1 机器人搬运式 FMC

2. 柔性制造系统

柔性制造系统通常包括 3 台以上的数控机床（或加工中心），由集中的控制系统及物料系统连接起来，可在不停机的情况下实现多品种、中小批量的加工管理。柔性制造系统是使用柔性制造技术最具代表性的制造自动化系统。值得一提的是，由于装配自动化技术远远落后于加工自动化技术，产品最后的装配工序一直是现代化生产中的一个瓶颈问题。研制开发适用于中小批量、多品种生产的高柔性装配自动化系统，特别是柔性装配单元（Flexible Assembly Cell，FAC）及相关设备越来越被重视。图 7-2 所示为汽缸缸体和缸盖的柔性制造系统。

图 7-2 汽缸缸体和缸盖的柔性制造系统

3. 柔性制造生产线

柔性制造生产线一般是针对某种类型（族）零件的，带有专业化生产或成组化生产特点的生产线。它由多台数控机床或加工中心组成，其中有些机床带有一定的专用性。全线机床是按工件的工艺过程布置的，可以有一定的生产节拍。但它本质上是柔性的，是可变加工生产线，在功能上与 FMS 相同，只是适用范围有一定的专业化。图 7-3 所示为天津长城汽车 ABB 机器人焊接柔性制造生产线。

图 7-3　天津长城汽车 ABB 机器人焊接柔性制造生产线

4. 柔性制造工厂

柔性制造工厂（Flexible Manufacturing Factory，FMF）由各种类型的数控机床或加工中心、FMC、FMS、柔性制造生产线等组成，可完成工厂中全部的机械加工工艺过程、装配、喷涂、试验、包装等，具有更高的柔性。柔性制造工厂依靠中央主计算机和多台子计算机来实现全厂的全盘自动化。它是目前 FMS 的最高形式，即自动化工厂。图 7-4 所示为柔性制造工厂布局。

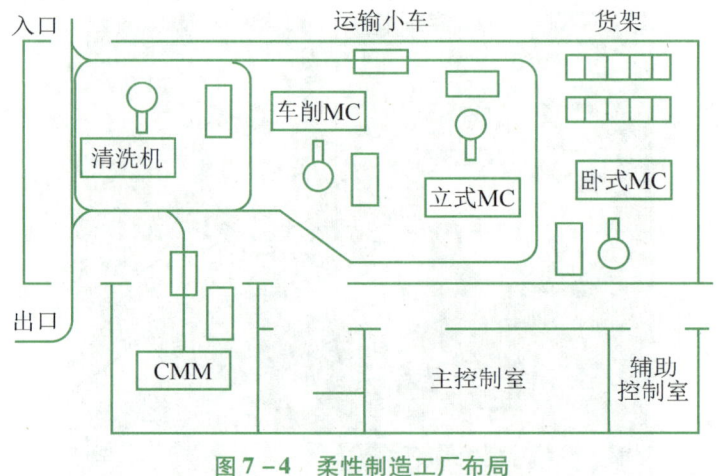

图 7-4　柔性制造工厂布局

☞ 主题讨论：
　　柔性制造生产线与柔性制造工厂之间有何联系？

7.2　FMS 中的加工工作站控制技术

7.2.1　FMS 的组成及功能特征

> ☞ 提示：
>   学习本小节内容时可借助多媒体等资源，了解 FMS 的组成及功能特征。
> ☞ 要点：
>   FMS 的组成及功能特征。

典型的 FMS 一般由三个子系统组成，即加工系统、物流系统和控制与管理系统，各子系统的构成框图及功能特征如图 7-5 所示。三个子系统的有机结合构成了一个 FMS 的能量流（通过制造工艺改变工件的形状和尺寸）、物料流（主要指工件流和刀具流）和信息流（制造过程的信息和数据处理）。

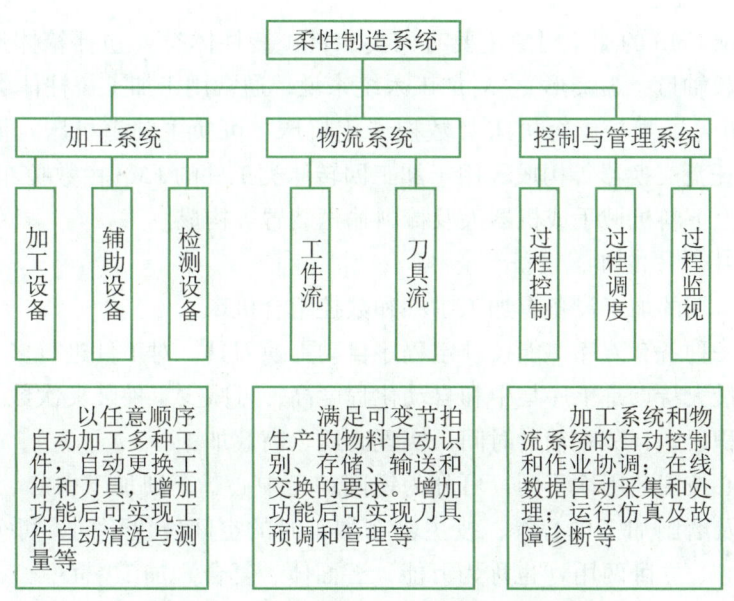

图 7-5　典型的 FMS 组成框图及功能特征

加工系统在 FMS 中就像人的手脚，是实际完成改变物性任务的执行系统。加工系统主要由数控机床、加工中心等加工设备（有的还带有工件清洗、在线检测等辅助与检测设备）构成，系统中的加工设备在工件、刀具和控制三个方面都具有可与其他子系统相连接的标准接口。从 FMS 的各项柔性含义中可知，加工系统的性能会直接影响 FMS 的性能，且加工系统在 FMS 中是耗资最多的部分，因此，恰当地选用加工系统是 FMS 成功与否的关键。加工系统中的主要设备是实际执行切削等加工，把工件从原材料转变为产品的机床。

> 主题讨论：
> FMS 中的加工系统有什么特征？

7.2.2 FMS 中的加工系统

> 提示：
> 学习本小节内容时可借助多媒体等资源，了解加工系统中常用加工设备的特点、加工系统监控的主要内容及加工工作站控制器的功能需求。
>
> 要点：
> 1. 加工系统中常用的加工设备介绍。
> 2. 加工系统的监控内容。
> 3. 加工工作站控制器的功能需求。

1. 加工系统的配置

目前金属切削 FMS 的加工对象主要有两类工件：棱柱体类（包括箱体形、平板形）和回转体类（包括长轴形、盘套形）。对加工系统来说，通常用于加工棱柱体类工件的 FMS 由立式和卧式加工中心、数控组合机床（数控专用机床、可换主轴箱机床、模块化多动力头数控机床等）和托盘交换器等构成，用于加工回转体类工件的 FMS 由数控车床、车削中心、数控组合机床和上下料机械手或机器人及棒料输送装置等构成。

2. 加工系统中常用的加工设备

加工系统中常用的加工设备有加工中心和数控组合机床。

加工中心是一种备有刀库并能按预定程序自动更换刀具，对工件进行多工序加工的高效数控机床。它的最大特点是工序集中和自动化程度高，可减少工件装夹次数，避免工件多次定位所产生的累积误差，节省辅助时间，实现高质、高效加工。

常见加工中心按工艺用途不同，可分为铣削加工中心、车削加工中心、钻削加工中心、攻螺纹加工中心及磨削加工中心等；按主轴在加工时的空间位置不同，可分为立式加工中心、卧式加工中心、立卧两用（也称为万能、五面体、复合）加工中心。

（1）铣削加工中心。

铣削加工中心可完成镗、铣、钻、攻螺纹等工作，与普通数控镗床和数控铣床的区别之处主要在于，它附有刀库和自动换刀装置，如图 7-6 所示。衡量加工中心刀库和自动换刀装置的指标有刀具存储量、刀具（加刀柄和刀杆等）最大尺寸与质量、换刀重复定位精度、安全性、可靠性、可扩展性、选刀方法和换刀时间等。

铣削加工中心的刀库有转塔式、链式和盘式等基本类型，如图 7-7 所示。链式刀库的特点是存刀量多、扩展性好、在加工中心上的配置位置灵活，但结构复杂。转塔式和盘式刀库的特点是构造简单，适当选择刀库位置，还可省略换刀机械手，但刀库容量有限。根据用

第7章 典型机电一体化系统——FMS

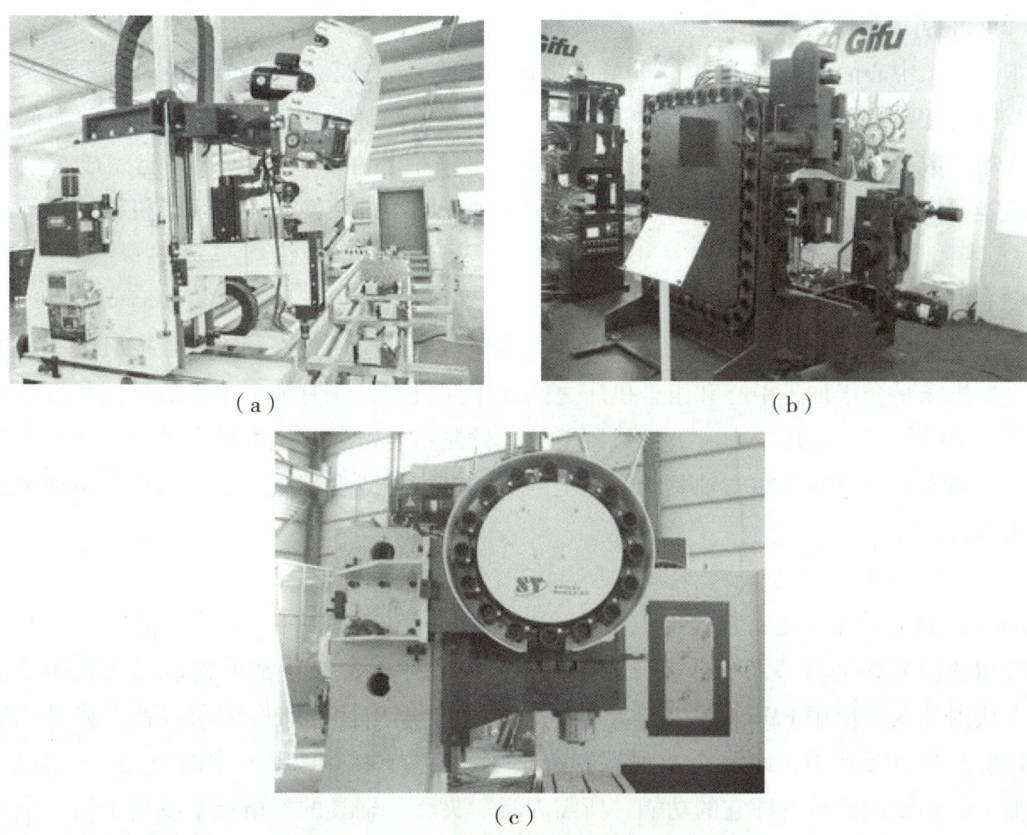

图7-6 配有各式刀库的铣削加工中心
(a) 配有转塔式刀库的铣削加工中心；(b) 配有链式刀库的铣削加工中心；(c) 配有盘式刀库的铣削加工中心

途不同，加工中心刀库的存刀量可为几把到数百把，最常见的是 20~80 把。

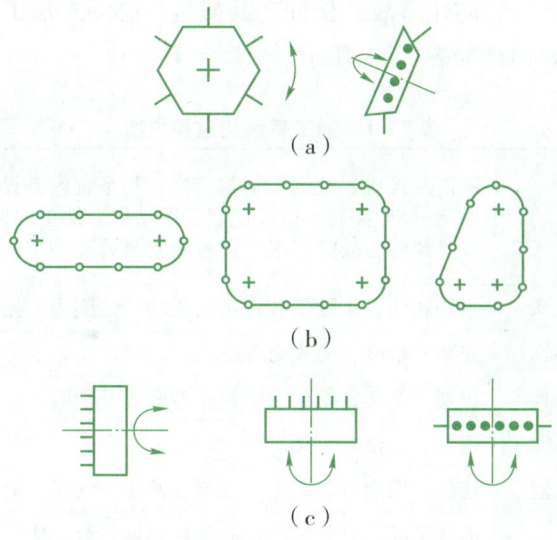

图7-7 铣削加工中心刀库的基本类型
(a) 转塔式；(b) 链式；(c) 盘式

(2) 车削加工中心。

车削加工中心简称车削中心（Turning Center，TC），它是在数控车床的基础上为扩大其工艺范围而逐步发展起来的。车削中心有如下特征：有刀库、自动换刀装置和动力回转刀具，联动轴数大于2。由于具有这些特征，所以车削中心在一次装夹下除能完成车削加工外，还能完成钻削、攻螺纹、铣削等加工。车削中心的工件交换装置多采用机械手或行走式机器人。

(3) 数控组合机床。

数控组合机床是指数控专用机床、可换主轴箱机床、模块化多动力头数控机床等加工设备。这类机床是介于加工中心和组合机床之间的中间机型，兼有加工中心的柔性和组合机床的高生产率的特点，适用于中、大批量制造的柔性制造生产线。这类机床可根据加工工件的需求，自动或手动更换装在主轴驱动单元上的单轴、多轴或多轴头，或更换具有驱动单元的主轴头本身。

3. 加工系统中的刀具与夹具

FMS的加工系统要完成它的加工任务，必须配备相应的刀具、夹具和辅具。目前国内在设计和选择FMS加工设备，或者介绍国外的制造水平时，往往都强调系统功能和设备功能。而从国外众多使用FMS的企业来看，它们更重视实用性，即机床和刀具、夹具、辅具的合理配合与有效利用，以及企业现有制造技术和工艺诀窍在FMS中的应用。一般来说，一台加工中心要能充分发挥它的功能，所需刀具、夹具、辅具的价格近于或高于加工中心本身的价格。

4. 加工系统的监控

FMS加工系统的工作过程都是在无人操作和无人监视的环境下高速进行的，所以，为了保证加工系统的正常运行、防止事故、保证产品质量，必须对加工系统的工作状态进行监控。加工系统的监控内容通常如表7-1所示。

表7-1 加工系统的监控内容

监控功能			内容
设备的运行状态			通信及接口、数据采集与交换、与系统内各设备间的协调、与系统外的协调、NC控制、PLC控制、误动作、加工时间、生产业绩、故障诊断、故障预警、故障档案、过程决策与处理等
切削加工状态	机床		主轴转动、主轴负载、进给驱动、切削力、振动、噪声、切削热等
	夹具		安装、精度、夹紧力等
	刀具		识别、交换、损伤、磨损、寿命、补偿等
	工件		识别、交换、装夹等
	其他		切屑、切削液、温度、湿度、油压、气压、电压、火灾等
产品质量状态			形状精度、尺寸精度、表面粗糙度、合格率等

5. 加工工作站控制器

加工工作站控制器是 FMS 中实现设计集成和信息集成的关键。它执行前端控制职能，既要能接收单元控制器的命令并上报命令执行情况，又要能独立运行，对设备实施控制和监视。其功能需求如下：

(1) 加工操作排序。

① 从单元控制器接收命令。

② 加工路径选择与优化。

③ 实时调度。

(2) 加工设备的监控。

① 机床状态监控。

② 故障诊断与监控。

③ 设备的运行方式监控。

④ 机床的远程控制。

(3) 加工工作信息管理。

① 工艺信息管理。

② NC 程序管理。

③ 工作日志管理。

④ 向单元控制器上报信息。

6. 集线器

集线器（Hub）属于数据通信系统中的基础设备，它和双绞线等传输介质一样，是一种不需任何软件支持或只需很少管理软件管理的硬件设备。它被广泛应用于各种场合。

> ☞ 主题讨论：
> 加工系统的监控内容主要包括哪几方面？

7.3 实践应用：FMS 中加工工作站的装配

> ☞ 提示：
> 学习本节内容时可借助多媒体等资源，了解加工工作站的组成、功能及工作流程。
> ☞ 要点：
> 1. 加工工作站的组成与功能。
> 2. 加工工作站的操作过程。
> 3. 加工工作站的工作流程。

随着我国产业转型及工业生产智能化要求的不断提高，我国迫切需要发展FMS，同时也需要大量的此方面的人才，这就要求学校在专业教学中更加全面地引进现代化制造设备。但是，目前现有的实验、实习环境还不能提供包括加工中心、搬运机器人、数控机床、物料传送、仓储设备和信息控制系统等在内的现代化制造设备，而且一般生产型FMS难以在教学实验中使用，并且生产型FMS初始投资高，占地面积较大，即便可以提供这些昂贵的设备，往往因为系统已经定型，只能进行系统演示，而不能让学生直接参与系统的设计、构建和调试。因此，典型模块化生产单元（Modular Production Units，MPU）构建的FMS，是目前高等职业院校柔性制造技术通用的实训设备。

本书以教学型THMSRX-2型柔性制造系统为例，介绍模块式柔性自动化生产线实训系统，方便学生进行相应的实训操作。该实训系统由七个单元组成，分别为上料检测单元、搬运单元、加工与检测单元、安装单元、安装搬运单元、分类单元和主控单元。控制系统选用西门子控制器，其具有较好的柔性，即每站各有一套PLC控制系统独立控制，在基本单元模块培训完成以后，又可以将相邻的二站、三站直至六站连在一起，使学生学习复杂系统的控制、编程、装配和调试技术。图7-8给出了系统中工件从一站到另一站的物流传递过程：上料检测单元将大工件按顺序排好后提升送出，搬运站将大工件从上料检测单元搬至加工站，加工站将大工件加工后送出工位，安装搬运站将大工件从加工站搬至安装工位放下，安装站再将对应的小工件装入大工件中，然后安装搬运站将安装好的工件送分类站，分类站再将工件送入相应的料仓。

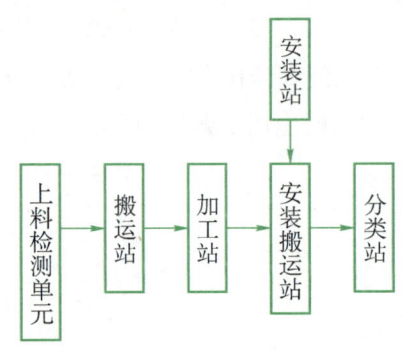

图7-8　工件从一站到另一站的物流传递过程

THMSRX-2型西门子控制器采用PROFIBUS-DP通信实现七个单元与主站之间的网络控制方案，通过S7-300主机采集并处理各站的相应信息，完成六个单元间的联动控制，将DP连线首端出线的网络连接器接到S7-300主机的数字显示接口（Display Port，DP）上，其他网络连接器依次接到六个单元的EM277模块DP口上。

PROFIBUS-DP为保证系统中各站能联网运行，必须将各站的PLC连接在一起，使原来独立的各站间能交换信息。加工过程中所产生的数据，如工件颜色、装配信息等，也需要向下站传送，以保证工作正确。现以加工工作站为例，对加工工作站的组成与功能、使用方法、拆装等做详细讲述。

1. 加工工作站的组成与功能

加工工作站主要由六工位回转工作台、刀库（三种刀具）、升降式加工系统、加工组件、检测组件、步进驱动器、三相步进电动机、光电传感器、接近开关、电源总开关、平面推力轴承、可编程逻辑控制器、按钮控制板、I/O接口板、电气网孔板、通信接口板、直流减速电动机、多种类型电磁阀及气缸组成，回转工作台有六个旋转工位，加工工作站主要完成工件的加工（钻孔、铣孔），并进行工件检测，如图7-9所示。

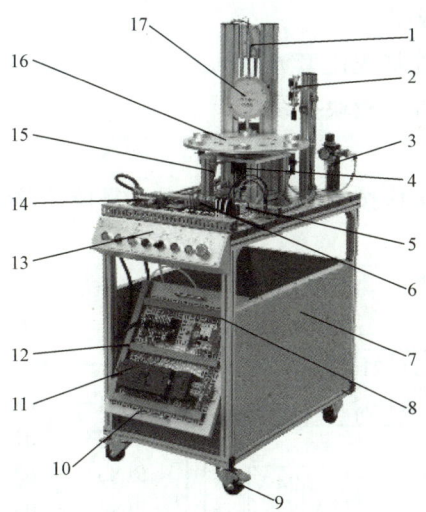

1—薄型双导杆气缸；2—直线气缸；3—调压过滤器；4—步进驱动器；5—电磁阀组；6—继电器组；7—实训桌；8—电源总开关；9—方向轮；10—电气网孔板；11—可编程逻辑控制器；12—走线箱；13—按钮控制板；14—I/O 接口板；15—光电传感器；16—六工位回转工作台；17—刀库

图7-9 加工工作站的组成

下面说明主要组成零部件的功能：

（1）直线气缸。直线气缸进行深度测量，由单向电控气阀控制。当单向电控气阀通电时，气缸伸出，检测打孔深度；另一直线气缸作为辅助加工装置，可实现对工件的夹紧。

（2）薄型双导杆气缸。刀库主轴电动机的上升与下降由薄型双导杆气缸控制，气缸动作由单向电控气阀控制。

（3）传感器。传感器分为以下两种：

① 电感传感器。转盘旋转到位检测，在工位到位后电感传感器输出信号。（注意：接线时棕色接"+"，蓝色接"-"，黑色接"输出"。）

② 光电传感器。光电传感器用于检测工件正常与否。当工件正常时，光电传感器有信号输出；反之，其无输出。（注意：接线时棕色接"+"，蓝色接"-"，黑色接"输出"。）

（4）电动机。采用直流电动机，使其旋转，模拟钻头轴转动，模拟绞刀扩孔等完成工件的三刀具加工。采用步进电动机，使其旋转，进行刀库（图7-9中为三把刀具）的选择。

转盘上设有四个工位，分别为待料工位、加工工位、检测工位、中转工位，工件的工位转换由电感传感器定位、直流减速电动机控制。

使用方法如下：

（1）气源由调压过滤器的左侧气口连接 $\phi 6$ 气管，另一端接静音气泵（长时间使用时，注意及时将调压过滤器内的水分排出）。

（2）如使用外部 PLC 时，可通过转接板与 I/O 接口连接，详见 I/O 配置表。（注意：必须将系统原配的主机连接线拔出。）

（3）编制程序（样例程序详见配套光盘）。

（4）接通电源前，先检查各模块接线。

（5）下载程序。

（6）系统接通电源后，操作按钮控制板，上电、复位、调试。

2. 控制面板连线端子排

控制面板连线端子排如图 7 – 10 所示。

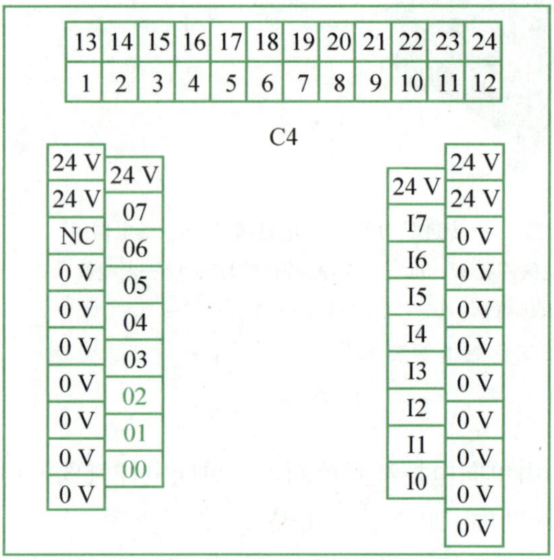

C4 端子排		PIN 对照表	
13 14 15 16 17 18 19 20 21 22 23 24		PIN1 —— O0	PIN13 —— I0
1 2 3 4 5 6 7 8 9 10 11 12		PIN2 —— O1	PIN14 —— I1
24V / 24V	24V / 24V	PIN3 —— O2	PIN15 —— I2
24V / 07	I7 / 0V	PIN4 —— O3	PIN16 —— I3
NC / 06	I6 / 0V	PIN5 —— O4	PIN17 —— I4
0V / 05	I5 / 0V	PIN6 —— O5	PIN18 —— I5
0V / 04	I4 / 0V	PIN7 —— O6	PIN19 —— I6
0V / 03	I3 / 0V	PIN8 —— O7	PIN20 —— I7
0V / 02	I2 / 0V	PIN9 —— 24V	PIN21 —— 24V
0V / 01	I1 / 0V	PIN10 —— 24V	PIN22 —— 24V
0V / 00	I0 / 0V	PIN11 —— 0V	PIN23 —— 0V
	0V	PIN12 —— 0V	PIN24 —— 0V

图 7 – 10　控制面板连线端子排

3. 气动控制回路原理图

气动控制系统是本工作单元的执行机构，该执行机构的逻辑控制功能是由 PLC 实现的。气动控制回路的工作原理如图 7 – 11 所示。

4. PLC 的控制原理图

PLC 的控制原理图如图 7 – 12 所示。

5. 网络控制

该单元的复位信号、开始信号、停止信号均从触摸屏发出，经过 S7 – 300 程序处理后，向各单元发送控制要求，以实现各站的复位、开始、停止等操作。各从站在运行过程中的状态信号应存储到该单元 PLC 规划好的数据缓冲区，以实现整个系统的协调运行。网络读写数据规划如表 7 – 2 所示。

6. 开机前检查的项目

① 电器连接是否到位。

② 各路气管连接是否正确、可靠。

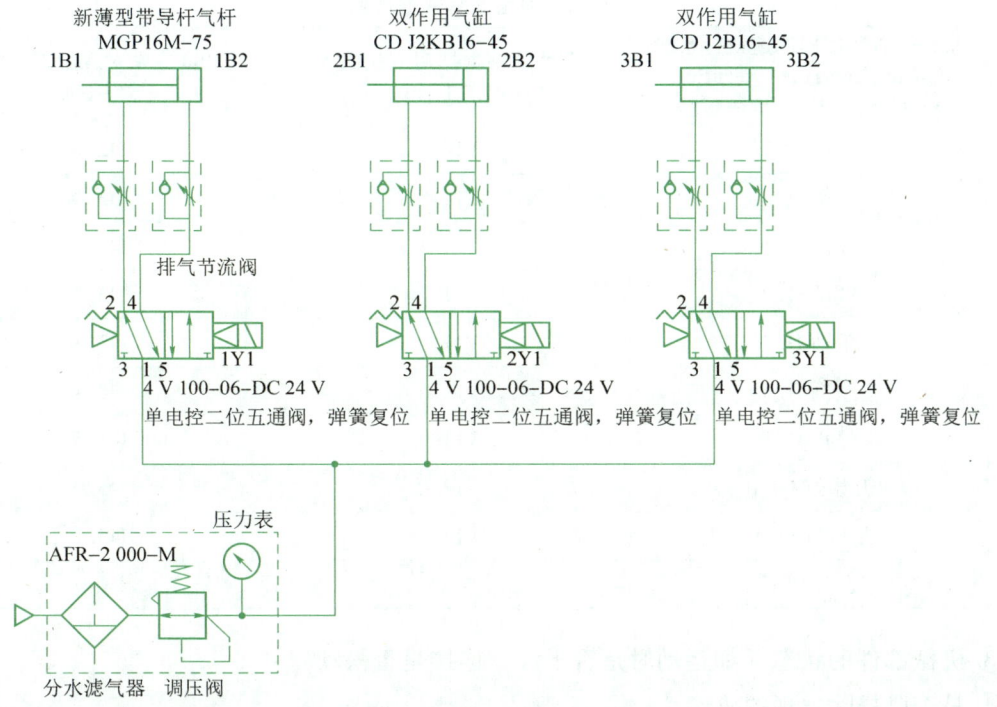

图 7-11　气动控制回路的工作原理

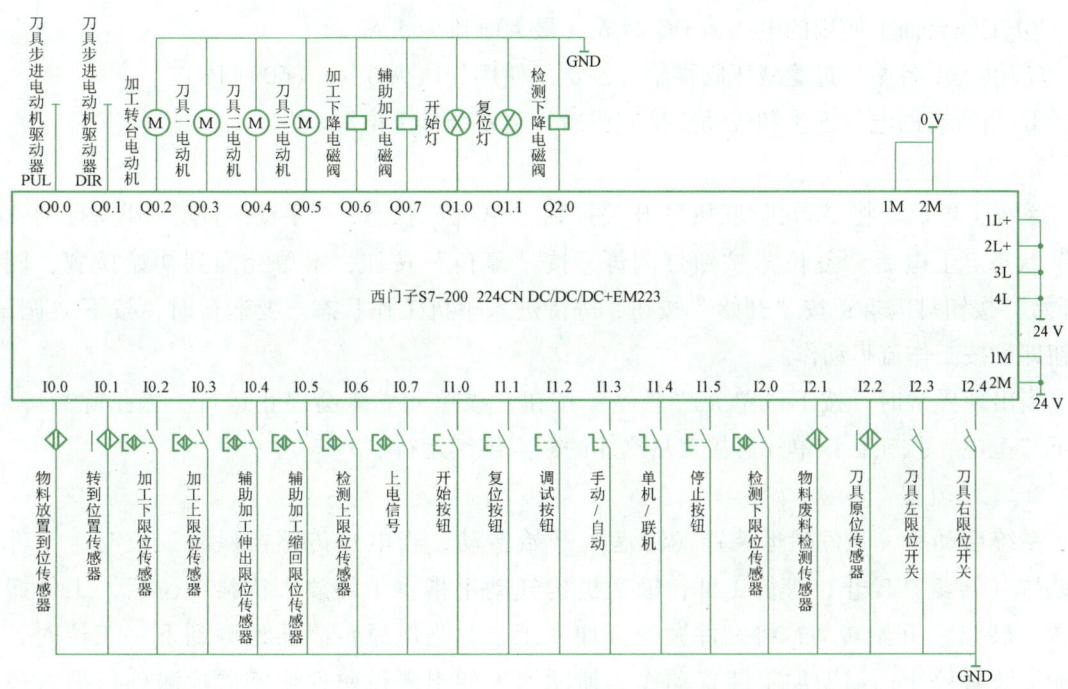

图 7-12　PLC 的控制原理图

表7-2 网络读写数据规划

序号	系统输入网络向制造执行系统（Manufacturing Execution System, MES）发送数据	200 从站数据对应从站 3 加工工作站	300 主站对应数据主站（S7-300）
1	上电 I0.7	V10.7	I42.7
2	开始 I1.0	V11.0	I43.0
3	复位 I1.1	V11.1	I43.1
4	调试 I1.2	V11.2	I43.2
5	手动 I1.3	V11.3	I43.3
6	联机 I1.4	V11.4	I43.4
7	停止 I1.5	V11.5	I43.5
8	开始灯 Q1.0	V13.0	I45.0
9	复位灯 Q1.1	V13.1	I45.1
10	已经加工	VW8	IW40

③ 机械部件的状态（如运动时是否干涉，连接是否松动）。

④ 是否已排除发现的故障。

⑤ 电源电压为 AC 220 V。

⑥ 工作台面上使用的电压为 DC 24 V（最大电流为 5 A）。

⑦ 供气由各站的过滤减压阀供给，额定的使用气压为 6 bar（600 kPa）。

⑧ 当所有的电气连接和气动连接完成后，将系统接上电源。

7. 操作过程

系统上电后，将"单机/联机"开关打到"单机"状态，"手动/自动"开关打到"手动"状态。上电后"复位"按钮灯闪烁，按"复位"按钮，本单元回到初始位置，同时"开始"按钮灯闪烁；按"开始"按钮，等待进入单机工作状态。要运行时，按下"调试"按钮即可按工作流程动作。

当出现异常时，按下该单元"急停"按钮，该单元立刻会停止运行。当排除故障后，按下"上电"按钮，该单元可接着从刚才的断点继续运行。

8. 工作流程

系统启动后，工件搬运装置（转盘）开始转动，当电感传感器检测到位时，工件搬运装置（转盘）停止，等待工件，输送机构气动手指将工件放入待料工位后，工件搬运装置（转盘）开始转动，将工件搬运至加工工位，当电感传感器检测到下一工位时，工件搬运装置停止；辅助加工装置动作，辅助加工伸出限位磁性传感器检测到位后，薄型双导杆气缸下降带动刀具一、二、三电动机依次对工件进行加工；工件钻孔完成后薄型双导杆气缸上移带动刀具电动机回位，薄型双导杆气缸上限位磁性传感器检测到位后，辅助加工装置松开，工件加工完成；在辅助加工装置伸出同时，检测工位直线气缸下降，检测气缸下限位磁性传感器检测到位后，检测钻孔深度，检测完成后直线气缸上升，工件检测完成；同时在检测时光电传感器检测到位物料是否为废料，将物料正常与否信息传送给下一个 PLC 控制系统。

9. FMS 中加工工作站的拆装

（1）实践要求。

机械拆装 THMSRX-2 型 FMS 上的加工站，具体要求如下：

① 识别各种工具，掌握正确的使用方法。

② 拆卸、组装各机械零部件、控制部件，如气缸、电动机、转盘、过滤器、PLC、开关电源、按钮等。

③ 装配所有零部件，要装配到位，密封良好，转动自如。

（2）实践过程。

① 拆卸加工站的工作台面。

A. 准备各种拆卸工具，熟悉工具的正确使用方法。

B. 了解所拆卸机器的主要结构，分析和确定主要拆卸内容。

C. 端盖、压盖、外壳类拆卸；接管、支架、辅助件拆卸。

D. 主轴、轴承拆卸。

E. 内部辅助件及其他零部件拆卸、清洗。

F. 各零部件分类、清洗、记录等。

② 拆卸加工站的网孔板。

A. 准备各种拆卸工具，熟悉工具的正确使用方法。

B. 了解所拆卸的器件主要分布，分析和确定主要拆卸内容。

C. 主机 PLC、空气开关、保险丝座、I/O 接口板、转接端子及端盖、开关电源、导轨拆卸。

③ 组装加工站。

A. 厘清组装顺序，先组装内部零部件，组装主轴及轴承。

B. 组装轴承固定环、上料地板等工作部件。

C. 组装外部零部件与壳体。

D. 组装压盖、接管等各辅助部件。

E. 检查是否有未装零件，检查组装是否合理、正确和适度。

具体组装可参考图 7-9。

（3）实践评价。

在规定的时间内完成任务，各组自我评价并进行展示，并且各组之间根据评价表进行检查。检查与评价表如表 7-3 所示。

表 7-3 检查与评价表

实践内容	目标	分值	评分	得分
拆卸加工站	正确使用工具，能按照拆卸步骤进行拆卸，无元件损坏	50	(1) 不能按照拆卸步骤进行拆卸，每处扣 5 分； (2) 损坏工具或元件扣 10 分	
组装加工站	能按照组装步骤进行组装，无元件损坏	50	(1) 不能按照组装步骤进行组装，每处扣 5 分； (2) 损坏工具或元件扣 10 分	
总　分				

☞ 主题讨论：

该加工工作站 PLC 主要采用了哪些传感器？它们各自的作用是什么？

本章小结

FMS 是由加工系统、物流系统和控制与管理系统组成的自动化制造系统，它包括多个柔性制造单元，能根据制造任务或生产环境的变化迅速进行调整，适用于多品种、中小批量生产。本章阐述了 FMS 的定义、功能及特点，FMS 的发展和分类，FMS 的组成及功能特征，FMS 中的加工系统，并举例说明了 FMS 中加工工作站装配的实践应用。

本章习题

7-1　FMS 有哪些优点？

7-2　FMS 加工工作站控制器主要管理哪些信息？

7-3　FMS 按照系统规模不同可以分为哪几类？

7-4　THMSRX-2 型柔性制造系统由哪几个单元构成？

第 8 章
新型机电一体化产品

导言

本章内容主要介绍新型机电一体化产品——3D打印机和三维扫描仪,侧重于产品的技术应用介绍。学生主要从机电如何结合方面来分析两个新型的机电一体化系统,从而找出机电结合的方法,并把握机电一体化技术的发展或新产品的未来趋势。

学习目标

1. 理解新型机电一体化产品的原理。
2. 了解新型机电一体化产品的结构。
3. 了解新型机电一体化产品的应用。
4. 了解新型机电一体化产品的前沿知识。

学习建议

1. 导思

新型机电一体化产品——3D打印机改变了传统制造方法,它不同于传统的切削加工和粉末冶金加工,是一种全新的制造理念;三维扫描仪正逐渐得到各行业的工程应用,具有广阔的应用前景。在学习本章节时,学生应以新型产品的特殊性为主线,对以下几个问题进行思考:

(1) 3D打印机的逐层打印方式对传统设计制造理念和方法有何影响?

(2) 3D打印是一次制造领域的工业革命,它的应用领域有哪些?它未来的发展趋势如何?

(3) 三维扫描仪的应用领域有哪些?它与3D打印机能否配合使用?

2. 导学

(1) 8.1节主要讲述3D打印的定义,3D打印机的原理、起源、工作过程、技术及特点、材料、应用与发展,其中3D打印机的原理及应用是本章的重点。

（2）8.2节主要讲述三维扫描仪的定义、类型和精度、原理、起源、工作过程、技术和应用，其中三维扫描仪的原理及应用是本章的重点。

3. 导做

本章布置了一项学习活动：属地企业新型机电设备调研，要求学生去机电市场或行业、企业了解新型机电设备使用情况，并写调研报告。

8.1 3D打印机

> ☞ 提示：
> 学习本节内容时可借助多媒体等资源，注意3D打印机的原理、技术及应用领域。
>
> ☞ 要点：
> 1. 3D打印机的工作原理。
> 2. 3D打印技术的应用。

8.1.1 3D打印的定义

3D打印（3D Printing）是快速成型技术的一种，它是一种以数字模型文件为基础，运用粉末状金属或塑料等可黏合材料，通过逐层打印的方式来构造物体的技术。3D打印通常是采用数字技术材料打印机来实现的。过去，其常在模具制造、工业设计等领域被用于制造模型，现正逐渐用于一些产品的直接制造，已经有使用这种技术打印而成的零部件。该技术在汽车、航空航天、工业设计、建筑施工、珠宝、鞋类、牙科和医疗产业、教育、地理信息系统以及其他领域都得到了广泛应用。

8.1.2 3D打印机的原理

3D打印机如图8-1所示，其内部结构如图8-2所示。

图8-1 3D打印机

3D打印机的工作原理和传统打印机基本一样，都是由控制组件、机械组件、打印头、耗材和介质等架构组成的，打印原理也是一样的。3D打印机首先在计算机上设计一个完整的三维立体模型，然后进行打印输出。它的原理如下：把数据和原料放进3D打印机中，机器会按照程序把产品一层层打印出来。打印出的产品可以即时使用。简而言之，打印时实质上是断层扫描的逆过程，即断层扫描是把某个东西"切"成无数叠加的片，而3D打印机工作时就是一片片地打印，然后叠加到一起，成为一个立体物体，如图8-3所示。

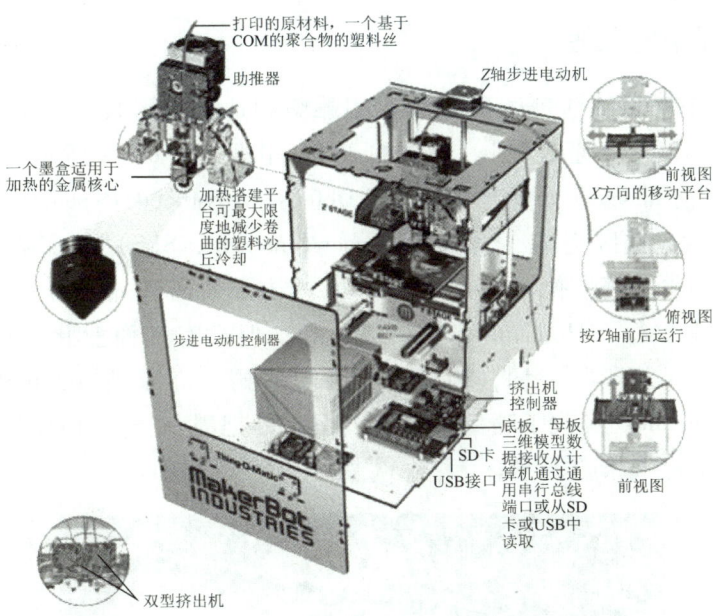

图 8-2　3D 打印机的内部结构

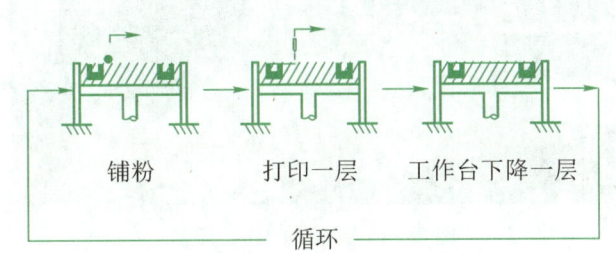

图 8-3　3D 打印机的原理

3D 打印机打出的截面的厚度（Z 方向）及平面方向即 X-Y 方向的分辨率是以 dpi（dot per inch，点每英寸）或者 μm 来计算的。一般的厚度为 100 μm，即 0.1 mm，也有部分打印机，如 Objet Connex 系列、三维 Systems' ProJet 系列，可以打印出厚度为 16 μm 的一层截面，而平面方向可以打印出跟激光打印机相近的分辨率。打印出来的"墨水滴"的直径通常为 50 ~ 100 μm。3D 打印机的分辨率对大多数应用来说已经足够（弯曲的表面可能会比较粗糙，像图像上的锯齿一样）。要获得更高分辨率的物品，可以采用如下方法：先用当前的 3D 打印机打出稍大一点的物体，再稍微经过表面打磨即可得到表面光滑的"高分辨率"物品。

8.1.3 3D 打印机的起源

3D 打印源自 100 多年前美国研究的照相雕塑和地貌成形技术,其在 20 世纪 80 年代已有雏形,学名为"快速成型"。最早的 3D 打印机如图 8-4 所示。20 世纪 80 年代中期,由美国国防部先进研究项目局(Defense Advanced Research Projects Agency,DARPA)赞助的激光选区烧结(Selective Laser Sintering,SLS)被在美国得克萨斯州大学奥斯汀分校的卡尔·德卡德(Carl Deckard)博士开发出来并获得专利。1979 年,类似的过程由豪斯霍尔德(Housholder)获得专利,但没有被商业化。1995 年,麻省理工学院创造了"三维打印"一词,当时的毕业生吉姆·布莱特(Jim Bredt)和蒂姆·安德森(Tim Anderson)修改了喷墨打印机方案,即把墨水挤压在纸张上的方案,变为把约束溶剂挤压到粉末床的方案。

图 8-4 最早的 3D 打印机

3D 打印机采用的是累积制造技术,通过打印一层层的黏合材料来制造三维的物体。现阶段 3D 打印机被用来制造产品。2003 年以来,3D 打印机的销售逐渐扩大,价格也开始下降。3D 打印技术发展前景不可限量,但基于目前的限制条件,仍需要理性看待。相信 3D 打印不会只是噱头,而是会成为第三次工业革命的推动力。

8.1.4 3D 打印机的工作过程

3D 打印机通过读取文件中的横截面信息,用液体状、粉状或片状的材料将这些截面逐层地打印出来,再将各层截面以各种方式黏合起来,从而制造出一个实体。这种技术的特点在于其几乎可以造出任何形状的物品。

1. 3D 打印机的三维设计

3D 打印机的三维设计过程如下:先通过计算机建模软件建模,再将建成的三维模型"分区"成逐层的截面,即切片,从而指导打印机逐层打印。建模软件和打印机之间协作的标准文件格式是 STL 文件格式。STL 文件使用三角面来近似模拟物体的表面,三角面越小,其生成表面的分辨率越高。

2. 3D 打印机的工作步骤

3D 打印机的工作步骤如下：先通过计算机建模软件建模，如果有现成的模型也可以，如动物模型、人物模型或者微缩建筑模型等，然后通过 SD 卡或者 U 盘把它复制到 3D 打印机中，进行打印设置后，打印机就可以把它们逐步打印出来。3D 打印与激光成型技术一样，采用了分层加工、叠加成型来完成 3D 实体打印。每一层的打印过程分为两步：首先，在需要成型的区域喷洒一层特殊胶水，胶水液滴本身很小，且不易扩散。其次，喷洒一层均匀的粉末，粉末遇到胶水会迅速固化黏结，而没有胶水的区域仍保持松散状态。这样在一层胶水、一层粉末的交替下，实体模型将会被"打印"成型，打印完毕后，只要扫除松散的粉末即可"刨"出模型。

8.1.5　3D 打印机的技术及特点

传统的制造技术（如注塑法）可以以较低的成本大量制造聚合物产品，而 3D 打印技术可以以更快、更有弹性及更低成本的办法生产数量相对较少的产品。一个桌面尺寸的 3D 打印机可以满足设计者或概念开发小组制造模型的需要。3D 打印技术是添加剂制造技术的一种形式，在添加剂制造技术中，三维对象是通过连续的物理层创建出来的。3D 打印技术相对于其他的添加剂制造技术来说，具有速度快、设备价格便宜、高易用性等优点。3D 打印技术在功能上与激光成型技术一样，采用分层加工、叠加成形，即通过逐层增加材料来生成 3D 实体。3D 打印是断层扫描的逆过程，断层扫描是把某个东西"切"成无数叠加的片，3D 打印就是一片片地打印，然后叠加到一起，成为一个立体物体。3D 打印技术与传统的去除材料加工技术完全不同。3D 打印机被称为"打印机"是参照了打印机的技术原理，因为分层加工的过程与喷墨打印十分相似。XJ-128 型 3D 打印机控制系统框图如图 8-5 所示。

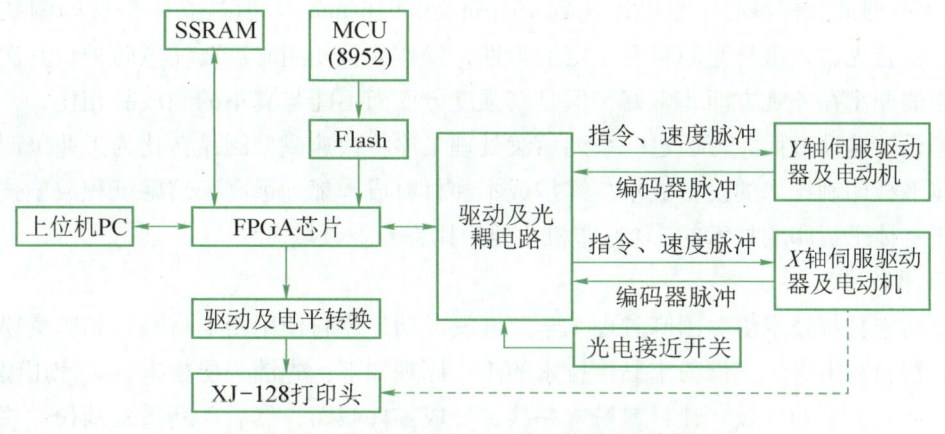

图 8-5　XJ-128 型 3D 打印机控制系统框图

这里主要介绍主流 3D 打印技术，即熔融沉积成型（Fused Deposition Modeling，FDM）、立体平板印刷（Stereo Lithography Apparatus，SLA）、三维粉末黏接（Three Dimensional Printing and Gluing，3DP）和选择性激光烧结（Selecting Laser Sintering，SLS）。

1. 熔融沉积成型

熔融沉积成型又叫熔丝沉积成型，是将丝状热熔性材料加热融化，通过带有一个微细喷嘴的喷头挤喷出来，热熔性材料融化后从喷嘴喷出，沉积在制作面板或者前一层已固化的材料上，温度低于固化温度后开始固化，通过材料的层层堆积形成最终成品的成型技术。在3D 打印技术中，熔融沉积成型的机械结构最简单，设计也最容易，制造成本、维护成本和材料成本也最低，因此，它也是在家用桌面级 3D 打印机中使用得最多的技术。

基于熔融沉积成型的桌面级 3D 打印机的成品精度通常为 0.2~0.3 mm，少数高端机型能够支持 0.1 mm，但是受温度影响非常大，成品效果不够稳定。此外，大部分熔融沉积成型技术制作的产品边缘都有分层沉积产生的"台阶效应"，较难达到所见即所得的 3D 打印效果，所以在对精度要求较高的快速成型领域较少采用熔融沉积成型技术。

2. 立体平板印刷

立体平板印刷又称为光固化成型、光敏液相固化法、立体光刻等，是最早出现的、技术最成熟和应用最广泛的快速成型技术。它是在树脂槽中盛满液态光敏树脂，使其在激光束或紫外线光点的照射下快速固化。这种工艺方法适用于制造中小型产品，能直接得到塑料产品。它还能代替蜡模制作浇注模具，以及作为金属喷涂模、环氧树脂模和其他软模的母模，是目前较为成熟的快速成型工艺。立体平板印刷技术是最早发展起来的快速成型技术，也是研究最深入的快速成型技术之一。

立体平板印刷技术的优势在于成型速度快、原型精度高，非常适合制作精度要求高、结构复杂的原型。在使用立体平板印刷技术的工业级 3D 打印机中，最著名的是欧贝杰（Objet）公司，该制造商的 3D 打印机提供超过 123 种感光材料，是目前支持材料最多的 3D 打印设备。

立体平板印刷技术是目前 3D 打印技术中制作的产品精度最高、表面最光滑的打印技术。Objet 系列最低材料的层厚可以达到 16 μm（0.016 mm）。但是立体平板印刷技术也有两个不足：首先，光敏树脂原料有一定的毒性，操作人员使用时需要注意防护；其次，立体平板印刷的原型在外观方面非常好，但是其强度方面尚不能与真正的制成品相比，一般主要用于原型设计验证方面，可通过一系列后续处理工序将快速成型制品转化为工业级产品。此外，立体平板印刷技术的设备成本、维护成本和材料成本都远远高于熔融沉积成型技术，因此，基于立体平板印刷技术的 3D 打印机主要应用在专业领域。

3. 三维粉末黏接

三维粉末黏接技术由美国麻省理工学院开发成功，原料使用粉末材料，如陶瓷粉末、金属粉末、塑料粉末等。三维粉末黏接技术的工作原理如下：先铺一层粉末，再使用喷嘴将黏合剂喷在需要成型的区域，让材料粉末黏接，形成零件截面，然后不断重复铺粉、喷涂、黏接的过程，层层叠加，获得最终打印出来的零件。

三维粉末黏接技术的优势在于成型速度快，无须支撑结构，而且能够输出彩色打印产品，这是其他技术都比较难以实现的。三维粉末粘接技术的典型设备是 3DS 旗下 zcorp 的 zprinter 系列，也是 3D 照相馆使用的设备，如 zprinter 的 z650 打印出来的产品最大可以输出

39万色,色彩方面非常丰富。三维粉末黏接技术也是在打印产品的色彩外观方面最接近成品的 3D 打印技术。

但是三维粉末黏接技术也有不足:首先,粉末黏接的直接成品强度并不高,只能作为测试原型;其次,由于粉末黏接的工作原理,成品表面不如光固化成型光洁,精细度也有劣势,所以一般为了产生拥有足够强度的产品,还需要一系列的后续处理工序。

4. 选择性激光烧结

该技术由美国得克萨斯大学提出,于 1992 年开发了商业成型机。选择性激光烧结技术利用粉末材料在激光照射下烧结的原理,由计算机控制层层堆积成型。选择性激光烧结技术同样使用层叠堆积成型,所不同的是,它首先铺一层粉末材料,将材料预热到接近熔点,再使用激光在该层截面上扫描,使粉末温度升至熔点,然后烧结形成粘接,接着不断重复铺粉、烧结的过程,直至完成整个模型。选择性激光烧结的工艺原理图如图 8-6 所示。

选择性激光烧结技术虽然优势非常明显,但是也同样存在缺陷:首先,粉末烧结的表面粗糙,需要后期处理;其次,使用大功率激光器,除了本身的设备成本以外,还需要很多辅助保护工艺,其整体技术难度较大,制造和维护成本非常高,普通用户无法承受,所以选择性激光烧结技术的应用范围主要集中在高端制造领域。目前尚未有桌面级选择性激光烧结 3D 打印机开发的消息,选择性激光烧结技术要进入普通民用领域,可能还需要一段时间。

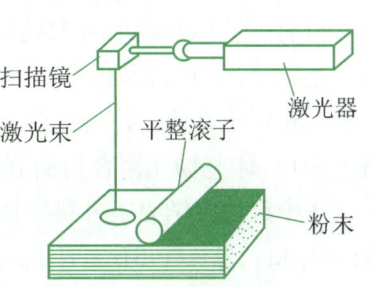

图 8-6 选择性激光烧结的工艺原理图

激光烧结技术可以使用非常多的粉末材料,并制成相应材质的成品。激光烧结的成品精度好、强度高,但最主要的优势还是在于金属成品的制作。激光烧结可以直接烧结金属零件,也可以间接烧结金属零件,最终成品的强度远远优于其他 3D 打印技术。选择性激光烧结家族最知名的是德国 EOS 的 M 系列。

8.1.6 3D 打印机的材料

打印耗材由传统的墨水、纸张转变为胶水、粉末,如图 8-7 所示。当然,胶水和粉末都是经过处理的特殊材料,不仅对固化反应速度有要求,而且对于模型强度及"打印"分辨率有直接影响。目前的 3D 打印技术能够实现 600 dpi 分辨率,每层厚度只有 0.01 mm,即使模型表面有文字或图片,也能够对其进行清晰打印。当然,由于受到喷墨打印原理的限制,打印速度势必不会很快,目前较先进的产品可以实现每小时 25 mm 高度的垂直速率,相比早期产品打印速度提升了 10 倍,而且可以利用有色胶水实现彩色打印,色彩深度高达 24 位。由于打印精度高,打印出的模型品质自然不错。除了可以表现出外形曲线上的设计以外,结构及运动部件也能方便打印。如果用来打印机械装配图,则齿轮、轴承、拉杆等都可以正常活动,且腔体、沟槽等的形态、特征、位置准确,甚至可以满足装配要求,打印出的实体还可通过打磨、钻孔、电镀等方式进一步加工。同时,粉末材料不限于砂型材料,还

图 8-7 3D 打印用 PLA（聚乳酸）材料

有弹性伸缩、高性能复合、熔模铸造等其他材料可供选择。熔融沉积成型技术的桌面级 3D 打印机主要以 ABS（Acrylonitrile Butadiene Styrene，丙烯腈-丁二烯-苯乙烯）和 PLA（Polylactic Acid，聚乳酸）为材料。ABS 强度较高，但是有毒性，制作时臭味严重，必须拥有良好的通风环境，此外，其热收缩性较大，影响成品精度。PLA 是一种生物可分解材料，无毒性、环保，制作时几乎无味，成品变形也较小，所以主流桌面级 3D 打印机均以 PLA 为材料。

8.1.7 3D 打印机的应用与发展

1. 3D 打印机的产品

目前，世界上最小的 3D 打印机来自维也纳工业大学，由其化学研究员和机械工程师研制。这款迷你 3D 打印机只有大号装牛奶盒大小，质量约为 3.3 磅（约 1.5 kg），造价 1 200 欧元。相比于其他的打印设备，这款 3D 打印机的成本大大降低。研发人员近期开发了高分辨率 3D 打印坚韧光聚合物的方法。

华中科技大学史玉升科研团队经过 10 多年的努力，实现重大突破，研发出当时最大的 3D 打印机。这一个 3D 打印机可加工零件长、宽最大尺寸均达到 1.2 m。从理论上来说，只要是长、宽尺寸小于 1.2 m 的零件（高度无须限制），都可通过这部机器"打印"出来。由大连理工大学参与研发的最大加工尺寸达 1.8 m 的世界最大激光 3D 打印机通过技术应用的验证，其采用"轮廓线扫描"的独特技术路线，可以制作大型工业样件及结构复杂的铸造模具。这种基于"轮廓线扫描"的三维激光打印方法已获得两项国家发明专利。

2. 3D 打印机的产品变革

（1）3D 打印应用领域扩展延伸。

3D 打印技术在 2011 年被充分应用于生物医药领域，利用 3D 打印进行生物组织直接打印的概念日益受到推崇。比较典型的包括奥本三维打印（Open 3DP）创新小组宣布 3D 打印在打印骨骼组织上的应用获得成功，利用 3D 打印技术制造人类骨骼组织的技术已经成熟；哈佛大学医学院的一个研究小组则成功研制了一款可以实现生物细胞打印的设备。另外，3D 打印人体器官的尝试也正在研究中，美国已打印出婴儿心脏。

利用 3D 打印技术改善艺术及生活的例子屡见不鲜。例如，荷兰时尚设计师艾里斯·范·荷本（Iris van Herpen）展示了她的服装设计作品，这些服装作品全部使用 3D 打印机一次成型。通过 3D 打印技术制造的服装，突破了传统服装剪裁的限制，帮助设计师完整地展现其灵感。而在康奈尔大学（Cornell University）的一个项目中，研究团队制造了一台 3D 打印机用于打印食物，展现了烹调的独特方式。其优势在于能够精确控制食物内部材料的分布和结构，将原本需要经验和技术的精细烹调转换为电子屏幕前的简单设计。

（2）3D 打印速度、尺寸及技术日新月异。

在速度上，2011 年，个人使用 3D 打印机的速度已突破了送丝速度 300 mm/s 的极限，达到 350 mm/s。在体积上，3D 打印机的体积为适合不同行业的需求，也呈现出"轻盈"和"大尺寸"的多样化选择。现在，已出现多款适合办公室打印的小巧 3D 打印机，并不断挑战"轻盈"极限，为未来 3D 打印机进入家庭奠定基础。

（3）设计平台革新。

基于 3D 打印民用化普及的趋势，3D 打印的设计平台正从专业设计软件向简单设计应用发展，其中比较成熟的平台有基于 Web 的 3D 设计平台 3D Tin，另外，微软、谷歌及其他软件行业巨头也相继推出了基于各种开放平台的 3D 打印应用，大大降低了 3D 设计的门槛，甚至有的应用已经可以让普通用户通过类似于玩乐高积木的方式设计 3D 模型。

（4）色彩绚烂、形态逼真。

3D 打印机的创造物除色彩丰富之外，也相当精美。沃纳（Warner）说道："目前为止，大多数创造物的最高分辨率为 100 μm，但是我们能够以 25 μm 的分辨率进行打印，创造出非常光洁的表面。"打印出色彩逼真而且没有任何毛刺的物体，不仅会受到 3D 打印爱好者的喜爱，还会受到普通消费者的欢迎。

3. 3D 打印机的未来趋势

随着 3D 打印材料的多样化发展及打印技术的革新，3D 打印不仅在传统的制造行业体现出非凡的发展潜力，而且其魅力更延伸至食品制造、服装奢侈品、影视传媒及教育等多个与人们生活息息相关的领域。

3D 打印的优势被充分应用于生物医药领域，利用 3D 打印进行生物组织直接打印的概念日益受到推崇。科学家们正在利用 3D 打印机制造诸如皮肤、肌肉和血管片段等简单的活体组织，可能在将来的某一天，我们能够制造出像肾脏、肝脏这样的大型人体器官。如果生物打印机能够使用病人自身的干细胞，那么器官移植后的排异反应将会减少。人们也可以打印食品，康奈尔大学的科学家们已经成功打印出了杯形蛋糕。几乎所有人都相信，食品界的终极应用将是能够打印巧克力的机器。迈克·杜马（Mike Duma）说道："其中一个有趣的推广就是家庭使用，我们把它称为家庭实用替代物。当你想要灯泡或者任何有着塑料支架的东西时，它们都可以被打印出来。家庭用户也可以使用打印机打印玩具和临时需要的东西，25 μm 的分辨率甚至可以让你使用足够牢固的材料来打印义齿。"

我们相信，3D 打印技术在技术领域所带来的轰动不会逊色于 20 世纪 80 年代的台式计算机和近些年的平板电脑。

4. 3D 打印机发展的制约因素

（1）价格。

大多数桌面级 3D 打印机的售价在 2 万元左右，一些低端的 3D 打印机可以低至 6 000 元。对于桌面级 3D 打印机来说，由于其仅能打印塑料产品，因此，其使用范围非常有限，而且对于家庭用户来说，3D 打印机的使用成本仍然很高。因为在打印一个物品之前，人们必须懂得 3D 建模，然后将数据模型转换成 3D 打印机能够读取的格式再进行打印。

(2) 打印材料。

3D 打印与普通打印的区别就在于打印材料。这些材料种类与人们生活的大千世界里的材料相比，还相差甚远。不仅如此，这些材料的价格，便宜的每千克几百元，最贵的每千克 4 万元左右。

(3) 成像精细度（分辨率）。

3D 打印是一层层来制作物品，如果想把物品制作得更精细，则需要减小每层厚度；如果想提高打印速度，则需要增加层厚，而这势必会影响产品的精度或质量。若生产同样精度的产品，同传统的大规模工业生产相比，在考虑到时间成本、规模成本之后，3D 打印根本没有成本上的优势。

(4) 社会风险成本。

如同核反应既能发电又能破坏环境一样，3D 打印在初期就让人们看到了一系列隐忧，如果什么都能被彻底复制，想要什么就能制造出什么，那么未来的发展也会令不少人担心。

(5) 没有行业标准。

3D 打印机缺乏行业标准，同一个 3D 模型在不同的打印机上打印，所得到的结果是大不相同的。此外，打印材料也缺乏标准。3D 打印机生产商所用的打印材料一致性太差，从形式到内容千差万别，这让材料生产商很难进入，研发成本和供货风险都很大，难以形成产业链。

(6) 工序复杂。

3D 打印前所需的准备工序、打印后的处理工序复杂。真正设计一个模型，特别是一个复杂的模型，需要大量的工程、结构方面的知识，需要精细的技巧，并根据具体情况进行调整。以塑料熔融打印为例，如果在一个复杂部件内部没有设计合理的支撑，那么打印的结果很可能会变形，后期的处理工序也通常避免不了。

> ☞ 主题讨论：
> 1. 试分析 3D 打印机与 2D 打印机的区别。
> 2. 3D 打印机的未来发展前景及可能的应用领域有哪些？

8.2 三维扫描仪

> ☞ 提示：
> 学习本节内容时可借助多媒体等资源，注意三维扫描仪的工作原理及应用领域。
>
> ☞ 要点：
> 1. 三维扫描仪的工作原理。
> 2. 三维扫描仪的应用领域。

8.2.1 三维扫描仪的定义

三维扫描仪（Three-Dimensional Scanner）是融合光、机、电和计算机技术于一体的高新科技产品，是用来侦测并分析现实世界中物体或环境的形状（几何构造）与外观数据（如颜色、表面反照率等性质）的科学仪器。它主要用于获取物体外表面的三维坐标及物体的三维数字化模型，其搜集到的数据常被用来进行三维重建计算，在虚拟世界中创建实际物体的数字模型。这些模型在工业设计、瑕疵检测、逆向工程、机器人导引、地貌测量、医学信息、生物信息、刑事鉴定、数字文物典藏、电影制片、游戏创作素材等诸多方面都有应用。

随着信息和通信技术的发展，人们在生活和工作中接触到越来越多的图形、图像。获取图像的方法包括使用各种摄像机、照相机、扫描仪等，利用这些手段通常只能得到物体的平面图像，即物体的二维信息。在许多领域，如机器视觉、面形检测、实物仿形、自动加工、产品质量控制、生物医学领域等，物体的三维信息是必不可少的。如何迅速获取物体的立体彩色信息，并将其转化为计算机能直接处理的三维数字模型？三维扫描仪正是实现三维信息数字化的一种极为有效的工具。

三维扫描仪的用途是创建物体几何表面的点云（Point Cloud），这些点可用来插补成物体的表面形状，越密集的点云可以创建越精确的模型（这个过程称为三维重建）。若三维扫描仪能够取得表面颜色，则可进一步在重建的表面上粘贴材质颜色，即所谓的纹理映射（Texture Mapping）。由于三维扫描仪的扫描范围有限，因此常需要变换扫描仪与物体的相对位置或将物体放置于电动转盘（Rotary Table）上，经过多次的扫描以拼凑物体的完整模型。将多个片面模型整合的技术称为图像配准（Image Registration）或比对（Alignment），其中涉及多种三维比对方法。

8.2.2 三维扫描仪的类型和精度

1. 三维扫描仪的类型

三维扫描仪可分为接触式三维扫描仪和非接触式三维扫描仪。接触式三维扫描仪采用探测头直接接触物体表面，通过探测头反馈的光电信号转换为数字面形信息，从而实现对物体形面的扫描和测量，其主要以三坐标测量机（如图 8-8 所示）为代表。接触式三维扫描仪具有较高的准确性和可靠性，配合测量软件，可快速、准确地测量出物体的基本几何形状，如面、圆、圆柱、圆锥、圆球等。其缺点是测量费用较高，探头易磨损，测量速度慢，检测内部元件时有先天性限制。若欲求得物体真实外形，则需要对探头半径进行补偿，因此可能会导致出现修正误差的问题。在测量时，接触探头的力将使探头尖端部分与被测对象之间发生局部变形而影响测量值的实际读数。由于探头触发机构的惯性及时间延迟而使探头产生超越现象，因此趋近速度可能会产生动态误差。

随着计算机机器视觉这一新兴学科的兴起和发展，用非接触式的光电方法对曲面的三维形貌进行快速测量已成为大趋势。这种非接触式测量不仅避免了接触式测量中需要对探头半

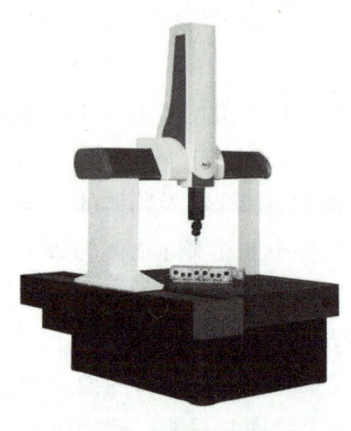

图 8-8　三坐标测量机

径加以补偿所带来的麻烦，而且可以对各类表面进行高速三维扫描。非接触式三维扫描仪根据传感方法不同，又可分为光栅三维扫描仪（也称为三维拍照扫描仪，见图 8-9）和三维激光扫描仪（见图 8-10）。光栅三维扫描仪分为白光扫描仪和蓝光扫描仪等，三维激光扫描仪分为点激光扫描仪、线激光扫描仪、面激光扫描仪等。采用非接触式三维扫描仪时，因其不接触物体，所以对物体表面不会有损伤，同时与接触式三维扫描仪相比，其具有速度快、容易操作等特点。三维激光扫描仪可以达到 5 000～10 000 点/秒的速度，而光栅三维扫描仪采用面光，速度可达到几秒钟百万个测量点，其应用于实时扫描、工业检测具有很好的优势。

图 8-9　光栅三维扫描仪

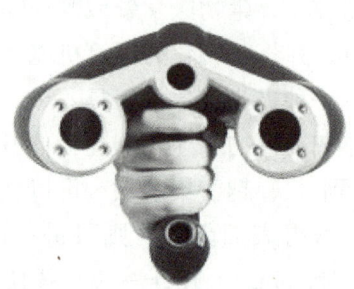

图 8-10　三维激光扫描仪

三维激光扫描仪按测距原理不同，可分为三角法、脉冲式、相位式和脉冲—相位式三维激光扫描仪；按测量平台不同，可分为地面固定型、车载型、手持型、机载型三维激光扫描仪；按测量的扫描距离不同，可分为短距离型、中距离型及长距离型三维激光扫描仪。各种类型的三维激光扫描仪在测程范围、扫描视场、扫描速率、测距精度、测角精度等方面各有特点。

2. 三维扫描仪的精度

下面主要介绍三维激光扫描仪的精度。

通过参数可见，三角法三维激光扫描仪的测量距离最短，扫描速率慢，但是其精度很高，适合许多高精度的测量，在人体医学和精密工业中有很好的应用，如外科整形、在线加工等。脉冲式三维激光扫描仪测程远，扫描速率快，但距离测量精度较低，而角度测量精度较高，主要应用在基础设施测量、地形测量、古迹修复等方面。相位式三维激光扫描仪测程介于上述两者之间，扫描速率最大，但是角度测量精度很低，在大型器件监测、船体测量等方面有广泛的应用。

激光的三种具体形式有激光点、激光线、结构光栅，其发展的主要目的是针对不同的用途和不同的精度等级及工作效率的需求而开发对应的产品。三种产品从使用上来讲均有各自的市场，但随着科技的发展，这几种产品在用途上会有部分交集。

结构光扫描仪是由投影仪和摄像机组成的一套系统结构。投影仪用于将特定的光信息投射到物体表面和背景上,然后由摄像机采集。根据物体引起的光信号变化,计算物体的位置和深度等信息,然后恢复整个三维空间。目前,国外百万左右的结构光扫描仪也可以提供橄榄核级的细节精密测量,这就覆盖了三维激光点线扫描仪的一些市场。高精密的三维激光线扫描仪目前的测量精度可到 0.01 μm。目前国内三维激光线扫描仪的精度也可以做到 0.05 μm。因此三维激光点扫描仪和三维激光线扫描仪相比,在精度上没有明显优势。

便携式结构光扫描仪是一种可携带的结构光扫描仪。便携式结构光扫描仪的特点如下:

① 扫描速度极快,数秒内可得到 100 多万点。

② 一次得到一个面,测量点分布非常规则。

③ 精度高,可达 0.03 mm。

④ 单次测量范围大(三维激光扫描仪一般只能扫描 50 mm 宽的狭窄范围)。

⑤ 扫描景深大(三维激光扫描仪的扫描深度一般只有 100 mm 左右,而便携式结构光扫描仪的扫描深度可达 300 ~ 500 mm)。

8.2.3 三维扫描仪的原理

1. 三维激光扫描仪的工作原理

无论三维激光扫描仪的类型如何,其工作原理都是相似的。三维激光扫描仪是在一台高速精确的激光测距仪上配一组可以引导激光,并以均匀角速度扫描的反射棱镜的扫描仪。激光测距仪主动发射激光,同时接受由自然物表面反射的信号,从而可以进行测距。其针对每一个扫描点可测得测站至扫描点的斜距,再配合扫描的水平和垂直方向角,可以得到每一个扫描点与测站的空间相对坐标。如果测站的空间坐标是已知的,则可以求得每一个扫描点的三维坐标。图 8 – 11 所示为三维激光扫描仪的工作原理,图 8 – 12 所示为三维激光扫描仪的功能框图。

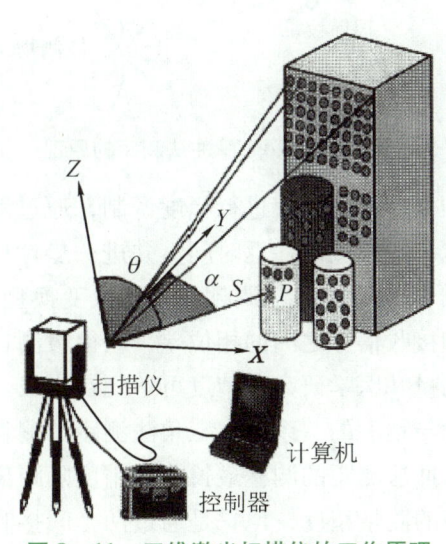

图 8 – 11 三维激光扫描仪的工作原理

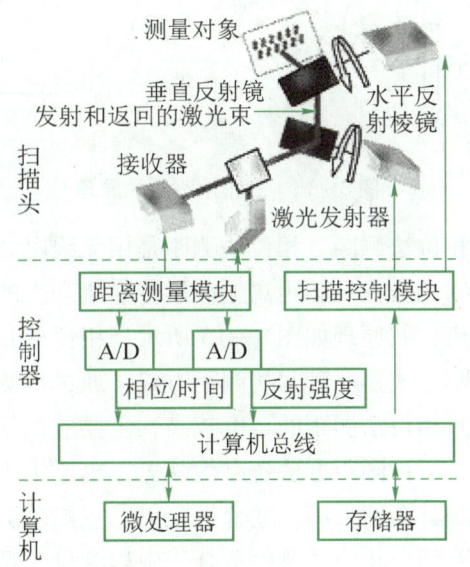

图 8 – 12 三维激光扫描仪的功能框图

三维激光扫描仪基于激光的单色性、方向性、相干性和高亮度等特性,在注重测量速度和操作简便的同时,保证了测量的综合精度,其测量原理主要分为测距、测角、扫描、定向四个方面。

(1) 测距。

测距作为三维激光扫描技术的关键组成部分,对于三维激光扫描的定位、获取空间三维信息具有十分重要的作用。目前,测距方法主要有三角法测距、脉冲法测距和相位法测距。

① 三角法测距。三角法测距是借助三角形几何关系,求得扫描中心到扫描对象的距离,其原理如图 8-13 所示。激光发射点和电荷耦合器件(Charge - Coupled Device,CCD)接收点位于高精度基线两端,并与目标反射点构成一个空间平面三角形。由于基线较短,因此决定了三角法测量距离较短,适合于近距测量。

② 脉冲法测距。脉冲法测距是通过测量发射和接收激光脉冲信号的时间差来间接获得被测目标的距离的,其原理如图 8-14 所示。激光发射器向被测物发射一束脉冲信号,经目标漫反射后到达接收器,设测量距离为 S,光速为 c,测得激光信号往返传播的时间差为 Δt,则 $S = c\Delta t/2$。可以看出,影响距离精度的因素主要有 c 和 Δt,因此精度主要由大气折射率决定。

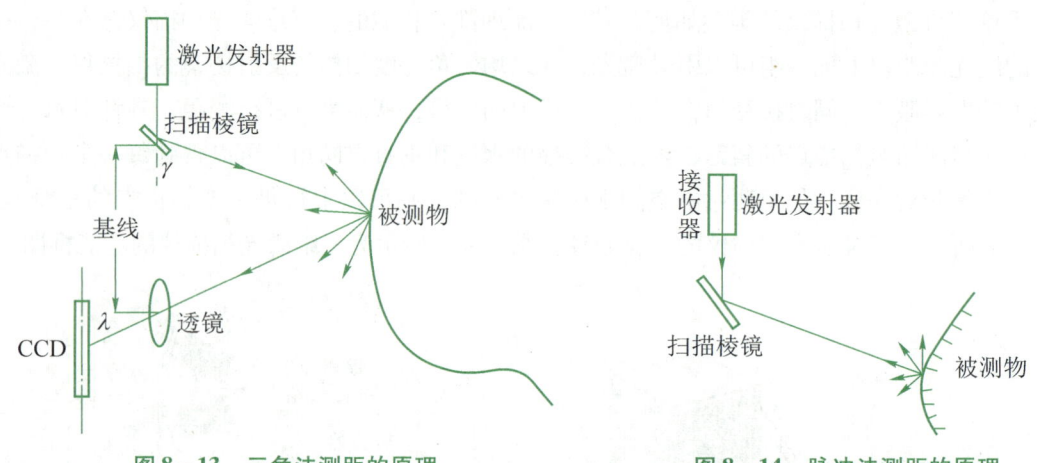

图 8-13 三角法测距的原理　　图 8-14 脉冲法测距的原理

③ 相位法测距。相位法测距是用无线电波段的频率,对激光束进行幅度调制,通过测定激光调制光波在被测距离上往返传播所产生的相位差,间接测定往返时间,并进一步计算出被测距离,其原理如图 8-15 所示。相位式扫描仪可分为调幅型、调频型、相位变换型等。这种测距方式是一种间接测距方式,通过检测发射和接收信号之间的相位差,获得被测目标的距离。相位法测距的精度较高,主要应用于精密测量和医学研究,精度可达到毫米级。

以上三种测距方法各有优缺点,主要集中在测程与精度的关系上。三角法测距的测程最短,但是其精度最高,适合近距离、室内的测量。脉冲法测距的测程最长,但精度随距离的增加而降低。相位法测距适合于中程测量,具有较高的测量精度,但它是通过两个间接测量才得到距离值的。

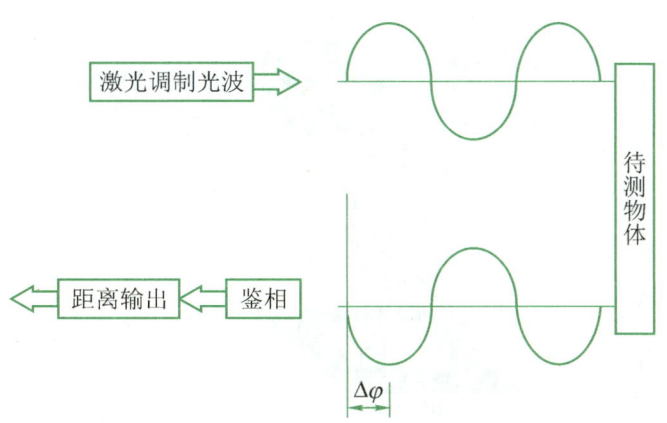

图 8-15 相位法测距的原理

(2) 测角。

区别于常规仪器的度盘测角方式,三维激光扫描仪通过改变激光光路获得扫描角度。把两个步进电动机和扫描棱镜安装在一起,分别实现水平方向和垂直方向的扫描。步进电动机是一种将电脉冲信号转换成角位移的控制微电动机,可以实现对三维激光扫描仪的精确定位。

(3) 扫描。

三维激光扫描仪通过内置伺服驱动电动机系统,精密控制多面扫描棱镜的转动,决定激光束的出射方向,从而使脉冲激光束沿横轴方向和纵轴方向快速扫描。目前,扫描控制装置主要有摆动扫描镜和旋转正多面体扫描镜。摆动扫描镜为平面反射棱镜,由电动机驱动往返振荡。这种测距方式是一种间接测距方式,通过检测发射和接收信号之间的相位差获得被测目标的距离。

(4) 定向。

三维激光扫描仪扫描的点云数据都在其自定义的扫描坐标系中,但是数据的后处理要求数据是在大地坐标系下的数据,这就需要将扫描坐标系下的数据转换到大地坐标系下,这个过程称为三维激光扫描仪的定向。

2. 拍照式结构光三维扫描仪的原理

拍照式结构光三维扫描仪是一种高速、高精度的三维扫描测量设备,利用的是目前国际上最先进的结构光非接触照相测量原理,如图 8-16 所示。拍照式结构光三维扫描仪的基本原理如下:采用一种结合结构光技术、相位测量技术、计算机视觉技术的复合三维非接触式测量技术,使得对物体进行照相测量成为可能。所谓照相测量,就是类似于照相机对视野内的物体进行照相,不同的是,照相机摄取的是物体的二维图像,而研制的扫描仪获得的是物体的三维信息。与传统的三维扫描仪不同的是,该扫描仪能同时测量一个面。在测量时,光栅投影器投影数幅特定编码的结构光到待测物体上,成一定夹角的两个数码摄像机同步采集相应图像,然后对图像进行解码和相位计算,并利用匹配技术、三角形测量原理,计算出两个数码摄像机公共视区内像素点的三维坐标。

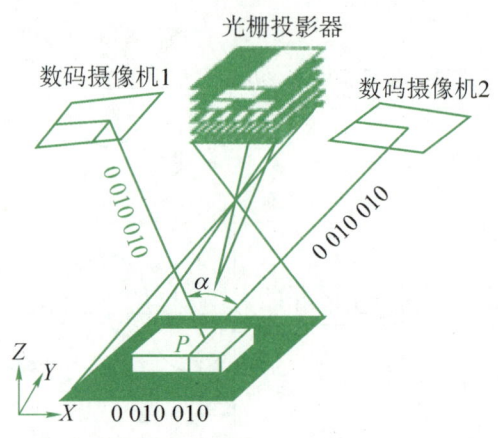

图 8-16 拍照式结构光三维扫描仪的原理

8.2.4 三维扫描仪的起源

利用光学原理非接触式扫描测量物体的方式兴起于 20 世纪 90 年代的欧美。早期的三维扫描设备多基于激光光源的三角法进行扫描测量。根据光源的不同,扫描测量物体的方式又可以分为点光源和线光源两种不同的方式。随着技术的不断进步,三维扫描又出现了以白光光源为基础的结构光三维扫描技术,该技术凭借扫描精度高、速度快、扫描范围大等显著优势,逐渐成为工业扫描测量领域的主导技术。三维扫描仪在国内兴起时间还不长,是新兴科技与朝阳产业。

8.2.5 三维扫描仪的工作过程

1. 机器视觉系统的主要工作过程

① 工件定位检测器探测到物体已经运动至接近摄像系统的视野中心,向图像采集部分发送触发脉冲。

② 图像采集部分按照事先设定的程序和延时,分别向摄像机和照明系统发出启动脉冲。

③ 摄像机停止目前的扫描,重新开始新的一帧扫描,或者摄像机在启动脉冲到来之前处于等待状态,启动脉冲到来后启动一帧扫描。

④ 摄像机开始新的一帧扫描之前打开曝光机构,曝光时间事先可以设定。

⑤ 另一个启动脉冲打开照明系统,灯光的开启时间应该与摄像机的曝光时间匹配。

⑥ 摄像机曝光后,正式开始一帧图像的扫描和输出。

⑦ 图像采集部分接收模拟视频信号并通过 A/D 转换将其数字化,或者直接接收摄像机数字化后的数字视频数据。

⑧ 图像采集部分将数字图像存放在处理器或计算机的内存中。

⑨ 处理器对图像进行处理、分析、识别,获得测量结果或逻辑控制值。

⑩ 处理结果控制流水线的动作、进行定位、纠正运动的误差等。

从上述工作流程可以看出，机器视觉系统是一种比较复杂的系统。因为大多数系统监控对象都是运动物体，系统与运动物体的匹配和协调动作尤为重要，所以给系统各部分的动作时间和处理速度带来了严格的要求。在某些应用领域，如机器人、飞行物体制导等，对整个系统的质量、体积和功耗都会有严格的要求。

2. 三维扫描仪的扫描步骤

（1）选择一个稳定的三维扫描环境。

三维扫描时必须确保三维扫描仪是建立在一个稳定的环境中，并最大限度地减少对环境的破坏，来确保三维扫描结果不受外部因素的影响。

（2）校准三维扫描仪。

在扫描前，有些制造商生产的三维扫描仪需要预校准扫描模式，有些则需要用户校准系统本身。三维扫描仪通过扫描已测量物体来检查校准的准确性。

（3）扫描的准备工作。

有些物体表面扫描是比较困难的。这些物体包括半透明材料（玻璃），有光泽或暗淡的物体。对于这些物体，应该怎样进行扫描呢？可使用哑光白色显像剂覆盖被扫描物体表面，对扫描物体喷薄薄的一层显像剂，这样做是为了更好地扫描物体的三维特征，使数据更精确。

（4）扫描。

做一个完整的三维模型后，用三维扫描仪对三维模型从不同的角度捕捉三维数据，并把不同位置的点云数据合并起来，如图 8-17 所示。

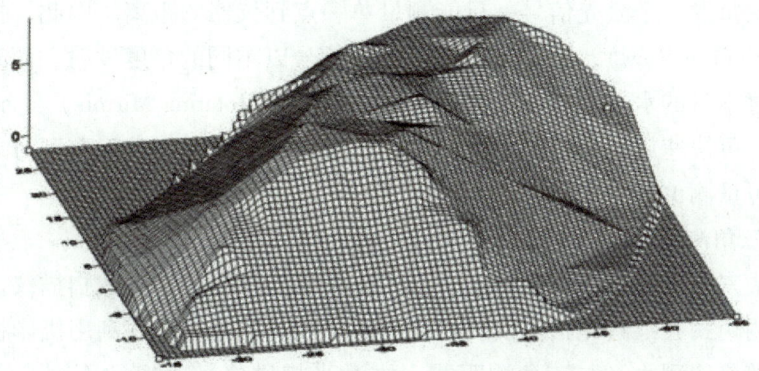

图 8-17　三维扫描仪捕捉的点云数据

（5）处理点云数据。

使用后处理软件对扫描得到的点云数据进行后期处理，包括去除点云数据的噪点以及对其进行平滑处理。

（6）转换扫描数据。

对点云数据处理完成后，还要对数据进行转换，一般情况下都转换成 STL 文件。

8.2.6 三维测量方法与扫描技术

1. 三维测量方法

(1) 接触式三维扫描。

接触式三维扫描通过实际触碰物体表面的方式计算深度,如典型的接触式三维扫描仪坐标测量机。此方法相当精确,常被用于工程制造产业。然而,因其在扫描过程中必须接触物体,待测物有遭到探针破坏损毁的可能,所以此方法不适用于高价值对象,如古文物、遗迹等的重建作业。此外,相比于其他方法,接触式三维扫描需要较长的时间,现今最快的坐标测量机每秒仅能完成数百次测量,而应用光学技术的激光扫描仪运作频率高达每秒 1~500 万次。非接触主动式三维扫描是指将额外的能量投射至物体,借由能量的反射来计算三维空间信息。常见的投射能量有一般的可见光、高能光束、超音波与 X 射线。

(2) 激光时差测距(飞时测距法)。

时差测距式激光扫描仪是一种主动式的扫描仪,其使用激光探测目标物。此激光测距仪确定仪器到目标物表面距离的方式,是由测定仪器所发出的激光脉冲往返一趟的时间换算而得的,即仪器发射一个激光脉冲,激光脉冲打到物体表面后反射,再由仪器内的探测器接收信号,并记录时间。由于光速为已知条件,光信号往返一趟的时间即可换算为信号所行走的距离,此距离又为仪器到物体表面距离的 2 倍。显然,时差测距式激光扫描仪的测量精度受测量时间准确度的限制,因为大约在 3.3 ps(1 ps = 10^{-12} s)的时间内,光信号就走了 1 mm。

激光测距仪每发一个激光信号,只能测量单一点到仪器的距离。因此,扫描仪若要扫描完整的视野(Field of View),就必须使每个激光信号以不同的角度发射。而时差测距式激光扫描仪即可通过本身的水平旋转或系统内部的旋转镜(Rotating Mirrors)达到此目的。旋转镜由于较轻便、可快速旋转扫描、精度较高,是应用较广泛的工具。典型时差测距式激光扫描仪,每秒约可量测 1 万~10 万个目标点。

(3) 激光三角测距。

三角测距式三维激光扫描仪也是属于以激光去侦测环境的主动式扫描仪。相对于激光时差测距,三角测距式三维激光扫描仪发射一道激光到待测物上,并利用摄影机查找待测物上的激光光点。随着待测物(与三角测距式三维激光扫描仪)距离的不同,激光光点在摄影机画面中的位置也有所不同。这项技术之所以被称为三角测距法,是因为激光光点、摄影机与激光本身构成一个三角形。在这个三角形中,激光与摄影机的距离、激光在三角形中的角度是已知条件,通过摄影机画面中激光光点的位置,可以确定摄影机位于三角形中的角度。这三个条件可以确定出一个三角形,并可计算出待测物(与三角测距式三维激光扫描仪)的距离。在很多案例中,人们以一线形激光条纹取代单一激光光点,用激光条纹对待测物进行扫描,大幅加速了整个测量的进程。

手持式激光扫描仪通过上述三角测距法建构出三维图形:通过手持式设备,对待测物发射出激光光点或线性激光光点。以两个或两个以上的侦测器（电偶组件或位置传感组件）测量待测物的表面到手持式激光扫描仪的距离，通常还需要借助特定参考点（一般是具黏性、可反射的贴片）进行扫描仪在空间中的定位及校准。这些扫描仪获得的数据会被导入计算机中，并由软件转换成三维模型。手持式激光扫描仪通常还会以综合被动的方式扫描（可见光）获得数据（如待测物的结构、色彩分布），建构出更完整的待测物三维模型。

（4）结构光源法。

将一维或二维图像投影至待测物上，根据图像的形变情形，判断待测物的表面形状，可以非常快的速度进行扫描，相对于一次测量一点的探头，结构光源法可以一次测量多点或大片区域，故能用于动态测量。

2. 三维激光扫描技术

三维激光扫描技术克服了传统测量技术的局限性，采用非接触主动测量方式直接获取高精度三维数据，能够对任意物体进行扫描，且没有白天和黑夜的限制，快速将现实世界的信息转换成可以处理的数据。它具有扫描速度快、实时性强、精度高、主动性强、全数字特征等特点，可以极大地降低成本、节约时间，而且使用方便，其输出格式可直接与 CAD、三维动画等工具软件兼容。

有人称"三维激光扫描系统"是继全球定位系统（Global Positioning System，GPS）技术以来测绘领域的又一次技术革命。三维激光扫描技术是一种先进的全自动高精度立体扫描技术，又称为"实景复制技术"，将使测绘数据的获取方法、服务能力与水平、数据处理方法等进入新的发展阶段。传统的大地测量方法（如三角测量方法）和 GPS 测量都是基于点的数据采集方式，而三维激光扫描是基于面的数据采集方式。三维激光扫描获得的原始数据为点云数据。点云数据是大量扫描离散点的结合。三维激光扫描的主要特点是实时性、主动性、适应性好。三维激光扫描数据经过简单的处理后就可以被直接使用，无须复杂的费时、费力的数据后处理；无须和被测物体接触，可以在很多复杂环境下应用；可以和 GPS 等集合起来实现更强、更多的应用。三维激光扫描技术作为目前发展迅猛的新技术，必定会在诸多领域得到更深入、广泛的应用。三维激光扫描测量地形的过程框图如图 8 – 18 所示。

3. 机器视觉技术

机器视觉技术是计算机学科的一个重要分支，它综合了光学、机械、电子、计算机软件和硬件等方面的技术，涉及计算机、图像处理、模式识别、人工智能、信号处理、光机电一体化等多个领域。机器视觉技术自起步发展至今，已经有 30 多年的历史，其功能及应用范围随着工业自动化的发展逐渐趋于完善，特别是目前数字图像传感器、CMOS（Complementary Metal Oxide Semiconductor，互补金属氧化物半导体）和 CCD（Charge – Coupled Device，电荷耦合器件）摄像机、DSP（Digital Signal Processing，数字信号处理）、FPGA（Field Programmable Gate Array，现场可编程门阵列）、ARM（Advanced RISC Machines，高级精简指令集计算机）、图像处理和模式识别等技术的快速发展，大大地推动了机器视觉技术的发展。

简而言之，机器视觉就是利用机器代替人眼来做各种测量和判断工作。在生产线上人们

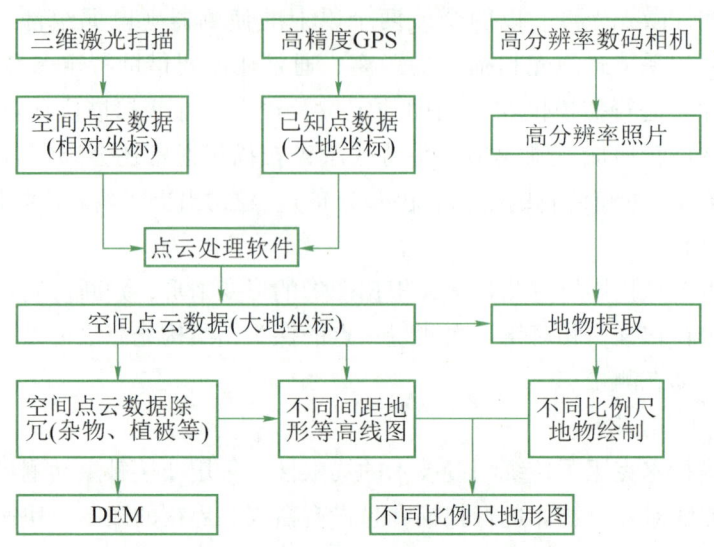

图 8-18 三维激光扫描测量地形的过程框图

来做此类测量和判断工作会因疲劳、个人之间的差异等产生误差和错误，但是机器会不知疲倦地、稳定地进行下去。一般来说，机器视觉系统包括了照明系统、镜头、摄像系统和图像处理系统。对于每一个应用，我们都需要考虑系统的运行速度和图像的处理速度、使用彩色还是黑白摄像机、检测目标的尺寸或检测目标有无缺陷、视场需要多大、分辨率需要多高、对比度需要多大等方面。从功能上来看，典型的机器视觉系统可以分为图像采集部分、图像处理部分和运动控制部分。

机器视觉系统的优点如下：

（1）非接触式测量。这对于观测者与被观测者都不会产生任何损伤，从而提高系统的可靠性。

（2）具有较宽的光谱响应范围。例如，使用人眼看不见的红外测量，扩展了视觉范围。

（3）长时间稳定工作。人类难以长时间对同一对象进行观测，而机器视觉可以长时间地进行测量、分析和识别任务。

机器视觉系统的应用领域越来越广泛，在工业、农业、国防、交通、医疗、金融，甚至体育、娱乐等行业都获得了广泛的应用，可以说，机器视觉系统已经深入我们的生活、生产和工作的方方面面。

拍照式三维扫描仪可随意搬至工件位置做现场测量，并可调节成任意角度进行全方位测量，对大型工件可分块测量，测量数据可实时自动拼合，非常适合各种大小和形状的物体（如汽车、摩托车外壳及内饰、家电、雕塑等）的测量。

拍照式三维扫描仪，其结构原理主要由光栅投影设备及两个工业级的 CCD 照相机构成，由光栅投影在待测物上，并加以粗细变化及位移，配合 CCD 照相机将所获取的数字影像通过计算机运算处理，即可得知待测物的实际三维外形。

拍照式三维扫描仪采用非接触白光技术，可避免与物体表面接触，所以可以测量各种材料的模型；测量过程中被测物体可以任意翻转和移动，对物件进行多个视角的测量，系统进行全自动拼接，可轻松实现物体360°高精度测量；能够在获取表面三维数据的同时，迅速地获取纹理信息，得到逼真的物体外形。因此拍照式三维扫描仪广泛地应用于制造行业的扫描。

三维扫描技术主要应用于以下几方面：

（1）逆向工程/快速成型（Rapid Prototyping，RP）。

（2）扫描实物，建立CAD数据；或扫描模型，建立用于被测对象表面的三维数据。

（3）竞争对手产品与自己产品的确认与比较，创建数据库。

（4）使用由RP创建的真实模型，建立和完善产品设计。

（5）有限元分析的数据捕捉。

（6）生产线质量控制和产品元件的形状检测，如金属铸件和锻造、加工冲模和浇注、塑料部件（压塑模、滚塑模、注塑模）、钢板冲压、木制品、复合及泡沫产品。

（7）文物的录入和电子展示。

（8）牙齿及畸齿矫正。

（9）整容及上颌面手术。

8.2.7 三维扫描仪的应用

1. 三维扫描仪的应用领域

（1）快速成型。

快速成型也叫快速原型，是20世纪80年代中期发展起来的一种崭新的原型制造技术。其出发点是通过快速制造设计样件，观察和验证所设计的零件在美学、外观及基本性能上是否达到设计要求。通过应用三维扫描技术，更能加速这一技术的发展，使现实中的模型和数字化设计模型之间的转换变得简单可行。

（2）工业产品设计。

在工业产品设计过程中，对外观的把握往往需要实物的验证，如车身设计领域对汽车油泥模型的测量。在汽车设计中，油泥模型是一个很重要的环节，它把设计者的思路从草图或图纸转化成实物模型，在模型的制作过程中进一步完善设计者的意图，并且通过对油泥模型的评估、试验、检测来确定产品的设计。随着油泥模型的最终确定，对油泥模型测绘的准确与否成为后续开发的关键。传统的利用机械设备的测量方法不仅工作效率缓慢、测量步骤复杂，人为因素更是影响质量的关键因素。而利用三维扫描仪，采用先进的非接触式测量方式，摆脱了行程的限制；极短的扫描时间，提高了工作效率；智能化的操作方式最大限度地减少了人为因素的干扰，为用户提供了高精度、高密度的完整三维数据，从而为后续设计开发提供了准确、优质的油泥模型三维数据，保证用户高效、优质地进行产品的设计与开发。

（3）工业产品的三维测量。

汽车内饰件材料变形系数较大，只有在装车状态下的非接触式测量才能真实地反映内饰件的理想状态。由于三维扫描仪采用灵活的便携式设计和先进的标志点全自动拼接技术，因此，其可以非常方便地进入车厢内部对于汽车内饰件进行装车状态下的测量。对于扫描结果也可方便地导入各种质量检测软件进行误差分析。例如，逆向校核软件（Geomagic Qualify）或标准点云软件（Polyworks）中的精度检测模块，都可以将测量获得的点云与原有的 CAD 模型对齐后进行比较，可以快速、直观地显示被测物体与数模的每一处误差。

（4）虚拟现实仿真。

随着计算机信息技术的不断深入，如数字化博物馆、保护修复文物、网络虚拟展示等领域开始应用三维扫描仪来完成手工建模难以完成的工作。三维扫描仪在扫描大型文物和保护大型虚拟现实景观建设方面发挥了巨大作用。

2. 三维扫描仪未来的应用

最近几年，三维扫描技术不断发展并日渐成熟，三维扫描仪的巨大优势就在于可以快速扫描被测物体，不需反射棱镜即可直接获得高精度的扫描点云数据。这样可以高效地对真实世界进行三维建模和虚拟重现。因此，三维扫描技术已经成为当前研究的热点之一。

三维扫描仪既可用于机械产品的反求工程，也可用于工业检测——检测产品的形位误差，通过三维检测判断产品是否合格等，使检测验收快速化、智能化。此外，三维扫描仪还可用于大范围远距离的测量，如用在三角测距、城市规划、地形勘探等测量方面，甚至可用于高端应用机器视觉指引机械手动作方面。通过三维扫描方法，可得到一个面的三维坐标矩阵，把这个三维坐标矩阵输入计算机，让计算机进行处理，如数字滤波、变换、特征提取等，就可得知所扫描物体的尺寸形状、距离等。让计算机判断所扫描物体的几何尺寸和边缘等特征信息，以便向机械手发出动作指令，真正实现视觉信息引导机械手工作，使得机械手更加智能化，精度高的还能检测所扫描物体表面的粗糙程度。

三维扫描仪不但可用于产品的逆向工程、快速成型制造、三维检测（机器视觉测量）等领域，而且随着三维扫描技术的不断深入发展，如三维影视动画、数字化展览馆、服装量身定制、计算机虚拟现实仿真与可视化等越来越多的行业也开始应用三维扫描仪这一便捷的手段来创建实物的数字化模型。另外，三维扫描仪在文物数字化保护、土木工程、工业测量、自然灾害调查、数字城市地形可视化、城乡规划等领域也有广泛的应用。通过三维扫描仪非接触扫描实物模型，得到实物表面精确的三维点云数据，最终生成实物的数字模型，不仅速度快，而且精度高，几乎可以完美复制现实世界中的任何物体，以数字化的形式逼真地重现现实世界。

> 主题讨论：
> 1. 拍照式结构光三维扫描仪与照相机的功能区别是什么？
> 2. 三维扫描仪与三坐标测量机有什么区别？

学习活动：（属地企业新型机电设备调研）

1. 学习活动概况

在学完本章内容后，为了将理论与实践相结合，教师引导学生对属地企业使用的新型机电一体化设备——3D打印机或三维扫描仪进行一次调查研究，了解其工作过程、功能、用途，并分析其性能特点及实际使用中出现的问题。

2. 学习活动内容

在这样一个综合实践活动的实施过程中，教师的过程性指导尤为重要。实践活动开始时，教师可以组织学生展开积极的讨论，并提醒他们在调查的过程中要抓住核心问题。例如，本次调查研究只是针对新型机电设备，而不是一般机电设备，所以，经过讨论之后，教师要给学生确定调查的重点：新型机电设备的功能、特点、创新之处等。教师是学生的合作伙伴，可为他们的调查研究提供参考意见，为他们搭建一个可行的信息沟通平台。

学习活动过程如下：

（1）学习本章内容，熟悉常见的新型机电设备。
（2）分组讨论，确定调查研究的核心问题，同时分配各自调研的区域。
（3）上网查询相关资料，确定自己要调研的企业设备。
（4）做好调研表格，进入企业完成相应的表格填写，并同时拍下照片、收集资料。
（5）完成资料的统计、汇总，并写出调研报告。

3. 讲评

这样的实践活动，不仅可以激发学生学习的兴趣，同时可以使得学生在实践能力上有所突破。教师在活动结束后，根据学生的调研报告及表现做一次讲评。学生不但可以从书本上和网上找到一些资料，而且可以从企业的生产一线获取更多的知识。在调查研究的过程中，学生是亲身参与的，所以可以锻炼他们独立思考的能力，使他们懂得怎样与同学分工合作。为了不让学生在自己的研究中孤立无援，也避免教师过多地参与和代劳，教师可以以一个协助者、一个合作伙伴或者一个顾问的身份出现，使学生们既在心理上有了依托，在活动中又有了主动权，相信他们会以极高的热情投入这些实践研究中。

本章小结

3D打印机和三维扫描仪是光、机、电等一体化技术的新型设备，是光、机、电紧密结合的前沿技术代表，它们在现代制造及测绘领域得到越来越广泛的应用。所以，要不断通过研制新型机电一体化设备来推动技术革新和产品升级，不断研制新产品，为我国的经济转型提供技术保障。

本章习题

8-1 试说明三坐标测量机与数控机床的区别。

8-2 试举出几例生活中你所碰到的典型机电一体化系统,并说明其机电控制原理。

8-3 谈谈你设想的3D打印机的未来。

8-4 参观新型机电设备工作现场,有条件的可以进行操作。

8-5 参观3D打印机现场或观看3D打印机工作视频。

8-6 试设计简单的新型机电一体化产品,画出其原理图,并说明其功能及创新之处。

第 9 章
机电一体化创新设计项目案例

导 言

本章内容主要介绍机电一体化创新设计项目——以"智能型垂直轴风力发电机装置设计项目""遥控式自动升降阻拦装置设计项目""矿井安全探测机器人设计项目"三个项目为案例,侧重于机电一体化项目创新设计的方法及实际技术应用介绍。通过项目设计,学生主要从机电如何结合方面来分析机电一体化系统,从而找出机电一体化创新的方法,并把握机电一体化创新产品的未来趋势。

学习目标

1. 理解创新设计项目的工作原理。
2. 了解创新设计项目的机械结构及控制方式。
3. 了解创新设计项目的创新设计方法及技术应用。
4. 了解创新设计项目所涉及的相关技术前沿知识。

学习建议

1. 导思

创新设计项目注重研究过程而非研究成果,其主要是以项目为载体,调动学生学习的主动性、积极性和创造性,激发学生的创新思维和创新意识,掌握思考问题、解决问题的方法,提高学生的创新能力和实践能力。在学习本章节时,学生应以机电一体化创新设计项目为主线,对以下几个问题进行思考:

(1) 创新设计项目严格遵循"强调兴趣、突出重点、鼓励创新、注重实效"的原则,对此你有什么认识?

(2) 创新设计项目应用了什么机电领域的技术?从机电一体化系统的角度来分析,创新设计项目是如何进行机电结合的?

(3) 创新设计项目的创新点在哪里?创新设计项目是否适应市场要求?

2. 导学

（1）9.1节主要通过"智能型垂直轴风力发电机装置设计项目"，讲述了智能型垂直轴风力发电机装置设计的背景及要求、智能型垂直轴风力发电机设计方案分析和智能型垂直轴风力发电机设计，其中增速机构设计是本章的重点。

（2）9.2节主要通过"遥控式自动升降阻拦装置设计项目"，讲述了遥控式自动升降阻拦装置的设计背景及要求、遥控式自动升降阻拦装置设计方案分析和遥控式自动升降阻拦装置设计，其中遥控式自动升降阻拦装置设计中的机械设计是本章的重点。

（3）9.3节主要通过"矿井安全探测机器人设计项目"，讲述了矿井安全探测机器人设计的背景及要求、矿井安全探测机器人设计方案分析和矿井安全探测机器人设计，其中单片机控制原理及传感器的应用是本章的重点。

3. 导做

本章布置了一项学习活动，要求学生进行机电创新作品的设计与制作。学生个人或团队自主选题设计一个机电创新作品，并在老师的指导下，独立组织实施完成，包括方案设计与制作、信息分析与处理、实物制作和撰写创新项目报告等工作。

9.1 智能型垂直轴风力发电机装置设计项目

> ☞ 提示：
> 学习本节内容时可借助多媒体等资源，掌握行星齿轮传动原理，了解单片机控制在本项目中的应用情况。
>
> ☞ 要点：
> 1. 行星齿轮传动比计算；
> 2. 单片机在风力发电机叶片自动张合控制中的应用。

9.1.1 智能型垂直轴风力发电机装置设计的背景及要求

1. 智能型垂直轴风力发电机装置设计的背景

随着现代工业的飞速发展，人类对能源的需求明显增加，而地球上可利用的常规能源日趋匮乏。我们必须未雨绸缪，为将来考虑，为子孙后代的能源问题着想，开发利用新能源，实现能源的可持续发展，从而保证经济的可持续发展和社会的不断进步，最终实现人类、资源、环境的协调发展。要想解决能源问题，唯一的出路就是开发新能源和可再生能源，由此可以推测，21世纪风力发电的前景非常广阔。

开发新能源也是我国能源发展战略的重要组成部分，全国人民代表大会批准的《中华人民共和国可再生能源法》明确鼓励新能源发电和节能项目的发展，国家也提出了2030年的减排目标，国家发展和改革委员会预测 2050 年风电装机容量在 20~24 亿千瓦。所以说，风力发电具有良好的发展前景。风力发电作为可再生能源，是最具有经济开发价值的清洁能源，风能资源的开发利用是我国能源发展战略和结构调整的重要举措之一。

人类利用风能已有数千年历史，在蒸汽机发明以前风能作为重要的动力，应用于人类生活的众多方面。经调查，目前市场上大多为水平轴风力发电机，存在一定的不安全因素。因此，本项目要设计一种智能型垂直轴风力发电机装置。

2. 智能型垂直轴风力发电机装置设计的要求

（1）通过自然风力实现发电功能。
（2）该装置要具有增速功能，能实现低风速启动发电。
（3）根据自然界风力的大小实现叶片的张合控制，保护叶片。

9.1.2 智能型垂直轴风力发电机设计方案分析

1. 垂直轴与水平轴风力发电机设计方案对比

（1）垂直轴风力发电机不受交变载荷力作用。水平轴风力发电机叶片在旋转过程中，受惯性力和重力的双重作用，惯性力的方向是随时变化的，而重力的方向始终垂直向下不变，因此叶片所受的合成力是一个大小发生周期性变化的交变载荷力，这对风力发电机的叶片疲劳强度来讲是非常不利的，容易发生叶片疲劳折断。水平轴风力发电机由于采用偏航调节角度来调节风力大小，在风力过大时采用停机控制，但叶片仍露在外面，容易受到一定的损伤。垂直轴风力发电机叶片在旋转的过程中的受力情况要比水平轴的好得多，由于惯性力与重力的方向始终不变，其所受的是一个恒定载荷力，因此疲劳寿命要比水平轴风力发电机长。

（2）垂直轴风力发电机改进后启动风速低。水平轴风轮的启动性能好已经是个共识，但是根据中国空气动力研究与发展中心对小型水平轴风力发电机所做的风洞试验来看，水平轴风轮的启动风速一般在 4~5 m/s，最大达到 5.9 m/s。垂直轴风轮的启动性能差也是目前业内的共识，这也是限制垂直轴风力发电机应用的一个原因。本项目探讨的智能型垂直轴风力发电机装置具有独特的涡扇形状结构，可以吸收八方来风，不需要对准风向，能使风力发电机一直保持近似恒定的逆时针转动。其叶片的智能可控张合设计，能根据外界自然界风力的大小，实现叶片的张合调速控制，具有自动调节叶片的功能，改进后启动风速低，方便实现风力发电机启动及保护。

（3）垂直轴风力发电机符合生态环保新要求。虽然风力被称作清洁能源，风力发电有很好的环保作用，但是随着越来越多大型风力发电场的建立，一些由风力发电机引发的环保问题也显现出来，其主要有两个方面：一是噪声问题，二是对当地生态环境的影响。水平轴风轮的叶尖速比一般在 5~7 左右，在这样的高转速下叶片切割气流将产生很大的气动噪声，同时，很多鸟类在这样的高速叶片下也很难幸免。垂直轴风轮的叶尖速比则要比水平轴风轮的叶尖速比小得多，一般在 1.5~2 之间，这样的低转速基本上不产生气动噪声，完全达到了静音的效果。无噪声带来的好处是显而易见的，以前因为噪声问题不能应用风力发电机的场合（如城市公共设施、民宅），现在可以应用垂直轴风力发电机来解决。相对于传统的水平轴风力发电机，垂直轴风力发电机具有设计方法先进、风能利用率高、启动风速低、无噪声等众多优点，具有更加广阔的市场应用前景。

2. 智能型垂直轴风力发电机的技术解决方案

本设计方案采用垂直轴，当风速达到启动风速时，风力发电机自动打开叶片，开始启动，根据风力自动调节叶片张开长度，从而控制风力发电机的转速在某一范围，避免转速过高或过低，提高风力发电机的发电效率，避免过度磨损、零部件过热；在风速过大时，为保护风力发电机，机电控制装置可自动关闭，当关闭时，叶片缩回，风力发电机成圆筒状。在关键技术上，可以通过机电控制装置实现风力发电机的自动启闭，本方案使用步进电动机控制。

要实现该风力发电机增速，可以选择典型的齿轮传动，考虑到传动比及发电机主轴居中的问题，为了对称平衡的要求，选择行星齿轮机构。本方案可以采用固定系杆的行星齿轮机构。

9.1.3 智能型垂直轴风力发电机设计

1. 本项目设计的智能型垂直轴风力发电机装置

对比分析了水平轴风力发电机与垂直轴风力发电机的优劣，本项目据此设计了一种新型的具有根据自然界风速进行叶片自动调节和保护功能并适用于各种风向的智能型垂直轴风力发电机装置，如图9-1所示。智能型垂直轴风力发电机的涡扇形状结构解决了自然界风向变化的问题；利用单片机控制器智能控制叶片，实现了风力发电机的启动、停止、叶片张合，当风力弱时叶片张开度大，风力强时叶片张开度小，调节风力发电机转矩，以保持发电功率相对稳定。

2. 智能型垂直轴风力发电机机械结构设计

（1）增速机构设计。

齿轮传动的主要特点：效率高、结构紧凑、工作可靠、寿命长、传动比稳定。本项目的机械传动增速机构拟采用行星齿轮机构来实现增速作用。行星齿轮机构的主要特点是体积小、承载能力大、工作平稳。行星齿轮传动的主要优点是在小的外廓尺寸下可以得到较大的增速比，高转速、大功率。行星齿轮机构示意图如图9-2所示，其采用行星齿轮机构传动，内齿轮与叶片相连，中心轮与发电机主轴相连，通过行星齿轮机构传动提高发电机转速，从而实现增速作用，满足发电额定转速。行星齿轮机构的增速机构实物图如图9-3所示。在行星齿轮机构中，设内齿轮、行星轮和中心轮的转速分别为n_1、n_2和n_3，齿数分别为Z_1、Z_2、Z_3。

引入相对静止的系杆H，则中心轮与内齿轮转速、齿数之间的关系为

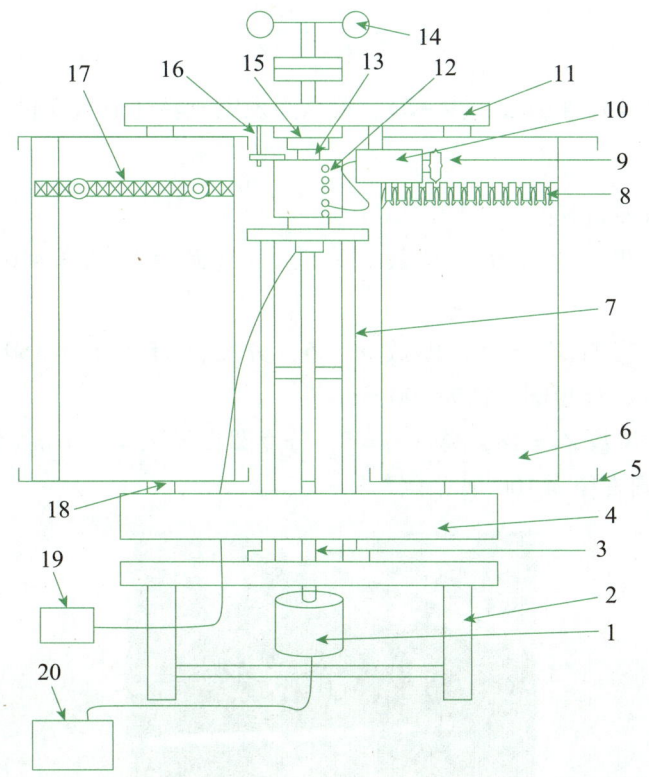

1—发电机；2—底座；3—发电机转轴；4—行星齿轮机构；5—叶片导轨；6—叶片；7—三角支架；8—链条；9—链轮；10—步进电动机；11—顶板；12—集线器；13—主轴；14—风杯传感器；15—轴承；16—拨杆；17—牵拉绳；18—吊杆；19—单片机控制器；20—蓄电池。

图 9-1　智能型垂直轴风力发电机装置

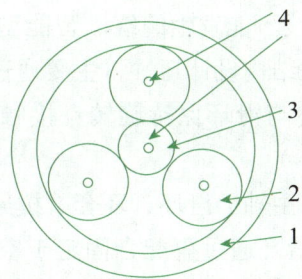

1—内齿轮；2—行星轮；3—中心轮；4—固定轴心。

图 9-2　行星齿轮机构示意图

$$i_{13}^{H} = \frac{n_1 - n_H}{n_3 - n_H} = -\frac{Z_3}{Z_1} \tag{9-1}$$

将系杆 H 固定，得到转化轮系，即

$$i_{13} = \frac{n_1}{n_3} = -\frac{Z_3}{Z_1} \tag{9-2}$$

初选中心轮 Z_3 为 18,根据式(9-2),设风力发电机转速放大 5 倍,即 $i_{13} = -\frac{1}{5}$,则 $Z_1 = 90$。

详细参数设计结果如下:

①内齿轮参数:齿数 $Z_1 = 90$,模数 $m = 5$,分度圆直径 $d_1 = 450$ mm,外圆直径为 540 mm。

②行星轮参数:齿数 $Z_2 = 36$,模数 $m = 5$,分度圆直径 $d_2 = 180$ mm,轴孔直径为 30 mm,键槽宽 8 mm,齿顶圆直径为 190 mm。

③中心轮参数:齿数 $Z_3 = 18$,模数 $m = 5$,分度圆直径 $d_3 = 90$ mm,轴孔直径为 30 mm,键槽宽 8 mm,齿顶圆直径为 100 mm。

图 9-3 行星齿轮机构的增速机构实物图

(2)集线器设计。

风力发电机工作时需要连接一些信号控制线(如风杯信号控制线、步进电动机控制线等),其旋转时要求多路信号控制线不能发生缠绕。智能型垂直轴风力发电机为此设计了剖分牙嵌式多路集线器装置,其装置结构设计巧妙,主要通过集线器的滑环和弹簧片之间的软接触,即弹簧片通过弹簧压力始终与滑环保持旋转且接触的状态,从而保证了电信号的传输,以达到信号控制的目的。

剖分牙嵌式多路集线器装置由主轴、滑环、环套、拨架、弹簧片、导线组成,其结构图如图 9-4 所示。集线器中的各个滑环通过盈配合固定于空心台阶轴的外圆面上,滑环的个数与需连接的导线数相同,分别连接于多只滑环的导线,从空心台阶轴内部穿出,穿孔在圆周方向呈均布状,防止导线间漏电接触。滑环和环套呈牙嵌式啮合,嵌于环套内槽里的弹簧片与滑环保持接触,弹簧片通过导线穿透环套和外部相连。采用绝缘材料的两个半圆形牙嵌式结构的环套与轴上的滑环相嵌,并起到隔开绝缘的作用。当工作时通过拨杆带动拨架和环套转动,实现集线器旋转过程中防止导线缠绕的功能。考虑到信号控制线的数量,将集线器定为七路集线器,主体采用尼龙材料加工以满足绝缘要求,弹簧片采用铜质材料弯曲成型。具体尺寸设计如图 9-5 所示,集线器实物如图 9-6 中中间白色圆柱体零件所示。

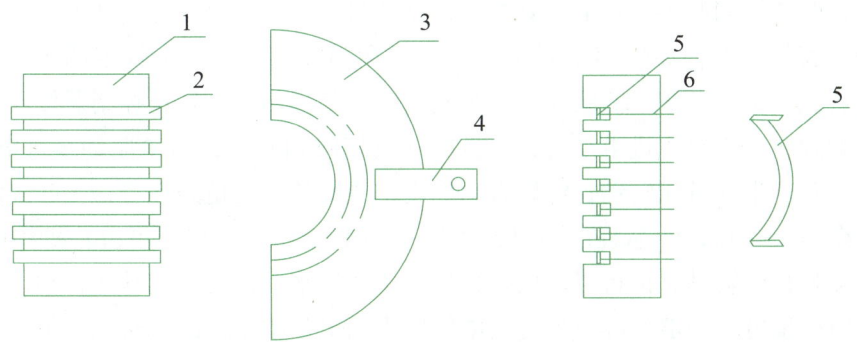

1—主轴；2—滑环；3—环套（剖分式）；4—拨架；5—弹簧片；6—导线。

图 9-4 剖分牙嵌式多路集线器结构图

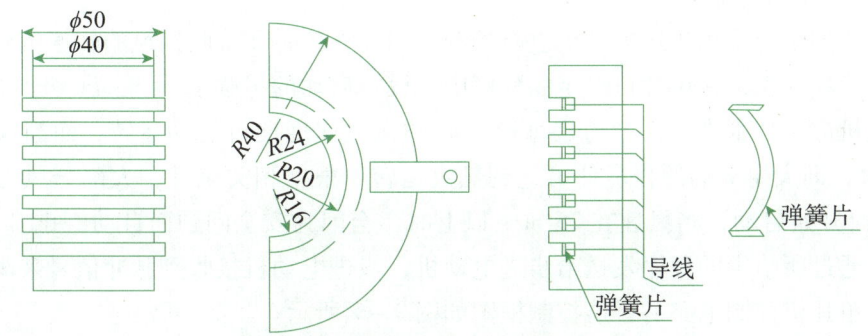

图 9-5 剖分牙嵌式七路集线器结构尺寸

图 9-6 集线器实物图

3. 智能型垂直轴风力发电机智能控制设计

（1）控制原理。

智能型垂直轴风力发电机装置通过机电控制装置实现风力发电机的自动启闭，通过风杯传感器测得自然界风速的大小，自动启闭并调节叶片张合程度。当风速达到启动风速时，风力发电机自动打开叶片进行启动；在风力过大时（如台风），为保护风力发电机，可自动关闭，关闭时，叶片缩回归位，从而达到智能控制的目的。具体控制方法如下：当风杯传感器接收到风的转速信号时，便发出信号给单片机，在预设的程序中，规定的风强度为3～12级。当风杯传感器接收到3～12级风时，其发出脉冲信号给控制器；控制器接收到脉冲信号通过所给定的程序发送给步进电动机；步进电动机接收到脉冲信号来驱动步进电动机转动；步进电动机的转动带动链轮转动；链轮带动固定于主叶片上的链条运行；主叶片通过联动牵拉绳拉动其余三个叶片，伸缩程度由风速决定；四个叶片固定在行星齿轮机构中的外齿轮上，叶片带动外齿轮转动，由行星齿轮机构扩大传动比来提高内齿轮转速；内齿轮上固定的主轴带动发电机发电。一般情况下风力发电机发出的电是不稳定的低压交流电，如果被负载直接使用会造成用电器的损坏，需要通过整流电路将低压交流电转变为直流电，再通过逆变器或斩波器变换成负载所需要的额定交流电。

（2）控制原理框图。

具体叶片的张合采用步进电动机进行控制。当风杯传感器接收到风的转速信号时，便发出脉冲信号给单片机，在单片机设定的程序中，设定启动的风强度为3～11级。（根据目前的风力发电机应用技术来看，大约是每秒3 m的微风速度便可启动运转，而当风速为每秒13～15 m时，即大树摇动的程度便可达到额定运转。根据相关统计，大部分风力发电机在风速3 m/s时开始启动，当风速在25 m/s以上时，会因为安全问题而自动停止。）单片机接收到信号，通过所给定的程序发送给步进电动机，步进电动机接收到脉冲信号来驱动步进电动机转动，单片机控制电路的智能控制框图如图9-7所示。

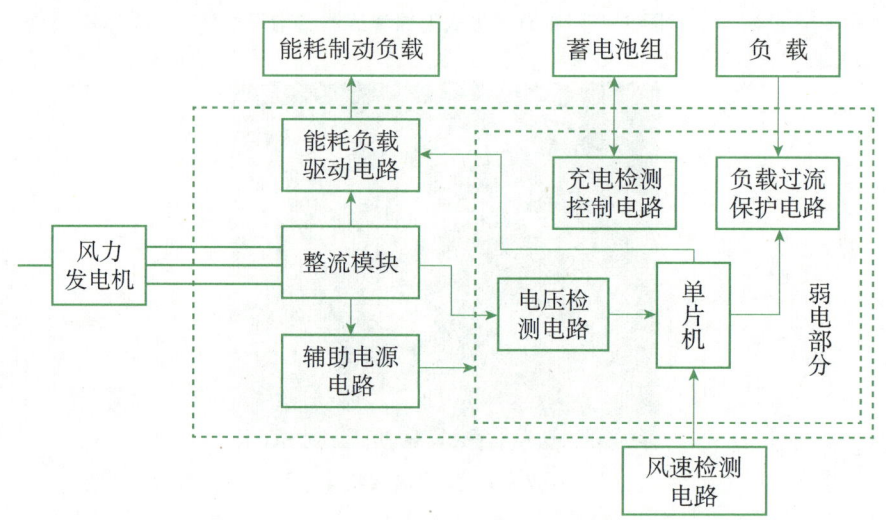

图9-7 单片机控制电路的智能控制框图

当步进电动机接收到控制器的一个脉冲信号时，它就驱动步进电动机按设定的方向转动一个固定的角度，它的旋转是以固定的角度一步一步进行的，通过控制脉冲个数来控制角位移量从而达到准确定位的目的；通过控制脉冲频率来控制电动机转动的速度和加速度，从而达到调速的目的。通过控制风力发电机转速在某一范围，来避免转速过高或过低，提高风力发电机发电效率，同时避免过度磨损、零部件过热。

四个叶片固定在行星齿轮机构中的内齿轮上，叶片带动内齿轮转动，由行星齿轮机构改变传动比来提高中心轮转速，与中心轮固定的主轴带动发电机发电。由于发电机发出的是三相交流电，通过整流电路变成直流电给蓄电池蓄电，通过逆变器使电压变压到 220 V。风力发电系统框图如图 9-8 所示。

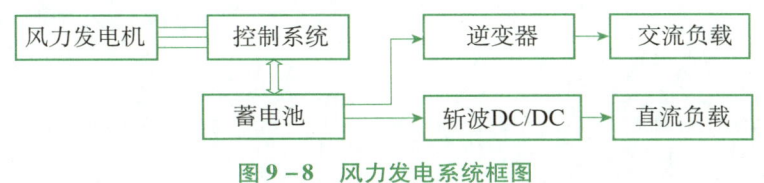

图 9-8 风力发电系统框图

（3）具体实施方式。

参考图 9-1，风力发电机由叶片 6、叶片导轨 5、行星齿轮机构 4、链轮 9、链条 8、牵拉绳 17、轴承 15、风杯传感器 14、控制器 19、步进电动机 10、集线器 12、主轴 13、顶板 11、吊杆 18、三角支架 7、底座 2、发电机转轴 3、发电机 1 组成。

具体实施方式如下：

内齿轮先转动，行星轮绕固定轴转动，由于内齿轮齿数是中心轮齿数的 5 倍，所以发电机 1 的转速为内齿轮的 5 倍。风通过连接到内齿轮上叶片 6，带动内齿轮转动，由内齿轮经行星轮带动中心轮转动，而中心轮和发电机 1 相连，发电机 1 发出电流；叶片 6 的张合动作通过步进电动机 10 和链轮 9、链条 8、牵拉绳 17 来控制，张合量大小由风杯传感器 14 给出风力信号，再由控制器控制步进电动机 10，实现不同风速下的叶片 6 张合量大小的自动调节，并可实现风力发电机的自动启闭。

叶片 6 带动行星齿轮机构 4 的内齿轮，再通过行星轮，传给中心轮，中心轮与发电机转轴 3 相连，实现增速传动，提高发电机 1 的转速。

调速时通过控制步进电动机 10 的正反转，由装于叶片 6 上的链条 8 驱动叶片 6 伸缩，若达到启动风速，则叶片 6 全开，随着风力增大，叶片 6 逐步缩回，如遇 12 级风力以上，叶片 6 全缩回，风力发电机关闭。

4. 智能型垂直轴风力发电机智能控制程序设计

（1）风力发电机主控程序：

```
#include <reg52.h>
#define uint unsigned int
#define uchar unsigned char
#define sint  signed int
/*定义变量**********************************/
sbit Puls = P2^5;//驱动步进电动机
```

```c
sbit Dir = P2^4;//0 是逆时打开,1 是顺时关闭
sbit Enb = P2^3;//切断步进电动机电源
sbit BY1 = P3^7;//定义按键的输入端 S5 键
sbit closBy1 = P3^5;//关闭行程信号
sbit OpenBy1 = P3^6;//打开行程信号
uchar count,kk;
sbit dula = P2^6;
sbit wela = P2^7;
sint    s1,s2,s1s,z1,dd,aa;//按键计数,每按一下,count 加1,s1 为风级的级数,开始时为
0,s2 为方向
uchar code dutable[] = {
                        0x3f,0x06,0x5b,
                        0x4f,0x66,0x6d,
                        0x7d,0x07,0x7f,
                        0x6f,0x77,0x7c,
                        0x39,0x5e,0x79,
                    0x71};
/*初始化函数*****************************/
void csh(void)
{


    count = 0;   //按键初始化设置
    Enb = 0;
      s1s = 0;
      z1 = 0;
      TH0 = 0x00;
      TL0 = 0x00;
      EA = 1;
      ET0 = 1;
      TMOD = 0X05;
      TR0 = 1;
    wela = 1;
      P0 = 0xc0;
      wela = 0;
      dula = 1;
      P0 = 0X3F;//初始显示 0
```

```c
        dula = 0;
}

    /*主程序*************************/
void main()
{

    uint x;
      uchar yy;
      yy = 0;
      x = 0;
      csh();

k33:  do
    {
            closefj();//关闭风力发电机
    }
        while(closBy1 = =1);
        yy = 0;
        s1 = 0;
        aa = 0;
        z1 = 0;
        s1s = 0;

    while(1)
    {

      //key();     //调用按键函数
      if(count = =0)
        {

            k2:    s1 = pdjjf();//判断几级风
                xianshi();
                  x = s1;
                    if(s1 = =0)
                      {
```

```
                    if(yy==1)
                    {
                        goto k33;
                    }
                        goto k2;
                }
            
            if(s1==z1)
                goto k2;
                kk=pdxzfx();//方向
            ts(s2,kk);//调速
            z1=s1;
                yy=1;
            delay(100);
                }
```

（2）风力发电机自动启闭及叶片调节程序：

```
/*关闭风力发电机程序***************************/
void closefj()
{
    if(closBy1==1)
    {
            Enb=1;
        Dir=1;//0是逆时打开,1是顺时关闭
     Puls=0;
        delay(50);
        Puls=1;
    }
    if(closBy1==0)
      {
        Enb=0;
            count=0;//碰到行程开关只能反转
      }
}
/*判断几级风*************************/
uint pdjjf()
{
```

```
        TH0 = 0x00;
        TL0 = 0x00;
        TR0 = 1;
        Delay_ xMs(186);
        TR0 = 0;
    if(TL0 >16)//判断风的等级是否为 3 级
        {
            if(TL0 <33)
            {
        return(350);
            }
        }
        if(TL0 >34)//判断风的等级是否为 4 级
        {
            if(TL0 <54)
            {
                return (250);
            }
        }
        if(TL0 >55)//判断风的等级是否为 5 级
        {
                if(TL0 <79)
            {
        return (150);
            }
        }
        if(TL0 >80)//判断风的等级是否为 6 级
        {
            if(TL0 <100)
            {
        return (50);
        }
            }
        else
            {
                return(0);
                }
}
```

```
/*调速***************************/
void ts(sint Z,uchar k)
{
    uint x;
    for(x = Z;x > 0;x - -)
    {
    Enb = 1;
            Dir = k;//0 是逆时打开,1 是顺时关闭
        Puls = 0;
            delay(50);
            Puls = 1;
            if(OpenBy1 = = 0)
            {
            Enb = 0;
                goto k1;//碰到行程开关只能顺转
            }
            if(closBy1 = = 0)
              {
              Enb = 0;
        }
    }
k1:Enb = 0;
}
```

5. 实物作品

智能型垂直轴风力发电机装置设计实物图如图 9-9 所示。

图 9-9　智能型垂直轴风力发电机装置设计实物图

9.1.4 智能型垂直轴风力发电机装置设计项目小结

风能是清洁能源，能起到很好的环保作用，但是随着越来越多大型风力发电场的建立，一些由风力发电机引发的环保问题也凸显出来。这些问题主要体现在两个方面：一是噪声问题，二是对当地生态环境的影响。水平轴风轮的叶尖速比一般在 5~7 左右，在这样的高速下叶片切割气流将产生很大的气动噪声，同时，很多鸟类在这样的高速叶片下也很难幸免。垂直轴风轮的尖速比则要比水平轴的小很多，一般在 1.5~2 之间，这样的低转速基本上不产生气动噪声。相对于传统的水平轴风力发电机，垂直轴风力发电机具有设计方法先进、风能利用率高、启动风速低、无噪声等众多优点，具有更加广阔的市场应用前景。

本项目创新点如下：

（1）通过机电控制装置实现风力发电机的自动启闭。

本项目通过机电控制装置实现风力发电机的自动启闭，并根据自然界风速的大小控制自动启闭。当风速达到启动风速时，风力发电机自动打开叶片启动，根据风力自动调节叶片张开程度，从而控制风力发电机转速在某一范围，避免转速过高或过低，提高风力发电机发电效率，避免过度磨损、零部件过热；在风速过大时，为保护风力发电机，可自动关闭，关闭时，叶片缩回。

（2）通过机械传动装置实现增速作用。

本项目采用行星齿轮机构来实现增速作用。内齿轮与中心轮的齿数比为 5，故机械传动装置实现增速作用，速度达到原来的 5 倍，提高了发电机转速。

（3）适用于各种风向变化。

垂直叶片结构设计适用于各种风向变化，风能利用率高，没有风向变化时的风力发电机停滞现象，使风力发电更连续、高效，输出电压更稳定。

（4）采用同步牵引机构。

本项目采用同步牵引机构，使得各个方向的叶片可以根据风力大小同步调整，即同步张合，同时牵引机构又分主、从叶片，控制时只需控制主叶片，通过牵引机构带动其余从叶片，大大简化了机构。

（5）采用风力发电机剖分牙嵌式多路集线器。

风力发电机剖分牙嵌式集线器装置的设计解决了风力发电机旋转而发生导线缠绕的问题。

9.2 遥控式自动升降阻拦装置设计项目

> 提示：
> 学习本节内容时可借助多媒体等资源，掌握螺旋传动机构原理，了解自动升降阻拦装置设计及应用。
>
> 要点：
> 1. 螺旋传动机构设计及计算。
> 2. 自动升降阻拦装置中的控制。

9.2.1 遥控式自动升降阻拦装置设计的背景及要求

1. 遥控式自动升降阻拦装置设计的背景

我国人口众多，城市中交通拥挤，车辆众多，违章停车现象多，影响行人通行并造成安全隐患。所以，封闭小区或道路需要进行简单的道闸管理，私家车位也需要进行值守等。遥控式自动升降阻拦装置中的自动阻拦柱属于控制车辆通行的设备，可以与道闸控制系统配套使用，也可以单独使用。其主要是为敏感区域防止非允许车辆强行闯入而专门设计研发的，具有很高的实用性、可靠性及安全性。

2. 遥控式自动升降阻拦装置设计的要求

（1）具有阻拦功能，要求结构简单，采用柱形设计。
（2）阻拦柱上下伸缩自如，到位后满足自锁条件，在不用时，可隐形于地下。
（3）能实现通过遥控器进行遥控控制，操控者不用下车，方便操作。

9.2.2 遥控式自动升降阻拦装置设计方案分析

1. 设计方案对比

自动升降式装置又分为液压升降式、电动升降式。液压升降式装置由于需要液压装置，因此不适合小区或道路使用。电动升降式装置是由底部基座、阻拦柱、动力传动装置、控制装置等部分组成。根据不同客户的不同需求，电动升降式装置具有市电式或直流电源式等多种配置方式，可以满足各种客户的功能要求。

要实现阻拦功能，必须要有一个上下可以伸缩的阻拦装置，这部分可以通过机械装置来实现。机械装置的设计有以下几种方案：①齿轮齿条式机构；②曲柄连杆式机构；③链轮链条式机构；④螺旋传动机构。前面三种方案均可以实现伸缩移动功能，但需附加一个锁位装置，即避免阻拦柱由于自重而下落。

2. 技术解决方案

经比较分析以上四种机械装置的设计方案，第四种方案较好。螺旋传动是靠螺旋与螺纹牙面旋合实现回转运动与直线运动转换的机械传动。采用螺旋传动机构，通过选择适当的螺纹升角，可以达到自锁目的。另外，螺杆的转动可以由小型电动机来带动，缺点是螺母需增加止转装置。综合比较，止转装置比锁位装置容易实现，结构更简单一点。螺旋传动机构运动平稳，电动机可直接与螺杆相连，直接驱动，总体按垂直轴向布置，结构尺寸小，方案合理，故选第四种方案。

9.2.3 遥控式自动升降阻拦装置设计

1. 机械设计

（1）螺旋传动机构设计。
螺纹类型选用梯形螺纹，可传递运动和动力。考虑到载荷只是阻拦柱的自重，比较小，对螺杆直径影响较小,故螺杆公称直径 d 可以根据尺寸要求直接选型。本项目选 Tr30×6 梯形螺纹(梯形螺纹夹角为 30°,半角为 15°)。

Tr30×6 梯形螺纹的相关计算:

①螺纹升角计算公式为

$$\lambda = \arctan \frac{p}{\pi d_2}$$

螺杆公称直径 d 选 30 mm 时,螺纹中径 d_2 为 27 mm,螺距 p 为 6 mm,则

$$\lambda = \arctan \frac{6}{\pi \times 27} \approx 4.046° \approx 4°3'$$

②当量摩擦角计算公式为

$$\varphi_v = \arctan f_v$$

式中,φ_v 为当量摩擦角,f_v 为当量摩擦系数。

对于钢对钢,有润滑情况下,摩擦系数 $f = 0.11$(静摩擦),则当量摩擦系数为

$$f_v = 0.11/\cos 15° \approx 0.113\ 9$$

当量摩擦角为

$$\varphi_v = \arctan 0.113\ 9 \approx 6°30'$$

③螺旋传动机构要求满足自锁条件,需要满足 $\lambda < \varphi_v$。

因为螺纹升角 $\lambda = 4°3'$ 小于当量摩擦角 $\varphi_v = 6°30'$,所以螺旋传动机构自锁。螺杆螺母的设计参数如表 9-1 所示。

表 9-1 螺杆螺母的设计参数

参数名称	参数设计值	设计理由
螺杆头数	$Z = 1$	采用单头螺杆
螺杆公称直径选取	$d = 30$ mm	阻拦柱直径限制及升程考虑因素
螺纹升角	$\lambda = 4°3'$	$\tan\lambda = \dfrac{p}{\pi d_2}$ 及自锁要求
螺纹类型	梯形螺纹	传递运动和动力
螺距	$P = 6$ mm	根据公式及常用螺距表选取
螺母厚度	80 mm	按接触稳定要求

(2) 螺母止转装置设计(止转器)。

材料选择:采用非金属材料,目的是减轻重量。

结构设计分析:利用支承杆来实现螺母止转功能,配以"8"字型止转,不需增加其他零件。

厚度尺寸:10 mm。

螺母止转装置俯视形状图如图 9-10 所示。

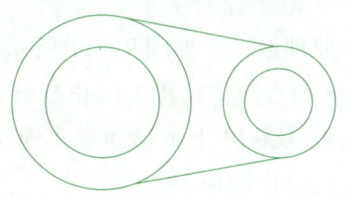

图 9-10 螺母止转装置俯视形状图

2. 总体设计

遥控式自动升降阻拦装置总体结构示意图如图 9-11 所示。与螺母 11 相固定的"8"字型止转装置 12 和直线滑动轴承 13 相配合,而且直线滑动轴承 13 沿支承杆 20 进行上下移动,实现螺母 11 的止转功能,使螺母 11 只带动阻拦柱 14 上下移动。阻拦柱 14 顶端装有顶灯 15,防止夜间行人、车辆误撞。

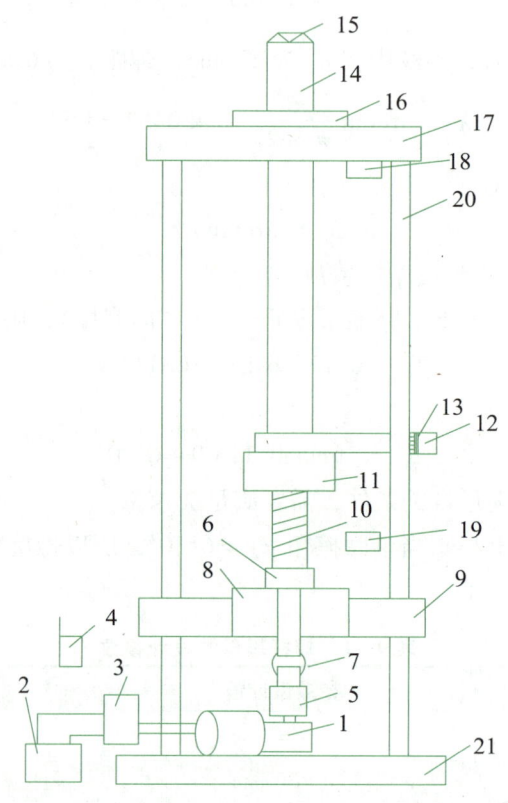

1—直流电动机;2—蓄电池;3—控制板;4—手持式遥控器;5—电动机联轴节;6—丝杆联轴节;
7—钢丝绳;8—转动轴承;9—转动轴承座;10—丝杆;11—螺母;12—"8"字型止转装置;
13—直线滑动轴承;14—阻挡柱;15—顶灯;16—四孔圆盘;17—上固定盘;
18—上行程开关;19—下行程开关;20—支承杆;21—底座。

图 9-11 遥控式自动升降阻拦装置总体结构示意图

3. 电子控制设计

原理设计:如图 9-11 所示,通过手持式遥控器 4 给控制板 3 发送信号,控制与控制板 3 相连的直流电动机 1 的正反转,再由与直流电动机 1 相连的丝杆 10 驱动螺母 11 及与之相连的阻拦柱 14 上下移动来实现功能。通过上行程开关 18、下行程开关 19,实现上、下位到位后的停止动作。

程序如下:

```c
/*****************************/
遥控式自动升降阻拦装置程序设计
/*****************************/
#include <reg52.h>
#include <intrins.h>
#define uchar unsigned char
#define uint  unsigned int
#define delayNOP();{_nop_();_nop_();_nop_();_nop_();};

void delay(uchar x);
void delay1(int ms);

sbit IRIN = P3^2;          //红外接收器数据线
sbit RELAY = P2^1;         //继电器驱动线
sbit RELAYSTOP = p2^2;
uchar IRCOM[7];
/*****************************/
main()
{
  uchar m;

    IE = 0x81;             //允许"总中断"中断,使能 INT0 外部中断
    TCON = 0x01;           //触发方式为脉冲负边沿触发
    IRIN = 1;              //I/O 口初始化
    RELAY = 1;
      RELAYSTOP = 1;
  P0 = 0;
    P2& = 0x1F;
  while(1)
  {
     if(IRCOM[2] = = 0x1d)    //UP 键
    RELAY = 0;
     if(IRCOM[2] = = 0x12)    //DOWN 键
    RELAY = 1;
     if(IRCOM[2] = = 0x15)    //STOP 键
    RELAYSTOP = 0;
  }
}
```

```
/*中断解码函数************************************/
void IR_IN()interrupt 0 //using 0
{
}
/*延时函数**************************************/
void delay(unsigned char x)
{
}
/*延时函数**************************************/
void delay1(int ms)
{
}
/*end*****************************************/
```

4. 实物作品

遥控式自动升降阻拦装置设计实物图如图 9-12 所示。

图 9-12　遥控式自动升降阻拦装置设计实物图

9.2.4　遥控式自动升降阻拦装置设计项目小结

本项目是与我们的生活密切相关的一个典型例子,要进行必要的机械结构设计,选择传动方案、传动参数,还要进行程序设计等。

本项目应用了机械设计理论、电子控制理论,实现了阻拦系统自动遥控功能,方案设计合理、实用;车主不用下车解锁或上锁,大大方便了车主;小区管理员也方便进行控制;采用直流电源,提高了安全性、可靠性。经测试,我们采用的 12 V 小号电源,常规使用时间可达两个月,充电只需打开电源箱盖,十分方便。

本项目创新点如下：
(1) 止转装置的设计，结构简单、巧妙实用。
(2) 利用螺纹升角的合理参数设计，达到螺旋传动机构的防滑目的。
(3) 该装置采用遥控电路设计，方便使用。

9.3 矿井安全探测机器人设计项目

☞ 提示：
　　学习本节内容时可借助多媒体等资源，掌握矿井安全探测机器人系统基本组成与控制原理，了解机器人在安全生产中的设计与应用。

☞ 要点：
1. 视频、图像、温度等信息采集传感器的应用。
2. 单片机控制原理及方法。
3. 机器人机械行走控制。

9.3.1 矿井安全探测机器人设计的背景及要求

1. 矿井安全探测机器人设计的背景

随着经济的快速发展，在工矿企业生产过程中经常发生一些安全事故，如矿井瓦斯爆炸、化工厂毒气泄漏、厂房失火等，这给作业人员带来很多危险。想要避免此类事故的发生，在事故发生前或初期，进行报警提示、安全防范和及时处理，是当前安全生产的当务之急。一旦发生灾害事故，救援人员面对高温、黑暗、有毒和浓烟等危险环境时，若没有相应的设备就贸然冲进现场，不仅不能完成任务，还会徒增人员伤亡。为更好地解决上述难题，本项目提供了一种可以实现复杂恶劣环境自动化探测的探测机器人，来代替救援人员进行一些危险场所的安全检测，它可以在运动过程中进行现场视频、图像、温度等信息的采集，通过无线通信，在计算机屏幕上实时显示工作场所的参数，为救援人员提供最直观的现场情况信息，从而有利于救援人员进行有效监控，做出正确的决策。在发生火灾、地震等灾难的地方和一些有毒有害等恶劣环境的地方以及人力所不能触及的地方，如果能采用可代替救援人员进行检测的自动化设备深入这些环境较复杂的地方，就能在确保救援人员安全的前提下实施高效的救援工作，最大限度减少人员伤亡和财产损失。

2. 矿井安全探测机器人设计的要求

(1) 具有视频、图像、温度等信息采集功能。
(2) 具有适应较复杂环境的装备移动功能。
(3) 具有自动控制及信息传输功能。
(4) 操作简单，安全可靠，便于携带。

9.3.2 矿井安全探测机器人设计方案分析

1. 设计方案探讨

目前,机器人在安全领域得到越来越多的应用,机器人技术的不断发展使得机器人的应用领域不断扩展,机器人进入各行各业。近年来,随着科技的迅速发展,智能机器人的研究已取得了长足进步。机器人技术涉及人工智能技术、计算机视觉技术、自动控制技术、精密仪器技术、传感和信息技术等,代表一个国家的高科技发展水平。其中,智能机器人已成为各国科学研究的重要方向。经调查,目前市面上存在着各种搜救机器人、救援机器人等,但是普遍存在结构复杂、成本较高等问题,并且一般也不具备现场温度采集等功能。

矿井安全探测机器人应该设计成一种遥控式多传感器安全探测爬行机器人,发生灾害事故时,可以代替工作人员或救援人员深入这些复杂环境进行作业,实现遥控和监控方式下的中等范围搜索、定点探测、数据实时传送。矿井安全探测机器人设计方案应提供一种基于多传感器的无线通信及机器人控制方法,它能够实现机器人的运动操纵、视频监视、温湿度检测、气体探测和数据交换等,及时将监测信息实时上传到上位机,进行动态测量,实时监控,具有安全提醒功能,有利于安全生产,确保人员安全的前提下实施高效工作,保护救援人员生命安全,最大限度减少人员伤亡和财产损失。

2. 技术解决方案

本项目拟设计一个基于多传感器无线通信的矿井安全探测爬行机器人装置,通过视频、图像、温度等信息采集,采用单片机控制方案,提供一种可以实现复杂恶劣环境自动化探测的探测机器人。本项目应用单片机控制、传感检测、伺服传动等技术,实现机器人的整个动作过程。整个设计基于单片机控制器模块通过视频、图像采集模块,获取现场相关视频图像信息,通过温度传感器,获取现场温度信息,最后将采集到的数据发送给 PC 机。该方案涉及机器人适用于多种恶劣情况下的场合,产品成熟后可开发高端产品,具有更高程度的智能。

9.3.3 矿井安全探测机器人设计

1. 系统基本组成与控制原理

硬件主要由机器人车体、探测支架、主控板、通信模块、视频摄像头、气体传感器等组成。车体上设置有驱动电动机、遥控接收装置、履带式行走机构,在车体和支架之间还设置有转动装置,探测支架由相互铰接的主支架和副支架组成。由于在矿井等危险场所易发生气体爆炸及火灾事故,所以系统配置了瓦斯、CO、热导式气体、湿度、温度等多种传感器,并与 MCU(Micro Controller Unit,微控制单元)相连,采集工作场所的数据、参数。同时,为了更好地掌握一线情况,或有利于事故现场的救援,系统还配置了视觉传感器,将摄像头与信号发射装置连接,从而在机器人运动过程中进行现场视频图像等信息的采集,为控制人员提供最直观的现场情况。视觉传感器的视角方向可借助于车体左右驱动电动机控制车轮的正反转动来调节。系统采用无线通信控制,通过机载发射模块与计算机接收模块,实现数据通信,并通过软件,实现屏幕动态显示,反映一线场所实际场景、参数,提示监控人员,进行安全防范。矿井安全探测机器人的工作场所一般比较恶劣,可能缺乏现成的道路,为此,为矿井安全探测机器人设计了爬行机构,可以越障,实现矿井安全探测机器人的直行、左右转弯、后退功能,在左右驱动轮上分别配备驱动电动机。

控制系统由视频、图像采集模块、热导式气体传感器、温湿度传感器、信号调理电路、A/D 转换器、控制器 MCU 和 CAN(Controller Area Network,控制器局域网络) 总线通信电路组成,其结构如图 9-13 所示。系统具有可以检测井下环境中瓦斯浓度、CO 浓度、温度、湿度,采集图像和视频等信息的功能,并通过 CAN 总线收发器上传检测数据或接受指令。

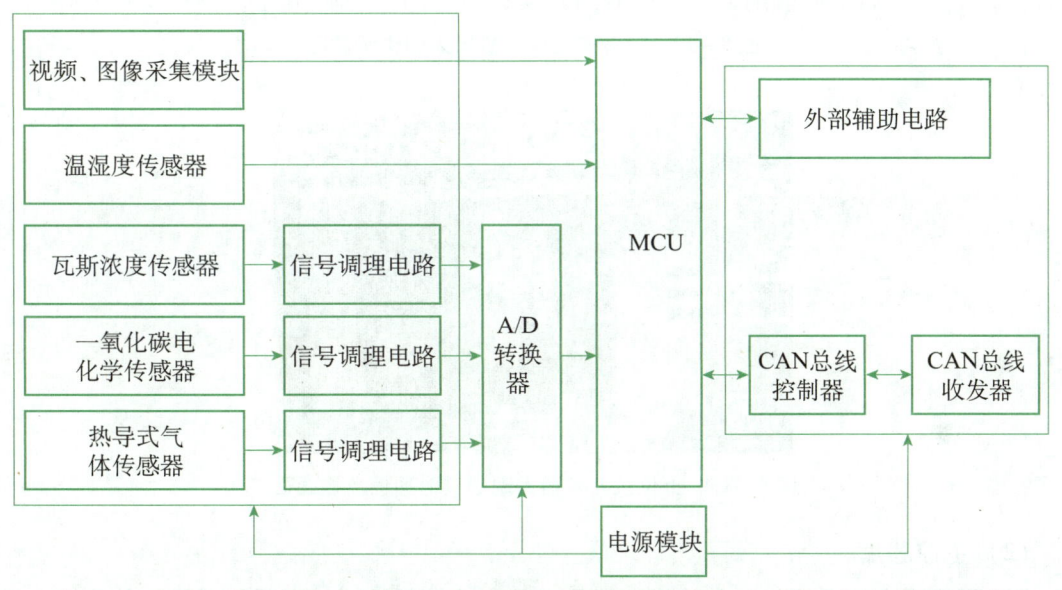

图 9-13 矿井安全探测机器人控制系统图

2. 主要硬件

(1)机器人车体。

考虑到使用环境复杂,所以选用越障能力强的履带机器人,工作电压为 DC 12 V 或 DC 24 V,行驶车速约 10 m/min。机器人采用履带式移动方式,可爬坡角度大于 30°,车体可前进、后退、左转、右转、360°原地转弯;行驶平稳,配有手持式无线遥控控制器,操作简单;可广泛应用于矿井监测、管道检查、车底检查、狭小空间内侦察等方面,也可作为移动监控设备,适合多种场合使用。

具体实施方式:车体上设置有履带式行走机构,在车体和探测支架之间还设置有转动装置,探测支架由相互铰接的主支架和副支架组成,主支架和副支架分别通过各自的摆动机构控制,摄像头还连接有信号发射装置,从而机器人在运动过程中进行现场视频、图像、温度等信息的采集,为控制人员提供最直观的现场情况。矿井安全探测机器人结构示意图、上位机与机器人现场实时通信监控画面分别如图 9 – 14 和图 9 – 15 所示。

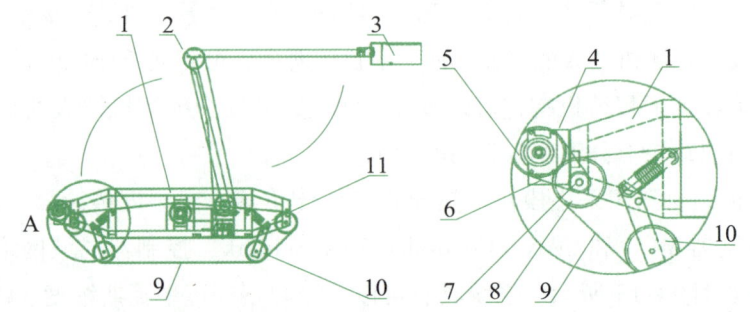

1—车体;2—探测支架;3—摄像头;4—行走电动机;5—链轮;6—链条;7—主动链轮;8—主动行走轮;9—履带;10—从动行走轮;11—缓冲支撑机构。

图 9 – 14 矿井安全探测机器人结构示意图

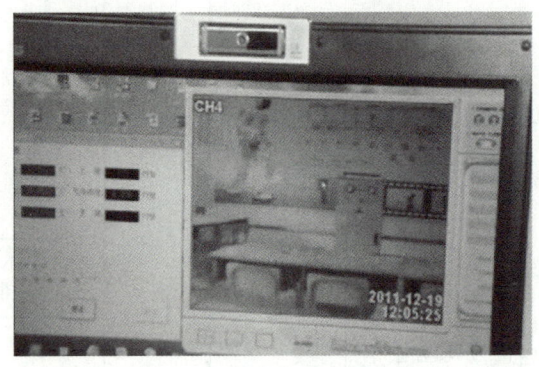

图 9 – 15 上位机与机器人现场实时通信监控画面

(2) 主控芯片。

本装置选用 STC89C52RC 单片机,它是一款高速、低功耗、超强抗干扰的单片机,机器周期有 12 时钟和 6 时钟可供选择。工作电压为 3.3 ~ 5.5 V,工作频率范围为 0 ~ 40 MHz,片上集成的 RAM 为 512 K,通用 I/O 接口有 32 个,复位后的 P1/P2/P3/P4 是准双向口(弱上拉)。P0 口是漏极开路输出,作为总线扩展用时,不用加上拉电阻;作为 I/O 接口用时,需加上拉电阻。

该装置选用 STC89C52RC 单片机,无需专用编程器和专用仿真器,可通过串口(RxD/P3.0,TxD/P3.1)直接下载用户程序。该单片机具有三个 16 位定时器,即定时器 T0、T1、T2;有四路外部中断,可选择下降沿中断或低电平触发中断,在 Power Down 模式时,可通过低电平触发外部中断方式唤醒单片机;采用通用异步接收发送设备(Universal Asynchronous Receiver/Transmitter,UART)传送数据。该单片机的工作温度范围为 – 40 ~ + 85℃(工业级),其工作模式如下:①掉电模式,典型功耗 < 0.1 μA,可由外部中断唤醒,中断

返回后,继续执行原程序,适用于电池供电系统及便携设备;②空闲模式,典型功耗 2 mA;③正常工作模式,典型功耗 4~7 mA。

(3) 摄像头与视频接收器。

监视器采用无线高清监控摄像头,本项目采用 2.4 G 数字摄像头,480 线水平解晰度,夜视带音频,摄像头前端装有 LED(Light Emitting Diode,发光二极管)白光照明灯,内置麦克风,支持语音监控,可选 4 频道设置以控干扰,无线传输距离为 200~500 m,内置可充电锂电池,连续工作时间为 1 h(可插电 24 h 日夜监控)。

视频接收器采用 USB 接口,只要把视频接收器插到笔记本 USB 口上,打开无线监控摄像头就可实现无线监控,如图 9-16 所示。其操作简单,方便与电脑连接,拍摄的影像以高达每秒 30 帧的速度从 USB 视频捕获设备传输。它利用自带监控软件或安装在 Windows 中的视频编码器,可达到高质量的视频效果,记录文件格式为 AVI。

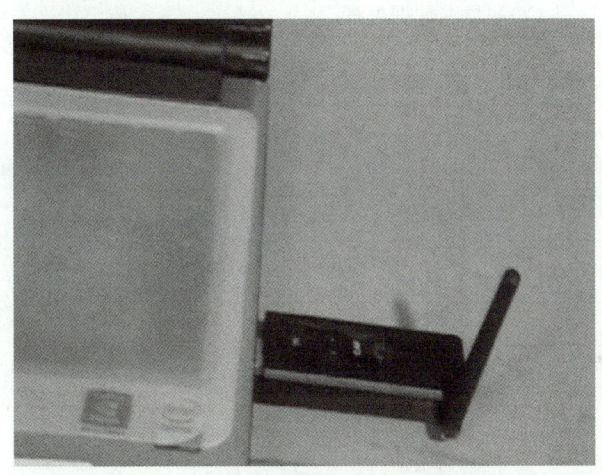

图 9-16　上位机 USB 视频接收器

3. 软件控制

矿井安全探测机器人的软件控制有探测控制和机器人行走控制两部分,探测控制系统程序结构主要由传感器数据采集和数据上传组成。探测控制系统上电后先对系统各部分进行初始化,这段时间内各传感器预热达到稳定工作阶段,然后控制器 MCU 读取各传感器数据并进行处理,按照一定的数据格式形成数据帧,通过 CAN 总线上传给上位机,系统做出进一步判别处理。探测控制流程图如图 9-17 所示。

机器人行走主要采用机器人行走驱动电动机来控制,分左、右两个电动机,实现前进、后退,通过控制左、右驱动电动机正反转来调整车体方向,其控制程序如下:

机器人行走左右驱动电动机控制程序:

284 机电一体化系统（第2版）

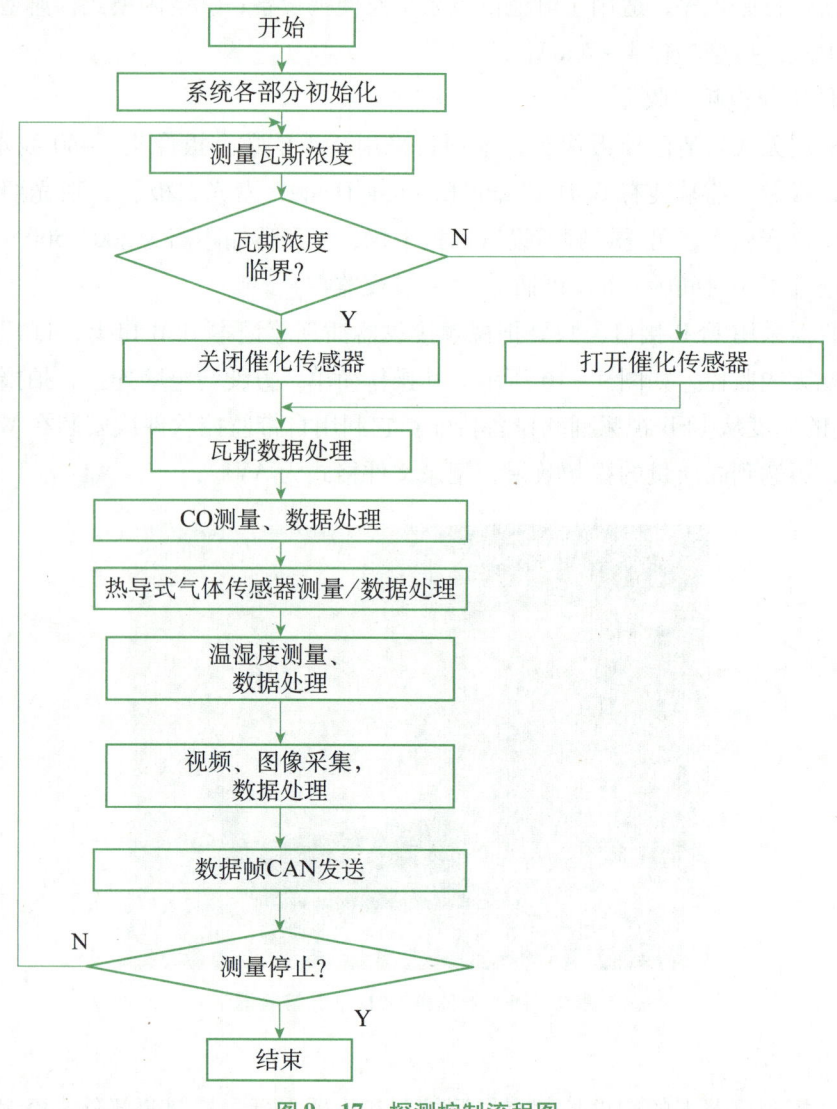

图 9-17 探测控制流程图

```
#include<reg52.h>
#define uint unsigned int
#define uchar unsigned char
sbit P10 = P1^0; //MCU-IN 的 A1 接 P10 口
sbit P11 = P1^1; //MCU-IN 的 A2 接 P11 口
sbit P12 = P1^2; //MCU-IN 的 B1 接 P12 口
sbit P13 = P1^3; //MCU-IN 的 B2 接 P13 口
void delay(uchar tt)
{
uchar i;
```

```
while(tt--)
{
for(i=0;i<125;i++);//125us*8=1ms
}
}
void step(uchar shu)
{
switch(shu)
{
case 1:P10=0;P11=1;P12=1;P13=1;break;
case 2:P10=0;P11=0;P12=1;P13=1;break;
case 3:P10=1;P11=0;P12=1;P13=1;break;
case 4:P10=1;P11=0;P12=0;P13=1;break;
case 5:P10=1;P11=1;P12=0;P13=1;break;
case 6:P10=1;P11=1;P12=0;P13=0;break;
case 7:P10=1;P11=1;P12=1;P13=0;break;
case 8:P10=0;P11=1;P12=1;P13=0;break;
default:break;
}
}
void main()
{
uchar x;
P10=1;P11=1;P12=1;P13=1;
while(1)
{
for(x=1;x<=8;x++)
{
step(x);//逆时针旋转
delay(10);//调节速度
}
}
```

4. 机器人与上位机的通信

机器人与上位机的通信采用 XL02-232AP1 通信模块，XL02-232AP1 是 UART 接口半双工无线通信模块，工作频率为 433~435 MHz（默认 433.92 MHz），串口速率为 1.2 KBPS~38.4 KBPS（默认 9.6 KBPS），调制方式为 FSK（Frequency Shift Keying，频移键控），数据格式为 8N1，接口电平为 TTL（Transistor-Transistor Logic，晶体管—晶体管逻辑），最大发射

功率为 15 dBm，接收灵敏度为 -110 dBm@50 KBPS，工作电压为 +5 V，工作温度为 -30~60℃，传输距离为 300 m（天线如用 17.2 cm 导线，距离可达 500 m），可以工作在 433 MHz 公用频段，符合欧洲电信标准化协会标准 EN300-220-1 和 EN301-439-3。本模块用于机器人与上位机之间的无线通信，实现数据的实时传递。由于机器人还无法做到自主行走，需要操作人员进行远程控制操作，因此要把移动机器人现场图像实时传送给操作人员。上位机所采用的操作系统是 Windows，实时视频监控，这样可以更好地对机器人进行运动操作。上位机 PC 与机器人连接框图如图 9-18 所示。

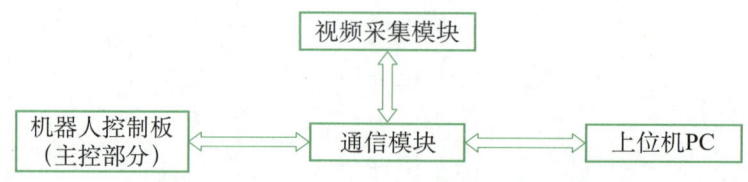

图 9-18　上位机 PC 与机器人连接框图

XL02-232AP1 通信模块主要用于工业数据采集、生物信号采集、水文气象监控、小型无线网络监控、控制处理、无线数据连接、遥测等方面。XL02-232AP1 的通信信道是半双工的，可以用于点对点通信，使用简单，在对串口的编程时，只要记住其为半双工通信方式，时刻注意收发的来回时序就可以了。XL02-232AP1 通信模块正常工作时默认在数据接收状态。XL02-232AP1 通信模块也可以应用于点对多点的通信方式，这种方式首先需要设置一个主站，其余为从站，所有站都编一个唯一的地址。XL02-232AP1 通信模块如图 9-19 所示。

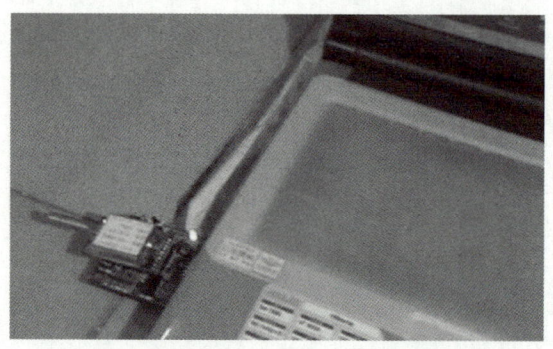

图 9-19　XL02-232AP1 通信模块

XL02-232AP1 通信模块使用的是直流电源，工作电压为 +5 V，其最大工作电流不超过 60 mA，电源可以和别的设备公用，但要注意电源的质量和接地的可靠性，如果可以的话尽量不要用开关电源，用纹波系数小的线性电源，若必须使用开关电源，则请注意开关电源的开关频率不要对模块产生干扰。为防止静电或强电击穿，开关电源在系统设备中使用时，需要可靠地接地，接地的同时需与市电完全隔离。

5. 实物作品

矿井安全探测机器人实物图如图 9-20 所示。

图 9-20 矿井安全探测机器人实物图

9.3.4 矿井安全探测机器人设计项目小结

近年来，计算机技术、网络技术、通信技术迅猛发展，已经渗透到各个领域。机器人技术已然成为近些年的一项新兴技术，它可以做人类不可以做的事情，可以被应用于危险环境下的远程作业、远程医疗、远程教学、远程监护以及传统生产模式的改造等众多方面，具有广阔的应用前景。

本项目提出了矿井安全探测机器人系统设计方案，涉及机械、电子、通信、控制技术，结合履带式行走机构，能适应崎岖不平的地形环境，可以轻松跨越障碍，用于探测、检测井下环境、侦察火场，搜索地震幸存者，具有体积小、行动灵活、成本低、可控性强等特点。通过对安全爬行机器人的现场调试、检测，能实现视频的显示；通信图像清晰，在黑暗场所配置了照明灯进行照明，CO、温度等传感器数值显示与工作场所测量变化同步，可以进行实时传递，起到了较好的监控、防范、救援作用，解决了人类无法直接到达受灾现场的难题。

本项目的创新点如下：

（1）本项目作品具有实时信息传递功能，能够直观现场，有利于减轻现场工作人员的负担。

（2）本项目采用基于多传感器无线通信，避免了通信线缆的使用，实现了机器人的自由行走及无线探测功能。

> ☞ 主题讨论：
>
> 谈谈你对机电一体化创新设计的认识？在本章项目中，机械技术与电子技术是如何结合的？

学习活动：（机电创新作品设计与制作）

1. 学习活动概况

在学习完本章内容后，为了将本书所学理论与实践相结合，学生个人或创新团队，自主选题设计一个机电创新作品。在教师的指导下，学生个人或团队独立组织实施，进行方案设计与制作、信息分析处理、实物制作和撰写创新报告等工作，以培养学生提出问题、分析和解决问题的兴趣和能力。

2. 学习活动内容

创新作品主题应与机电相关，具有一定的创新性、实用性，难度适中，具有市场前景更佳。各相应栏目有字数要求，语句要通顺，教师根据创新难度、质量、撰写报告情况进行综合评分。

(1) 创新主题名称（5~20字），5分；
(2) 创新背景（150~250字），10分；
(3) 创新内容（150~250字），10分；
(4) 创新原理（50~150字），10分；
(5) 创新具体设计方案（250~400字，附图1~2个），25分；
(6) 作品使用或操作说明（100~200字），10分；
(7) 创新点或先进性（3点以上，100~200字），10分；
(8) 作品完善与改进（100~200字），10分；
(9) 作品市场应用前景（100~200字），10分。

3. 讲评

教师以机电创新作品项目的形式来作为学习活动，要求学生以一个机电创新作品设计实例来完成。主题自定，给学生更大的自由发挥空间；使学生的兴趣爱好与课本专业知识相结合，让学生初步掌握创新思维方法，锻炼创新技能；使学生具备善于独立思维、敢于标新立异、勇于提出创新思路的能力；培养学生的创新意识。这样的学习和实践活动不仅可以激发学生学习的兴趣，也可以使得学生在创新实践能力上有所突破。教师在活动结束后，根据学生的创新报告及表现做一次全面讲评。

本章小结

本章以三个机电创新项目为案例讲述了创新设计的基本理论，以及如何把机电一体化系统的理论应用到机电一体化产品的创新之中，以培养学生的创造性素质为目标，使学生具有机电创新设计理论与实践、创造性思维和创造原理的综合运用能力，运用创新思维开发出新型机电一体化机构、作品或产品。学生通过项目案例了解机电创新设计的过程和思路，启发学生的创新意识，激发学生的创新动力，培养学生的创新精神，提高学生的创新能力。教师可通过项目学习活动形式检验学生的创新能力水平。

本章习题

9-1 试设计一个用于防止婴儿啼哭的摇篮机器人方案。

9-2 试设计一个用于幼儿教育的教学辅助机器人方案。

9-3 试设计一个用于少儿落井的井下救援机器人方案。

参考文献

[1] 尹志强,王玉琳,宋守许,等.机电一体化系统设计课程设计指导书.北京:机械工业出版社,2007.

[2] 机电一体化技术手册编委会.机电一体化技术手册:第1卷.2版.北京:机械工业出版社,1999.

[3] 三浦宏文.机电一体化实用手册.赵文珍,王益全,刘本伟,等译.北京:科学出版社,2001.

[4] 克拉克,欧文斯.机器人设计与控制.宗光华,张慧慧,译.北京:科学出版社,2004.

[5] 斯蒂格,尤里奇,威德曼.机器视觉算法与应用.杨少荣,吴迪靖,段德山,译.北京:清华大学出版社,2008.

[6] 程爽,马海,刘祥谋,等.三维打印机中XJ-128喷头驱动控制设计.机电工程技术,2013(1):41-44.

[7] 何振俊.机电一体化系统项目教程.北京:电子工业出版社,2014.

[8] 高安邦,田敏,成建生,等.机电一体化系统实用设计案例精选.北京:中国电力出版社,2010.

[9] 计时鸣.机电一体化控制技术与系统.西安:西安电子科技大学出版社,2009.

[10] 黄军辉,张南峰.汽车电气及车身电控技术.北京:人民邮电出版社,2009.

[11] 林小宁.可编程控制器应用技术.北京:电子工业出版社,2013.

[12] 吴宗泽.机械结构设计准则与实例.北京:机械工业出版社,2006.

[13] 梁景凯.机电一体化技术与系统.北京:机械工业出版社,1997.

[14] 张启福,孙现申.三维激光扫描仪测量方法与前景展望.北京测绘,2011(1):39-42.

[15] 吴振彪,王正家.工业机器人:第二版.武汉:华中科技大学出版社,2006.

[16] 郭洪红.工业机器人技术.西安:西安电子科技大学出版社,2006.

[17] 翁桂荣,邹丽新.单片微型计算机接口技术.苏州:苏州大学出版社,2002.

[18] 董鹏英,郭世锋.数控机床滚珠丝杠副的选用与计算.精密制造与自动化,2002(2):22-24.

[19] 韩红. 机电一体化系统设计. 北京：中国人民大学出版社，2012.

[20] 余永权，汪明慧，黄英. 单片机在控制系统中的应用. 北京：电子工业出版社，2003.

[21] 刘胜，彭侠夫，叶瑰昀. 现代伺服系统设计. 哈尔滨：哈尔滨工程大学出版社，2001.

[22] 刘振宝，辛洪兵，王文静. 网控机器人技术及其控制系统的研究状况. 北京工商大学学报（自然科学版），2006，24（3）：32-36.

[23] 韦文斌，潘耀东，古田胜久. 基于互联网技术的远程机器人控制器设计. 控制工程，2006，13（2）：168-171.